Druckrohrleitungen neuzeitlicher Wasserkraftwerke

Von

Walter E. Müller

Springer-Verlag Berlin Heidelberg New York 1968

WALTER E. MÜLLER

Dipl.-Ing. E. T. H., Dr. sc. tech. E. T. H.
Oberingenieur in Firma Gebrüder Sulzer AG
Winterthur (Schweiz)

ISBN-13:978-3-540-04285-3   e-ISBN-13:978-3-642-92967-0
DOI: 10.1007/978-3-642-92967-0

Titelnummer 1517

Geleitwort

Durch die Fortschritte in der Technik des Stollenbaues ist es heute möglich, Kraftwerkskonzeptionen zu wählen, die zu größeren Fallhöhen und zu größeren Betriebswassermengen führen. Mit der heute im Alpenraum hochentwickelten Verbundwirtschaft ist eine starke Steigerung der Maschinenleistungen verbunden. Die Druckrohrleitungen bilden nun das Verbindungsglied zwischen den vom Bauingenieur geschaffenen neuen Gegebenheiten und den großen hydraulischen Maschinen, Turbinen und Pumpen, in den Kraftwerken. Es ist deshalb keineswegs verwunderlich, daß auch auf dem Gebiete der Rohrleitungen aller Ausführungsarten eine starke und rasche Entwicklung zu größeren „Transportleistungen" festzustellen ist.

Bücher über Rohrleitungen bestehen in großer Zahl. Viele sind theoretischer Natur, besonders für den Unterricht geeignet. Soweit sie sich eingehender mit Ausführungsfragen befassen, hören sie meistens bei Dimensionen auf, die im heutigen Kraftwerkbau nicht mehr von Interesse sind. Überdies ist der nichttheoretische Teil fast immer durch Auswerten der Unterlagen verschiedenster Herkunft entstanden, ist also nur aus zweiter Hand.

Es ist deshalb außerordentlich zu begrüßen, daß das vorliegende Buch unmittelbar aus einer langjährigen Praxis heraus entstanden ist, wobei der neueste Stand der Technik des Rohrleitungsbaues in umfassender Weise zur Darstellung gelangt. Daß bei der Ausarbeitung dieses Buches die vorliegenden Unterlagen und Erfahrungen uneingeschränkt verwendet werden konnten, verdient besondere Anerkennung.

Das Werk wird unzweifelhaft in der Fachwelt auf großes Interesse stoßen, denn es wird eine fühlbare Lücke in der einschlägigen technischen Literatur schließen.

Hans Gerber

Professor für Hydraulische Maschinen
und Anlagen an der E.T.H. Zürich

Vorwort

Verfasser und Verlag empfanden im Schrifttum über Druckrohrleitungen eine Lücke, die sich durch die rasche technische Entwicklung im Kraftwerksbau zu verbreitern anschickte. So entstand das vorliegende Buch, welches sich in erster Linie an den Fachmann richtet. Der Inhalt befaßt sich nicht mit Theorie und Berechnungen. Darüber wird auf die reichlich vorhandene Fachliteratur verwiesen. Dem Verfasser war es hingegen ein Anliegen, gegenwärtige Aufgaben des Druckleitungsbaues in das wirkliche Geschehen des Kraftwerkbaues hineinzutragen. Dazu möchten die Hinweise über die Planung und Auslegung von Druckrohrleitungen dienen, wie sie sich aus der Berufstätigkeit ergeben haben.

Die Entwicklung auch auf diesem Sondergebiet der Technik wäre ohne fruchtbare gegenseitige Beeinflussung von Anforderung und Fortschritt undenkbar gewesen. Die Wirtschaftlichkeit dieses werkstoffintensiven Zweiges der Bautechnik erscheint dem Verfasser von besonderer Bedeutung. Die Materialfragen, die Sicherheit, die Druckschachtpanzerungen sowie die Druckverluste sind deshalb etwas ausgiebiger behandelt worden.

Dort, wo es aus der Erfahrung heraus möglich war, sind konkrete Angaben und Meinungsäußerungen zum Ausdruck gebracht worden. Manche dargelegte Ansicht beruht jedoch auf dem persönlichen Erleben in der Berufstätigkeit.

Es wäre sicher verfrüht, dem Druckleitungsbau eine Zukunft abzusprechen. Dies kann höchstens für die Alpenländer gelten. Die riesigen Vorräte an Wasserkraft außerhalb Europas rechtfertigen aber die Weiterentwicklung in der begonnenen Richtung nach großen Anlagen. Dabei möchte das vorgelegte Buch mithelfen.

Winterthur, im August 1968

Walter E. Müller

Inhaltsverzeichnis

1. Allgemeine Gesichtspunkte

1.1 Übersicht

Unter Druckrohrleitung versteht man das Verbindungsglied zwischen Wasserschloß oder Apparatekammer und dem Krafthaus. Ihre Aufgabe besteht darin, den Turbinen das Triebwasser zuzuführen. Man nennt sie deshalb auch die „Pulsader" der Kraftanlage.

Der Beginn des Druckleitungsbaues wurde in der zweiten Hälfte des letzten Jahrhunderts durch die aufstrebende Textilindustrie eingeleitet. Damals verdrängte die Turbine das Wasserrad, und die Dampfmaschine förderte die Entstehung von Kesselschmieden. Das Wasser mußte den Turbinen mit wachsendem Gefälle mehr und mehr in geschlossenen Kanälen und Rohrleitungen zugeführt werden. Die Herstellung derselben erfolgte zunächst aus Holz, Mauerwerk und Beton. Technische und wirtschaftliche Gründe führten jedoch bald zur Verwendung von Stahlblechen als Baustoff. Aus bescheidenen Anfängen heraus entwickelte sich im Laufe der Jahrzehnte eine bedeutende Technik zur Erstellung von stählernen Druckrohrleitungen. Die Herstellung der Rohre aus gerundeten Stahlblechen erfolgte zunächst durch Vernieten der Stöße. Die Nietung erreichte eine hohe Vollkommenheit. So wurden 1- bis 3reihige Laschenverbindungen bis zu 40 mm Wandstärke ausgeführt. In der Folge wurde sie jedoch allmählich durch die Feuer-Wassergas- und Autogenschweißungen überholt. Schon 1910 begann alsdann die Entwicklung der Elektroschweißung, welche nach und nach die Vorherrschaft erzielte und heute alle übrigen Verbindungsarten, auch auf der Baustelle, völlig verdrängt hat.

Im nachfolgenden werden deshalb vornehmlich elektrisch geschweißte Stahlrohrleitungen behandelt.

Die ursprünglich noch bescheidenen Einrichtungen und Mittel in den Stahlwerken und Kesselschmieden begrenzten den Umfang der Rohrherstellung. Festigkeit, Dicke und Größe der Blechtafeln waren zunächst noch auf geringe Maße beschränkt. Die Anforderungen des Kraftwerkbaues und die Fortschritte in der Erzeugung und Verarbeitung von Stahlblechen haben sich gegenseitig beeinflußt und befruchtet, so daß eine unerhörte Entwicklung möglich war. Dazu hat auch zu gewissen Zeiten

eine Rohstoffknappheit und der Sinn zur sparsamen Verwendung der
Werkstoffe beigetragen.

Tab. 1 vermittelt einen Überblick über die Werkstoffausnützung im
Laufe der Zeit. Die erzielte Steigerung der zulässigen Beanspruchung und
damit die Abmessungen der Rohrleitungen gehen parallel mit der Güte
des Werkstoffes. Diese gewaltige Förderung war nur dank der Erzeugung
hochfester, trennbruchsicherer Stahlbleche und der Entwicklung zuge-
höriger Schweißverfahren möglich.

Tabelle 1. *Werkstoffausnützung im Laufe der Zeit*

Zeitintervall Jahre	Stat. Druck × Lichtweite für freie Leitungen kp/cm	Max. Wand-stärke mm	Werk-stoff	Zerreiß-festigkeit kp/cm²	Zulässige Ringspannung kp/cm²
bis 1900	2000	14	MI	2800	760
1900–1910	3500	25	MI	3000	790
1910–1920	4200	29	MI	3300	910
1920–1930	7600	49	MI	3500	880
1930–1940	8600	45	MII	4200	1100
1940–1945	12000	60	MII	4200	1400
1945–1950	16200	50	leg. Stahl	6000	2000
1950–1960	23000	56	} vergüte-ter Stahl	6500	2400
1960–1965	28000	60		7000	2700
seit 1965	31000	70		8000	3200

Die erzielten Fortschritte liegen jedoch nicht allein in der Entwicklung auf der werkstofftechnischen Seite begründet, sondern sie sind auch
in hohem Ausmaße durch wissenschaftliche Vertiefung der Berech-
nungsmethoden gefördert worden. Die Anwendung neuerer Erkenntnisse
auf den Gebieten der Elastizitätstheorie und der Festigkeitshypothesen
haben dazu beigetragen, selbst verwickelte Spannungszustände zu erfassen und die Formgebung danach auszurichten. Auch auf dem Gebiet
der Hydraulik sind die Kenntnisse hinsichtlich Strömungsverhältnissen
und Druckverlusten erweitert worden. Das gleiche gilt auch für das Bauwesen, die Montage und die Transportmöglichkeiten.

Die zunehmende Vergrößerung der Wasserkraftwerke bezüglich der
installierten Leistung, d.h. bezüglich der zu verarbeitenden Gefälle und
Wassermengen erfordert ein ständiges Anwachsen der Rohrabmessungen.
Die Grenzen sind beim heutigen Stand der Technik in erster Linie durch
die Wirtschaftlichkeit und die Betriebssicherheit gezogen. Umgekehrt
wird aber auch der Ausbau der Kraftwerke maßgeblich durch Beherr-
schung der technischen Probleme und durch die Herstellungsmöglichkeiten im Rohrleitungsbau beeinflußt. Zukünftige Fortschritte hängen
von der Weiterentwicklung auf dem Gebiet der Wissenschaft, der Werk-
stofferzeugung und der Fertigungstechnik ab.

Die Ausbaugröße eines Kraftwerkes ist einerseits durch das Wasserangebot und andererseits durch den Strombedarf bestimmt. Sie drückt sich durch die installierte Leistung und durch die Energieproduktion aus. Wie aus Tab. 2 hervorgeht, hat die Ausbaugröße im Laufe der Zeit gewaltig zugenommen.

Abb. 1. Saastal, Wallis (Schweiz), mit Bietschhorn.

Des weiteren zeigt Tab. 2 die Vergrößerung und Vermehrung der erstellten Druckleitungsanlagen sowie der installierten Leistung seit dem Jahre 1900. Der Fortschritt spiegelt sich sowohl in der Ausbaugröße der Kraftwerke als auch im Rückgang von Gewicht und Kosten je Leistungseinheit. Dabei ist der ungünstige Einfluß der beiden Weltkriege erkenn-

1*

bar. Im letzten Jahrzehnt treten die technischen Fortschritte besonders
deutlich in Erscheinung.

Tabelle 2. *Entwicklung der Ausbaugröße und der Einheitskosten in der Schweiz im Laufe der Zeit*

Zeitintervall Jahre	Installierte Leistung je Druckleitung MW	Gesamte installierte Leistung $(1965 = 100\%)$ %	Erstelltes Rohrleitungsgewicht $(1965 = 100\%)$ %	Rohrleitungsgewicht t/MW	Rohrleitungskosten inkl. Montage und Rostschutz sFr./MW	sFr./t
bis 1900	4	1,0	1,5	45	24500	545
1900–1910	13	6,0	8,5	53	36500	690
1910–1920	20	3,0	1,5	46	45000	980
1920–1930	38	8,0	12,5	37	38000	1035
1930–1940	90	6,0	14,0	32	37000	1155
1940[1]–1950	240	7,0	6,0	19	40000	2100
1950–1960	360	47,0	34,0	15	36000	2400
1960–1965	480	22,0	22,0	13	30500	2100

[1] Beginn der Druckschachtkonstruktionen.

Tabelle 3. *Bedeutende Druckleitungsanlagen der Neuzeit*

Anlage	Land	Baujahr	Lichtweite D cm	Berechnungsdruck P kp/cm²	$P \cdot D$ kp/cm	Wassermenge Q m³/s	Verlegungsart
a) Offen verlegte Druck- und Verteilrohrleitungen							
Mont-Cenis	Frankreich	1967	300	102	30600	51	offen im Stollen verlegt
Mantaro[1]	Peru	–	260	97,5	25300	33	offen verlegt
Cimego	Italien	1955	285	82	23400	34	offen verlegt
Poatina	Australien	1962	258	87	22400	42	einbetoniert
Pradella	Schweiz	1967	360	62	22300	66	eingegraben u. umbetoniert
Colegio	Kolumbien	1965	190	108	20500	20	offen verlegt
Kurobe	Japan	1959	300	68	20400	54	offen im Stollen verlegt
Murray I	Australien	1964	343	58	19900	74	offen verlegt
Reißeck	Österreich	1956	95	196	18600	4,5	eingegraben
Salanfe	Schweiz	1950	110	162	17800	7,0	offen im Stollen verlegt
Riddes Mauvoisin	Schweiz	1954	150	111	16700	13,5	offen verlegt
Hospitalet Lanoux	Frankreich	1960	190	88	16700	13	offen verlegt

Tabelle 3 (Fortsetzung)

Anlage	Land	Bau-jahr	Licht-weite D cm	Berech-nungs-druck P kg/cm²	$P \cdot D$ kp/cm	Wasser-menge Q m³/s	Verlegungsart
b) Druckschächte mit einbetonierten Verteilrohrleitungen, Fels mittragend							
Roselend	Frankreich	1959	300	138	41100	50	
Nendaz	Schweiz	1960	280	111	31100	45	
Huinco	Peru	1963	210	142	29800	25	
Kemano	Kanada	1954	330	87	29700	62	
Cubatao	Brasilien	1953	320	84,5	27100	–	
Fionnay	Schweiz	1956	280	96	26900	45	
Linth-Limmern	Schweiz	1962	210	120	25200	25	einbetoniert
Capivari	Brasilien	1966	290	85,5	24800	40	
Stalden	Schweiz	1963	196	117	22900	20	
Kops	Österreich	1967	245	87	21300	36	
El Toro[1]	Chile	–	265	70	18500	44	
Ferrera	Schweiz	1958	300	60	18000	50	
Tavanasa	Schweiz	1959	310	53	16500	50	
c) Druckschächte mit offen verlegten Verteilrohrleitungen							
Malta[1]	Österreich	–	260	135	35000	42	
Kaunertal	Österreich	1963	285	98,5	28100	48	
Hongrin	Schweiz	1966	270	101	27300	36	
Biasca	Schweiz	1960	280	82	23000	50	
Lünersee	Österreich	1958	205	111	22800	31,5	in Kammer verlegt
Emosson	Schweiz/Frankreich	1967	230	90	20700	29	
Bitsch	Schweiz	1965	250	82	20500	48	
Bavona	Schweiz	1965	180	102	20200	18	
Mayrhofen	Österreich	1966	370	53	19600	92	offen verlegt
Innerfragant	Österreich	1967	130	137	17800	10	offen verlegt
d) Druckrohrleitungen mit großen Lichtweiten							
Boulder Dam	USA	1933	915	19	17400	300	in Galerie verlegt
Roßhaupten	Deutschland	1952	835	5	4300	150	einbetoniert
Alcantara	Spanien	1967	750	15	11200	–	einbetoniert
Forcacava	Brasilien	1952	630	43,5	27400	160	Druckschacht
Coo	Belgien	1967	600/540	41	22500	168	Druckschacht
Tumut 3[1]	Australien	–	550	20	11000	190	offen verlegt
St. Estève	Frankreich	1960	550	8,5	4700	84	offen verlegt
Oraison	Frankreich	1959	500	10	500	87	Druckschacht
Cijara	Spanien	1954	500	8,5	4700	–	einbetoniert
Hotzenwald	Deutschland	1965	430	56	24100	96	Druckschacht

[1] Projekt

In Tab. 3 sind schließlich einige bedeutende Druck- und Verteilleitungen aufgeführt, welche die gegenwärtige Tendenz nach Wasserkraftbauten mit hohem Gefälle und großen Wassermengen zum Ausdruck bringen.

Neben der technischen Entwicklung hat der Druckleitungsbau aber auch eine bemerkenswerte wirtschaftliche und industrielle Bedeutung erlangt, wie aus folgenden Betrachtungen hervorgeht.

In den Jahren 1955 bis 1965 sind allein in der Schweiz Druckleitungsanlagen im Umfang von etwa 85000 t erstellt worden. Dieselben gehören zu Wasserkraftwerken, welche insgesamt eine installierte Leistung von etwa 6000 MW aufweisen und eine Jahresenergie von etwa 17 Milliarden kWh erzeugen. Daraus läßt sich im Durchschnitt ein Gewicht von rund 14 t/MW oder 5 t/Mio kWh ermitteln.

Aus einer Veröffentlichung der „Vereinten Nationen" [1] ist zu entnehmen, daß der Vorrat an hydroelektrischer Energie in Europa ohne UdSSR auf etwa 760 Milliarden kWh geschätzt wird. Davon sind bis 1960 ungefähr 230 Milliarden kWh der Ausnützung zugeführt worden. Unter der Annahme, daß ein Drittel des verbleibenden Vorrates durch Hochdruckkraftwerke in elektrische Energie verwandelt wird, ergibt sich unter Benützung vorerwähnter Zahlen ein geschätztes Gewicht der zu erstellen-

Abb. 2. Urwaldlandschaft in Nordqueensland, Australien. Wasserfall des Tully-Rivers von etwa 300 m Höhe.

den Druckrohrleitungen von etwa 900000 t. Dies entspricht heute einem Kostenbetrag von annähernd 2 Milliarden Schweizer Franken oder einem Aufwand von 25 bis 30 Millionen Arbeitsstunden.

Nach anderen Schätzungen des OEEC beträgt der Weltvorrat an Wasserkraft rund 32000 Milliarden kWh. Der Bedarf an Druckleitungen läßt sich daraus schwer erfassen, dürfte jedoch eine Größenordnung von 30 bis 50 Millionen Tonnen erreichen.

Die Tätigkeit und Entwicklung im Druckleitungsbau ist demnach noch keineswegs abgeschlossen. Selbst der Vollausbau der nutzbaren Wasserkräfte würde noch keinen Stillstand bedeuten. Die Rohrleitungen altern und werden ersatzbedürftig. Spätestens nach Ablauf der Konzessionszeit von 50 bis 90 Jahren sind sie zu erneuern. Schon jetzt und fortlaufend sind ältere Bauwerke zu ersetzen, zu ergänzen oder zu erweitern.

Außerdem verlangen große Wärme- und Atomkraftwerke, welche vorteilhaft mit durchgehender Grundlast fahren, zur Ausgleichung von Erzeugungsschwankungen rasch einsetzbare Spitzenkraftwerke. Dazu eignen sich Speicherwasserkraftwerke oder Umwälzpumpwerke in beliebigem Ausmaß besonders gut. Solche Anlagen weisen bedeutende Ausbaugrößen auf und erfordern entsprechende Druckrohrleitungen.

1.2 Planung

Die Planung der Druckrohrleitung befaßt sich mit der Ausbaugröße, dem Standort, der Bau- und Verlegungsart und den Erstellungsmöglichkeiten.

In den Anfängen des Wasserkraftbaues hatten die Kraftwerke mehrheitlich örtliche Bedeutung, sei es für kleine Versorgungsgebiete oder einzelne Industriebetriebe. Zur Bestimmung der Ausbaugröße war daher ein beschränkter Eigenbedarf maßgebend. Aus der Fülle der damals vorhandenen Gefällsstufen wurde die Auswahl, abgesehen von den günstigsten Kosten, nach der geographischen und verkehrstechnischen Lage, nach der Zugänglichkeit im Gelände und nach einfachster Bauweise getroffen. Die Ausnützung der Wasserkräfte erfolgte in ziemlich unbekümmerter Weise ganz einfach nach dem Gesichtspunkt des augenblicklich größten Vorteils. Die dadurch begangenen Fehler belasten die heutigen Ausbaumöglichkeiten.

Die Entwicklung der Städte, der großen Versorgungsgebiete und der mächtigen Industrien hat eine gewaltige Steigerung des Energiebedarfes mit sich gebracht, so daß zunächst in nationalen Gebieten eine Planung in großem Maßstab einsetzen mußte. Das Anwachsen des Energiehungers gebietet zur heutigen Zeit die Sprengung der Grenzen und eine Planung im Rahmen des internationalen Energiehaushaltes. Eine solche umfassendere Planung wird durch energiewirtschaftspolitische Gesichtspunkte bestimmt und muß in weitsichtigster Weise erfolgen.

Ausgehend von den hydrologischen Voraussetzungen des in Betracht zu ziehenden Einzugsgebietes und den Erstellungsmöglichkeiten günstiger Wasserspeicher wird die Auslegung des Kraftwerkes nach Gefälle und Wassermenge durch Überlegungen der Wirtschaftlichkeit und der Bautechnik vorgenommen. Art und Größe des Kraftwerkes richtet sich nach dem Bedarf an Leistung und Energie. Davon hängt auch die Ausbaugröße der Druckrohrleitung und die Gliederung der Verteilleitung ab.

Aus wirtschaftlichen Gründen wird man mit Vorteil die Ausnützung eines größtmöglichen geodätischen Gefälles in einer einzigen Stufe anstreben, sofern nicht Zwischeneinzugsgebiete oder stufenweiser Ausbau eine Unterteilung gebieten. Der vollen Gefällsausnützung steht technisch seitens des Druckleitungsbaues kaum ein Hindernis im Wege, um so weniger als bei großen Wassermengen eine Auflösung in mehrere Stränge möglich ist oder bei Druckschachtpanzerungen Sonderlösungen gefunden werden.

Neben den wirtschaftlichen Gesichtpunkten wird der Ausbaugrad und die Standortfestlegung des Kraftwerkes und der Druckrohrleitung in erster Linie durch hydrologische, topographische, geologische und geographische Verhältnisse bestimmt. Alsdann gelangen bauliche, werkstoff- und fertigungstechnische sowie Transport- und Montagefragen hinzu, die sich mit Untersuchungen über die

Anzahl Stränge,
Bau- und Verlegungsart,
hydraulische Verluste,
Herstellungsverfahren,
Montageverhältnisse

zu befassen haben.

Die Anzahl der Stränge ist in erster Linie durch die Ausbaugröße bestimmt, ferner durch die Herstellungs- und Transportmöglichkeiten und gelegentlich auch durch bauliche Verhältnisse. Kostenmäßig ist es immer vorteilhaft, so wenig Stränge als möglich zu erstellen. Eine Unterteilung in mehrere Stränge kann sich aber auch außerhalb von technischen und preislichen Fragen aufdrängen. Dazu können Betriebsbedingungen und Sicherheitsfragen maßgebend sein. Oftmals stehen auch Gesichtspunkte der Finanzierung, des stufenweisen Ausbaues, Rücksichtnahme auf einheimische Industrien u. a. m. im Vordergrund.

Die Bau- und Verlegungsart sowie die Trassierung hängt von der Lage der Wasserfassung und des Krafthauses sowie von den topographischen und geologischen Verhältnissen des Geländes bzw. des Gebirges ab. Weiter sind Gesichtspunkte über die Sicherheit von Siedlungen, Nutzung von Kulturgelände, Naturschutz und militärische Belange zu berücksichtigen. Schließlich sind auch Vorsichtsmaßnahmen hinsichtlich Naturereignissen, Klimas und Vegetationsverhältnissen usw. in Betracht zu ziehen. Bezüglich der Bauarbeiten ist auf die Besonderheiten des Unterbaues, der Kunst- und Schutzbauten zu achten. Bei der Erstellung von Druckschachtpanzerungen ist auf die baulichen Vorkehrungen bezüglich Felsausbruchs, Drainage, Sicherung gegen Einbrüche, Betonierung und Injektionen Bedacht zu nehmen.

Bei der Planung ist auch auf die Strömungsverhältnisse und Druckverluste zu achten. Diese bestimmen den wirtschaftlichen Durchmesser und seine Abstufung. Für die Druckverluste sind insbesondere die Gefällsbrüche, die Umlenkungen und Verzweigungen sowie die Güte des Rostschutzes maßgebend. Besondere Sorgfalt ist deshalb den Verteilrohrleitungen zu widmen.

Die Planung hat außerdem die Güte des Werkstoffes und der Fertigung in Betracht zu ziehen. Höhere zulässige Beanspruchungen ermöglichen Einsparungen an Gewicht und Preis, welche sich auch auf den Transport und die Montage auswirken.

Die Kosten für das Versetzen der Rohre können die Planung maßgebend bestimmen. Das Heranführen und Zusammenbauen der Rohre verlangt ausreichende Umschlagplätze und Einrichtungen. Für die Montage sind geeignete Transportwege und -mittel unerläßlich. Gelegentlich ist dabei auf die Alpbewirtschaftung oder auf den Touristenverkehr Rücksicht zu nehmen oder örtlichen Anforderungen und behördlichen Vorschriften Rechnung zu tragen. Die Zugänglichkeit und Raumverhältnisse im Gelände können deshalb sogar unabhängig von der Kostenfrage die Planung festlegen.

Der heutige Stand der Technik hat für die Planung von Druckrohrleitungen eine weitgehende Bewegungsfreiheit mit sich gebracht, indem bezüglich Berechnung, Werkstoff, Fertigung und Montage manche frühere Einschränkungen weggefallen sind.

Da der Bau von Druckrohrleitungen jeweils bei jeder Anlage an besondere Verhältnisse gebunden ist, so kann zur Planung keine allgemein gültige Regel aufgestellt werden. Hingegen sind dabei einige wichtige Gesichtspunkte zu beachten, wozu nachstehende Zusammenstellung nützlich sein kann. Im übrigen sei bezüglich der technischen Herstellungsmöglichkeiten auf Tab. 3 verwiesen.

Gesichtspunkte, Erwägungen und Hinweise zur Planung von Druckrohrleitungen

a) Wirtschaftliche Betrachtungen und technische Erwägungen:
Hydrologische Unterlagen,

Gefälle und Wassermenge,
Druckverluste,
Wirtschaftlicher Durchmesser,

Verlauf der hydraulischen Drucklinie,
Geographische und topographische Lage,
Zugänglichkeit und Raumverhältnisse
  im Gelände,
Oberflächenbeschaffenheit des Geländes,
Rutschgebiete,
Steinschlagzonen,
Wasserläufe,
Lawinenzüge,
Schnee- und Sandstürme,
Klima und Vegetation,
Erdbeben,
Geologische Verhältnisse,
Felsbeschaffenheit,
Wasserdurchlässigkeit,
Felsüberdeckung,
Gebirgs- und Wasserdruck,
Drainage,
Felsausbruch,
Betonierung und Injektionen,
Bauarbeiten im Gelände,
Verankerungen und Abstützungen,
Erdbewegungen,

Werkstoffe und Fertigung,
Transport,
Montage,
Rostschutz.

b) Andere Gesichtspunkte:

Betriebsverhältnisse, Verbundnetze,
  Unterhalt,
Ausbauplan,
Finanzierung,
Rücksicht auf allgemeinen Entwick-
  lungsstand, und einheimische Indu-
  strie,
Siedelungen,
Land-, forst- und alpwirtschaftliche
  Nutzung,
Natur- und Heimatschutz,
Verkehrswege und Tourismus,
Örtliche Verhältnisse,
Behördliche Vorschriften,
Konzessionsbedingungen,
Katastrophengefahren,
Militärische Anforderungen.

1.3 Bauarten von Druckrohrleitungen

Fortschritt und Entwicklung im Druckleitungsbau bezüglich Berechnung, Werkstoff, Fertigung und Bauvorgang haben die Wahl der Bauart weitgehend von Einschränkungen befreit. Als ausschlaggebende Gesichtspunkte fallen vielmehr Geländeverhältnisse und Felsbeschaffenheit sowie anderweitige Verumständungen in Betracht. Je nach der erzielbaren Wirtschaftlichkeit kann die eine oder andere Bauart zur Ausführung gelangen. Man unterteilt die Druckrohrleitungen in:

> offen verlegt,
> frei in Stollen verlegt,
> eingedeckt,
> im Fels einbetoniert (Druckschachtpanzerungen),
> Verteilrohrleitungen.

Bei den offen und frei im Stollen verlegten Leitungen unterscheidet man in aufgelöste oder geschlossene Bauweise, je nachdem, ob für die Längsdehnung Expansionsrohre vorgesehen werden oder nicht. Eine ähnliche Unterscheidung trifft man bei Verteilrohrleitungen. Die im Erdreich eingedeckten Rohrleitungen sind meistens geschlossener Bauart. Für die im Fels einbetonierten Druckschächte wird je nach Gebirgsverhältnissen ein Mittragen des Felsen in Betracht gezogen oder nicht.

1.31 Offen verlegte Druckleitungen
(vgl. Abb. 3)

Die offen verlegte Druckleitung stellt die gebräuchlichste Bauart dar. Sie schmiegt sich in ihrem Verlauf weitgehend der Geländeoberfläche an. Die Trasseführung ist in Übereinstimmung mit der hydraulischen Drucklinie festzulegen und soll möglichst der Fallinie folgen. Kleinere Einschnitte oder Überbrückungen ersparen vermehrte Knickpunkte und Verankerungen. Eine Umgehung von Lawinenzügen, Steinschlagzonen, Rutschgebieten, Bach- und Straßenkreuzungen ist anzustreben. Um klare statische Verhältnisse zu schaffen und um den Verlauf der inneren und äußeren Kraftwirkungen besser zu verfolgen, wird die Rohrleitung abschnittweise – vor allem in Knickpunkten – verankert. Aus den gleichen Gründen wird auch die aufgelöste Anordnung mit Dehnmuffen be-

Abb. 3. Offen verlegte Druckleitungen zum Kraftwerk Riddes der Mauvoisin S.A., Wallis (Schweiz). 2 Stränge ⌀ 1,7/1,5 m; Betriebsdruck 111 at. Erstellt 1954/55.

vorzugt, um den Temperatureinflüssen und Längskräften zu begegnen. Mit Rücksicht auf die erheblichen Festpunktkräfte sind die Verankerungen dort anzuordnen, wo eine wirkungsvolle Verbindung mit standfestem Untergrund gesichert ist. Die Tragfähigkeit von lockerem Boden kann gegebenenfalls mit Mörtelinjektionen erhöht werden. Scharfe Gefällsbrüche und Richtungsänderungen sind wegen der großen Umlenkkräfte und Druckverluste zu vermeiden.

Die Fixpunktkräfte sind bei der aufgelösten Bauweise statisch bestimmt. Geringe Bewegungen des Untergrundes durch Setzen oder Gleiten verursachen keine Beeinträchtigung der Sicherheit.

Die aufgelöste Bauweise kann auch durch die Anordnung von verflanschten Dehnmuffen zwischen den einzelnen Rohren verwirklicht werden. Dabei ist jedoch jedes Rohr am oberen Ende mit dem Untergrund fest zu verankern und das untere Ende freigleitend zu lagern. Die Nachteile dieser Ausführung bestehen in der verteuerten Rohrherstellung und Verankerung sowie in den erhöhten Druckverlusten. Als Vorteil mag die verkürzte Montagezeit erwähnt werden.

Bei Druckleitungen von kleinerem Gefälle und Durchmesser kann sich unter Weglassung der Dehnvorrichtungen die geschlossene Bauweise als wirtschaftlicher erweisen. In diesem Falle sind die Festpunkte kraftschlüssig durch die Rohrleitung miteinander verbunden. Die Längskräfte sind von der Rohrleitung aufzunehmen und auf die Verankerung überzuleiten. Die Bemessung der Rohrleitung und Festpunkte hat den statisch unbestimmten Kräften Rechnung zu tragen.

Vor allem in Frankreich gelangt für bescheidenere Abmessungen auch eine ankerfreie Verlegung zur Anwendung. Die Druckleitung wird dem Gelände folgend, gleich einer Schlangenlinie, über Erhöhungen und Vertiefungen hinweggeführt. Die Anpassung an die Umgebungsverhältnisse wird ihrer Verformbarkeit überlassen. Die klare Übersicht betreffend Beanspruchungen und Sicherheit geht dabei verloren.

Um das Eigengewicht der Druckrohrleitung zwischen den Festpunkten abzustützen, sind in regelmäßigen Abständen Auflager notwendig. Die Entfernung richtet sich nach der Lichtweite und Wandstärke; große Stützweiten erweisen sich bezüglich der Kosten als vorteilhaft. Dazu sind glatte Rohrwandungen gegenüber bandagierten, umkabelten oder überpreßten Rohren begünstigt. Bei dickwandigen Druckleitungen genügt die eigene Rohrsteifigkeit, um der Verformung entgegenzuwirken, so daß einfache Sattellager ausreichen. Bei großen Lichtweiten und dünneren Rohrwandungen sind die Stützquerschnitte durch Ringe zu verstärken.

Die offen verlegte Rohrleitung hat schließlich dem inneren Unterdruck, der durch Abreißen der Wassersäule bei Schalt- und Schließvorgängen entstehen kann, zu widerstehen. Bei dünnwandigen Rohren sind gegebenenfalls in ausreichenden Abständen Versteifungsringe anzubringen.

1.32 Im Stollen verlegte Druckleitungen
(vgl. Abb. 4)

Anstelle der heutigen Druckschächte wurden früher ganze Rohrleitungen dort in Stollen verlegt, wo besondere Schutzmaßnahmen erforderlich waren. Zu einer solchen Bauart führen heute nur noch außergewöhnliche Umstände. In geologisch ungünstigem Gebirge, wo eine Felsbelastung unzulässig ist und wobei gleichzeitig wegen schwierigem Gelände eine offene Verlegung nicht in Frage kommt, erscheint die Stollenleitung als zweckmäßige Lösung. Der Stollen gewährt der Rohrleitung den notwendigen Schutz; der Fels ist der Beobachtung und allfälligen Konsolidierungsmaßnahmen zugänglich, und auftretendes Bergwasser kann abgeleitet werden. Zum Schutz gegen Tropfwasser oder

Abb. 4. Im begehbaren Stollen verlegte Druckleitung zum Kraftwerk Ecône der Salanfe S.A., Wallis (Schweiz). 1 Strang ⌀ 1,3/1,1 m; Betriebsdruck 162 at. Erstellt 1949/50.

Steinschlag sind die notwendigen Vorkehrungen zu treffen. Gelegentlich wird der Stollen als Teilstück eines Trasses zur Durchquerung von Felsvorsprüngen oder zur Umgehung gefährlicher Geländezonen in Betracht gezogen. Die Stollenbauweise ist gegebenenfalls auch dort angebracht, wo im Hochgebirge, namentlich im Winter, ein Zugang zum Schieberhaus, Einlaufbauwerk oder Stausee geschaffen werden muß; oder gelegentlich auch dort, wo dem Touristenverkehr mittels einer vorhandenen Stollenbahn Gebirgslandschaften erschlossen werden können.

Die Stollenleitung kann in aufgelöster oder geschlossener Bauweise erstellt werden und ist in Festpunkten zu verankern. Für die Bemessung gelten dieselben Gesichtspunkte wie für offen verlegte Leitungen. Bei geschlossener Bauweise kann unter Umständen aus der auftretenden Längszugspannung Nutzen gezogen werden.

1.33 Eingedeckte Druckrohrleitungen
(vgl. Abb. 5)

Die eingedeckte Bauart besteht darin, daß die Rohrleitung in einem
Graben verlegt und mit Aushubmaterial zugedeckt wird. Sie wird weniger
häufig angewendet, da sie größere Baukosten verursacht. Rücksichtnahme auf Bodennutzung, Naturschutz, Steinschlag, Lawinen, Sonnen-
bestrahlung, Frostgefahr u. a. m. können dazu Veranlassung geben. Je
nach Höhenlage und Klima soll die Überdeckung 80 bis 120 cm betragen.

Die Verlegung geschieht durch Absetzen der Rohre auf das sorgfältig
vorbereitete Bett. Die Eindeckung mit feinerer, dann gröberer Erdmasse
und schließlich – sofern nötig – mit Humus erfolgt streckenweise, dem
Fortschritt der Verlegung folgend.

Abb. 5. Eingegraben ver-
legte Druckleitung zum
Kraftwerk Mörel der
Aletsch AG, Wallis
(Schweiz)
2 Stränge ⌀ 1,0/0,7 m;
Betriebsdruck 77 at.
Erstellt 1949/50 und
1963/64.

Nach dem Setzen der Aufschüttung kann die eingedeckte Druckleitung auf der ganzen Länge als verankert betrachtet werden.

Gewöhnlich wird bei der Verlegung von Rohrabstützungen abgesehen, da sich aus der sorgfältigen Bettung ein gleichmäßiges Aufliegen
ergibt. Unter besonderen Umständen jedoch können zur Schaffung ein-
deutiger Auflagerverhältnisse gemauerte oder betonierte Stützsockel
notwendig sein.

Festpunkte sind nur bei ausgeprägten Knickpunkten vorzusehen. Da
die Längsausdehnung durch Haftreibung verhindert ist, erübrigen sich
Dehnungsvorrichtungen, es sei denn, daß dieselben an besonderen Stellen
als Gelenke dienen können. In steilem Gelände empfiehlt es sich überdies,

zur Rückhaltung von Erdmassen Stützmauern zu errichten. Gegebenenfalls sind Verstärkungen oder Schutzgewölbe anzubringen.

Die eingegrabene Rohrleitung entspricht der geschlossenen Bauweise.

Als kostspieligere Abart der Eindeckung ist die in Beton eingehüllte Rohrleitung zu betrachten, die sich jedoch auf begrenzte Steilstrecken, Rutschgebiete, Steinschlagzonen usw. zu beschränken hat. Ein kostenmäßiger Vorteil mag darin bestehen, daß unter Umständen auf den äußeren Rostschutz verzichtet werden kann.

Die eingedeckte Druckleitung ist gegen Beschädigung beim Verlegen sowie gegen Korrosion infolge feuchter oder säurehaltiger Erde durch Anstrich und Umwicklungen sorgfältig zu schützen.

1.34 Druckschachtpanzerungen
(vgl. Abb. 6)

Im Fels mittels Einbetonierung verankerte Druckrohrleitungen – Druckschachtpanzerungen – wurden vor etwa 40 bis 50 Jahren erstmals ausgeführt, wobei zunächst keine Felsbelastung vorgesehen wurde. Man sah den Vorteil lediglich im Schutz vor äußeren Einflüssen sowie in der Abkürzung und Begradigung der Linienführung. Mittlerweile verschob sich das Hauptinteresse dahin, den umgebenden Fels als mittragenden Bauteil beizuziehen.

Bei Druckschachtbauten wird die Stahlblechpanzerung derart in den ausgebrochenen Felsschacht einbetoniert, daß zur Übertragung des Innendruckes eine kraftschlüssige Verbindung zwischen Rohr – Beton – Fels entsteht. Als Voraussetzung für die Wirksamkeit dieser Verbundkonstruktion gilt jedoch, daß ein zusammenhängender, standfester Fels von genügender Überdeckung vorhanden ist und daß sich der Beton möglichst homogen und isotrop verhält. Diese Annahmen sind nie voll erfüllt. Zur Beurteilung der Felsbeschaffenheit sind geologische Sondierungen unerläßlich. Die Abklärung hat auch die Verformbarkeit und Wasserdurchlässigkeit des Gebirges zu erfassen, wozu Kavernenversuche nützlich sind. Als Ergänzung können seismoelektrische Untersuchungen über Dichte und Schichtung des Gebirges längs des Profiles zur Anwendung gelangen. Die Hinterbetonierung der Stahlblechpanzerung ist satt anliegend vorzunehmen, unterstützt durch Zementmilch- oder Mörtelinjektionen.

Die Tragfähigkeit der Verbundkonstruktion ist im wesentlichen von folgenden Merkmalen abhängig:

Mächtigkeit der Überdeckung,
Verformungsmodul des Gesteins,

Gleichmäßigkeit und Isotropie des Gesteins,
Lage der Druckschachtachse in bezug auf die Gesteinsschichtung,
Sorgfältigkeit von Ausbruch- und Betonarbeiten,
Umfang und Sorgfältigkeit der Tiefen- und Kontaktinjektionen.

Zur Abschätzung der Lastverteilung geben Modellversuche oder Messungen an ausgeführten Anlagen wertvolle Aufschlüsse. Je nach der Felsbeschaffenheit und Güte der Betonierung kann die Felsbelastung 20 bis 80 % betragen.

Theoretisch würde zur Übertragung des Innendruckes eine dehnbare Dichtungshaut genügen. In der Tat sind anfänglich sehr dünne Stahlblechpanzerungen ausgeführt worden, die entweder bei günstigen Gebirgsverhältnissen standhielten oder bei Entleerungen einbeulten. Sicherheitsmaßnahmen gegen die Einbeulgefahr und praktische Erwägungen hinsichtlich Transport und Montage gebieten jedoch eine Vergrößerung der Wandstärke.

Bestehen über die Belastbarkeit des Felsens Unklarheiten, so darf die Ringspannung im Stahlblech unter dem vollen Innendruck die Streckgrenze nicht überschreiten, und zwar unter Voraussetzung, daß sich der Werkstoff verformungsfähig und trennbruchsicher verhält. Die Bemessung der Wandstärke auf Innendruck hat auf jeden Fall so zu erfolgen, daß die Sicherheit des Druckschachtes niemals kleiner ausfällt als für eine offene Druckleitung.

Die Rohrwandung von Druckschachtpanzerungen muß überdies einem allfällig vorhandenen Außendruck widerstehen. Durch Spalten und Adern im Gebirge kann Sickerwasser bis zur Panzerung vordringen und einen Außendruck aufbauen. Sind dort – trotz sattem Betonieren – infolge Schwindens und Kriechens von Beton und Fels Klaffungen vorhanden, so besteht beim Entleeren Einbeulgefahr. Die Höhe des Außendruckes hängt von der Schichtung und Mächtigkeit des Gebirges ab. Ihre Ermittlung bereitet Schwierigkeiten und ist vielfach eine Ermessensfrage. Häufig wird die mögliche Druckhöhe der Überdeckung gleichgesetzt. Vorsichtige Annahmen setzen den Außendruck gleich dem statischen Innendruck; theoretisch sind sogar noch höhere Außendrücke denkbar.

Es erscheint ungewöhnlich, daß der Druckschacht für den entleerten Zustand, wo er keine Betriebsfunktionen ausübt, zu bemessen ist. Doch lassen sich genügend Beispiele anführen, wonach eingebeulte Panzerungen monatelange Betriebsunterbrüche verursacht haben. Bei großen Anlagen sind die Unkosten für Störungen und Verluste ungleich viel größer als der Mehraufwand für eine stärkere Panzerung. Sofern über die Größe des Außendruckes eine Annahme getroffen werden kann, so läßt sich die Panzerung ausreichend genau berechnen. Darüber bestehen nicht nur gültige Berechnungsansätze, sondern auch an Modellen und Anlagen durchgeführte Versuche, deren Ergebnisse die Theorie bestätigen. Es handelt sich dabei um eine Verknüpfung von Stabilität und Festigkeit, welche einer geschlossenen Berechnung unter Berücksichtigung des Spaltes zwischen Panzerung und Beton zugänglich ist. Die Außendruckfestigkeit der Druckschachtpanzerung ist infolge der Stützwirkung durch den Betonring größer als beim freien Rohr gleicher Abmessungen.

Die auf Außendruck berechneten oberen Teilstrecken von Druckschächten sind meistens bezüglich des Innendruckes überbemessen, so daß der Werkstoff für den Betriebszustand nicht voll ausgenützt ist. Zur

Abb. 6. Druckschachtpanzerung zum Kraftwerk Bärenburg der Kraftwerke Hinterrhein A G, Graubünden (Schweiz).
1 Strang ⌀ 3,6/3,4 m; Betriebsdruck 40 at. Erstellt 1960/61.

Erhöhung der Außendruckfestigkeit können dünnwandige Panzerungen gegebenenfalls durch Versteifungsringe, Ankerbügel, Schlaudern und dergleichen bewehrt werden. Solche Verstärkungen sind jedoch einer exakten Berechnung schwer zugänglich und behindern außerdem die sorgfältige Betonierung. Es erscheint deshalb vorteilhafter, die glatte Rohrwand etwas dicker zu gestalten.

Entwässerungen längs des Schachtes zur Beseitigung der Außendruckgefahr haben sich selten bewährt.

Die neuzeitlichen Verfahren beim Bau von Druckschachtpanzerungen gestatten, die größten Abmessungen zu beherrschen. Nötigenfalls lassen sich Doppelrohre oder Doppelpanzerungen anwenden.

Die Wirtschaftlichkeit hinsichtlich der Baukosten und Werkstoffersparnis ist vom Ausbruchprofil und vom Gefälle abhängig.

1.35 Verteilrohrleitungen
(vgl. Abb. 7 u. 8)

Im Krafthaus wird das Triebwasser durch eine Verteilrohrleitung auf die Turbinen verzweigt. Bei großen Kraftwerken können 6 bis 10 Turbinen aus einem einzigen Rohrleitungsstrang gespiesen werden. Die Verteilleitung stellt das technisch wichtigste Teilstück der Druckrohrleitung dar. Für ihre Auslegung und Formgebung sind folgende Merkmale zu beachten:

> günstige Strömungsverhältnisse,
> geringe Druckverluste,
> Beherrschung der hydrostatischen Kräfte,
> Aufnahme der Verformungen,
> kleine Reaktionskräfte.

Bei Verteilleitungen unterscheidet man ebenfalls 3 hauptsächliche Ausführungsformen:

> geschlossene Anordnung,
> aufgelöste Bauweise,
> einbetonierte Verlegung.

Bei der geschlossenen Anordnung ist die Verteilleitung an einem vor dem Krafthaus angeordneten Festpunkt angehängt. Die hydraulischen Kräfte werden einerseits durch diesen Festpunkt und andererseits durch die Turbinengehäuse aufgenommen. Dazwischen ist die Leitung auf Stützsockeln mit Gleitlagern frei beweglich gelagert. Die Fixpunktkräfte können mehrere tausend Tonnen erreichen. Durch die Verformungen infolge Temperaturänderungen und Querkontraktion treten zusätzlich Einspannkräfte und Biegemomente auf. Um dieselben auf ein vernünftiges Maß zu verringern, muß die Verteilleitung genügend elastisch sein, wozu die Turbinenzulaufstränge ausreichende Längen aufweisen müssen.

Bei Pelton-Turbinen ist außerdem die Einspannung starr genug auszuführen, damit keine Strahlablenkung auftritt. Die Einspannverhältnisse sind statisch unbestimmt.

Die geschlossene Anordnung ist dort von besonderem Vorteil, wo schlechter Baugrund kostspielige Fundamente erfordert.

Bei der *aufgelösten Bauweise* wird der Hauptstrang der Verteilleitung in einzelnen Festpunkten verankert. Zwischen denselben werden Expansionsmuffen angeordnet, welche eine Längsdehnung erlauben. Diese Anordnung gestattet eine gedrängte Bauart mit kurzen Turbinenzulaufsträngen. Die Einspannverhältnisse sind statisch bestimmt. Die Reaktionskräfte sind auf der Turbinenseite verhältnismäßig klein.

Die *einbetonierte Verlegung* wird häufig im Zusammenhang mit Druckschächten oder unterirdischen Kraftwerken angewendet. Die Verteil-

Abb. 7. Verteilleitung zum Kraftwerk Riddes, Wallis (Schweiz).
2 Stränge ∅ 1,5/0,75 m; Betriebsdruck 111 at. Erstellt 1955.

Abb. 8. Einbetonierte Verteilleitung zum Kraftwerk Fionnay der Grande Dixence S.A., Wallis (Schweiz).
1 Strang ∅ 2,8/0,75 m; Betriebsdruck 96 at. Erstellt 1954.

leitung ist dabei als starr und unbeweglich zu betrachten. Auf der Turbinenseite wirken nur die hydraulischen Kräfte. Die Rohrwandung wird im allgemeinen wegen der großen Ausbruchprofile und der Zentralennähe voll bemessen. Unter günstigen Umständen und bei genügender Entfernung vom Krafthaus kann der Hauptstrang durch den umgebenden Fels entlastet werden.

2*

Alle drei Bauarten gelangen zur Ausführung. Ihre Auswahl hängt von der Anordnung des Krafthauses, Art und Anzahl der Turbinen sowie von den örtlichen Verhältnissen ab. Die Verteilrohrleitungen können im Freien liegend, in einer Grube versenkt, in einer Kammer untergebracht, im Stollen einbetoniert oder im Maschinenraum verlegt angeordnet werden. Sie können sich längs des Krafthauses verzweigen oder sich senkrecht dazu in die Zulaufstränge gabeln. Der Nähe des Krafthauses hat man bei der Bemessung durch Erhöhung des Sicherheitsfaktors Rechnung zu tragen.

Den Abmessungen von freiliegenden Verteilrohrleitungen sind von der Werkstoffseite her und aus Transportgründen Grenzen gesetzt. Eine Baustellenfertigung ist nur mit Einschränkungen möglich. Gegebenenfalls drängt sich eine Unterteilung in mehrere Stränge auf.

Bei den im Fels verlegten Verteilleitungen läßt sich der Hauptstrang so weit bergwärts verschieben, daß mit einem Mittragen des Gebirges gerechnet werden darf. Es können auch Vorschläge für Doppelpanzerungen in Betracht gezogen werden, welche eine Unterteilung der Wandstärken gestatten und den Zusammenbau vereinfachen.

1.36 Wasserschlösser
(vgl. Abb. 9)

Abschaltungen und Reguliervorgänge bedingen eine ausreichende Elastizität im Wasserzulaufsystem, wozu Wasserschlösser notwendig sind.

Abb. 9. Wasserschloßpanzerung zum Kraftwerk Innertkirchen der Kraftwerke Oberhasli A G, Berner Oberland (Schweiz). Höhe 72 m; ⌀ 8,5 m. Erstellt 1942.

Je nach Geländeverhältnissen und Bauarten gelangen Wasserschloßtürme an der Oberfläche oder Wasserschloßkammern im Fels zur Ausführung. Die stählernen Türme lassen sich ohne Besonderheit wie große Lagerbehälter berechnen und erstellen.

Die im Fels verlegten Kammern bedürfen einer näheren Untersuchung. Vielfach werden solche Wasserschlösser nur von der hydraulischen Seite her betrachtet, roh ausgebrochen belassen oder mit Beton ausgekleidet. Die dabei auftretende Reibung kann zur Drosselung der Wasserbewegung erwünscht sein. Bei Großkraftwerken mit langen Zulaufstollen erhalten die Ausgleichskammern bedeutende Abmessungen. Die großen Innendrücke erzeugen erhebliche Ringzugspannungen in Beton und Fels. Die entstehenden Risse und Klaffungen können zu Wasserverlusten und Zerstörungen Anlaß geben. Es ist daher empfehlenswert, die im Fels ausgebrochene Wasserschloßkammer mit Stahlblechen zu panzern, welche eine genügende Außendruckfestigkeit aufweisen müssen. Hier besonders kann eine Doppelpanzerung Vorteile bieten. Bei Vertikalschächten kann unter Umständen auch eine wirksame Entwässerung erzielt werden.

1.4 Auslegung von Druckrohrleitungen

Nachdem durch die Planung die Lage und Größe des Kraftwerkes abgeklärt und die Bauart der Druckrohrleitung festgelegt ist, kann der wirtschaftliche Durchmesser und seine Abstufung bestimmt werden.

Der hydrostatische Druck ist an jeder Stelle des Längenprofils durch die geodätische Höhendifferenz bis zum Oberwasserspiegel gegeben. Zur Bestimmung des Betriebsdruckes ist der dynamische Druck, herrührend von Steuervorgängen und Spiegelschwankungen, im Wasserschloß noch hinzuzufügen gemäß:

$$p_B = p_{\text{stat}} + p_{\text{dyn}}. \tag{1}$$

Der Durchmesser der Rohrleitung kann punkt- oder streckenweise durch eine Wirtschaftlichkeitsberechnung festgelegt werden.

Dazu gilt die Bedingung, daß der Mehraufwand zur Verminderung des Energieverlustes geringer bleibt als die erzielbare Mehreinnahme aus dem Energieerlös. Im Grenzfalle sind beide gleich groß. Betrachtet man die jährlichen Kosten aus Energieverlusten und Kapitalaufwendungen für Verzinsung und Tilgung, so muß deren Summe zu einem Minimum werden.

Die Energieverluste bestehen im wesentlichen aus den Reibungsverlusten, die sich nach Gleichung von DARCY je Laufmeter anschreiben lassen:

$$H_v = \frac{\Delta p}{\gamma} = \lambda \frac{1}{D} \frac{v^2}{2g} \quad [\text{m}]. \tag{2}$$

Setzt man

$$v = \frac{4Q}{\pi D^2},$$

so ist die Verlusthöhe der fünften Potenz des Rohrdurchmessers umgekehrt proportional gemäß:

$$H_v = \frac{8}{\pi^2 g}\,\lambda\,\frac{Q^2}{D^5} \quad [\text{m}]. \tag{3}$$

Die entsprechende Verlustleistung beträgt dann:

$$\Delta N = \frac{\eta\,\gamma_w\,Q\,H_v}{102} \quad [\text{kW}]. \tag{4}$$

In den Gleichungen bedeuten:

ΔN = Verlustleistung in kW,
η = Wirkungsgrad der Anlage,
γ_w = spez. Gewicht des Wassers = 1000 kp/m³,
Q = Wassermenge in m³/s,
v = Strömungsgeschwindigkeit in m/s,
D = Lichtweite in m,
g = Erdbeschleunigung = 9,81 m/s²,
λ = Reibungskoeffizient.

Bezeichnet man ferner mit S die jährliche Betriebsstundenzahl und mit
a den gewogenen Mittelwert des Energiepreises je kWh, so beträgt
der Kapitalverlust infolge Rohrreibung

$$K_v = \Delta N\,S\,a. \tag{5}$$

Die Triebwassermenge Q und die Betriebsstundenzahl S sind durch das
Betriebsdiagramm durch folgende Beziehung miteinander verknüpft:

$$S_v = \frac{\Sigma(Q_i^3\,S_i)}{Q_v^3}, \tag{6}$$

worin

Q_v = Vollastwassermenge,
S_v = auf Vollast bezogene, jährliche Betriebsstundenzahl,

woraus für gegebene Verhältnisse folgt:

$$K_v = \frac{8\,\eta\,\gamma_w\cdot Q_v^3\,S_v\,a}{102\,g\,\pi^2\,D^5} = \frac{C_1}{D^5}. \tag{7}$$

Die Kapitalkosten sind anderseits dem Rohrgewicht proportional.
Unter Benützung der Kesselformel zur Berechnung der Rohrwandstärken
erhält man je Meter glatte Rohrleitung folgendes Gewicht:

$$G = \frac{\gamma_E\,\pi\,D^2\,p_B}{2\,\sigma_{\text{zul}}}, \tag{8}$$

worin bedeuten:

G = Gewicht [kg],
D = mittlerer Durchmesser = $D_i + s$ [m],
p_B = Betriebsdruck [kp/cm²],
σ_{zul} = zulässige Beanspruchung [kp/cm²],
γ_E = spez. Gewicht des Stahles = 8000 kg/m³.

Zusätzlich zur glatten Rohrwand werden die Zubehörteile für Muffen, Flanschen, Verankerungen, Auflager usw. durch einen Faktor $k > 1,0$ berücksichtigt, soweit sie vom Durchmesser abhängen.

Das Anlagekapital A für die Druckrohrleitung, ohne Bauarbeiten, berechnet sich nun aus dem Tonnenpreis T für die Lieferung ab Werk, Fracht, Montage und Rostschutz gemäß:

$$A = k\,\frac{G\,T}{1000}\,. \tag{9}$$

Die jährlichen Kapitalkosten K_A für Tilgung, Verzinsung, Steuern, Gebühren, Unterhalt usw. werden im Kapitalfaktor b zusammengefaßt, so daß für gegebene Verhältnisse ohne Bauarbeiten gilt:

$$K_A = \frac{\gamma_E\,\pi\,p_B \cdot k\,T\,b}{2000\,\sigma_{\mathrm{zul}}}\,D^2 = C_2\,D^2\,. \tag{10}$$

Die Kapitalkosten sind verhältnisgleich zu D^2. Sind die Bauarbeiten für Unterbau, Festpunkte, Stützsockel, Kunstbauten, Seilbahnen usw. maßgeblich vom Durchmesser der Rohrleitung beeinflußt, so sind dieselben in Abhängigkeit von D auszudrücken und in die Anlagekosten einzubeziehen.

Die gesamten jährlichen Kosten

$$K_G = K_v + K_A$$

sollen zu einem Minimum werden, so daß

$$\frac{\partial K_G}{\partial D} = \frac{\partial(K_v + K_A)}{\partial D} = 0 \tag{11}$$

wird.

Aus der Ableitung folgt:

$$D_{\min} = \sqrt[7]{\frac{5\,C_1}{2\,C_2}}\,, \tag{12}$$

d.h., für gegebene Verhältnisse ohne Bauarbeiten wird:

$$D_{\min} = 0,77\,\sqrt[7]{\frac{\eta\,\lambda\,\sigma_{\mathrm{zul}} \cdot a\,Q_v^3\,S_v}{p_B\,k\,T\,b}} \quad [\mathrm{m}]\,. \tag{13}$$

Daraus folgt für die günstigste Strömungsgeschwindigkeit:

$$V = 2,15\,\sqrt[7]{Q_v\left(\frac{p_B\,k\,T\,b}{\eta\,\lambda\,\sigma_{\mathrm{zul}} \cdot a\,S_v}\right)^2} \quad [\mathrm{m/s}]\,. \tag{14}$$

Aus Erfahrung können darin folgende Werte angeführt werden:

η = Gesamtwirkungsgrad = 0,77 bis 0,83,
λ = Reibungskoeffizient = 0,008 bis 0,12 für glatte neue Rohre,
σ_{zul} = zulässige Ringspannung beim Betriebsdruck je nach Werkstoff und Ausführung = 1000 bis 3000 kp/cm²,

a = Preis je kWh ab Generatorklemme = sFr. 0,01 bis 0,06,

T = Tonnenpreis fertig montiert einschließlich Rostschutz = sFr. 2000 bis = 3000,

b = jährlicher Kapitalfaktor = 0,06 bis 0,12,

k = Zuschlag für Zubehörteile = 1,05 bis 1,1.

Für neuzeitliche Druckleitungsanlagen gelten folgende Strömungsgeschwindigkeiten v in Abhängigkeit der Leistungsziffer $P = p \cdot D$ für Vollastbetrieb:

Tabelle 4. *Zulässige Strömungsgeschwindigkeiten*

Leistungsziffer kp/cm	5000	15 000	25 000
Grundlastwerke S_v = 6000 – 8000 h	V in m/s =		
obere Leitungsstrecke	2,5–4,0	3,0–5,0	4,0– 6,0
untere Leitungsstrecke	3,5–5,0	4,0–6,0	5,0– 7,0
Spitzenwerke S_v = 2000 – 4000 h			
obere Leitungsstrecke	4,0–5,0	4,5–7,0	5,0– 8,0
untere Leitungsstrecke	4,5–7,0	6,0–8,0	7,0–10,0

Für das rechnerische Verfahren nach Gl. (13) können Hilfstabellen angelegt werden. Anstelle der Rechnung kann auch eine zeichnerische Ermittlung treten, indem die Gln. (7) und (10) tabellarisch ausgewertet und in Abhängigkeit von D aufgetragen werden. Das graphische Verfahren trägt zur Übersicht und Kontrolle bei und kann dazu dienen, den Einfluß von Abweichungen abzuschätzen.

Die Durchmesserabstufung erfolgt streckenweise aus dem Verlauf des wirtschaftlichen Durchmessers. Allfällige Abweichungen sollten jedoch berücksichtigen, daß der Gesamtdruckverlust unverändert bleibt.

Der wirtschaftliche Durchmesser von Druckschachtpanzerungen bestimmt sich nach den gleichen Grundsätzen. Die baulichen Kosten, die dabei erheblich ins Gewicht fallen, sind jedoch keine einfachen Funktionen der Lichtweite. Sie sind wesentlich von der Felsbeschaffenheit abhängig. Es ist daher schwierig, für die rechnerische Erfassung eine explizierte Gleichungsform zu finden. Die Rechnung kann jedoch für verschiedene Durchmesser unter Benützung der in der Tabelle genannten Strömungsgeschwindigkeiten vorgenommen werden, wobei bei fehlenden Kenntnissen über die Felsbelastbarkeit verschiedene Annahmen zu treffen wären.

Eine Abstufung der Lichtweite wird bei Druckschächten aus praktischen Gründen vielfach unterlassen.

2. Konstruktion

Unter Konstruktion von Druckrohrleitungen soll die technische Gestaltung und Formgebung von Rohrleitungsteilen verstanden werden, welche sich mit der Bemessung, den Werkstoff- und Fertigungsfragen sowie mit den hydraulischen Erfordernissen befaßt. Im Laufe der Zeit hat sich die Konstruktion den gesteigerten Anforderungen angepaßt unter Benützung der wissenschaftlichen Erkenntnisse und Forschungsergebnisse.

Von der Werkstoffseite her soll sich die Behandlung ausschließlich auf Stahlrohre beschränken, wobei auf die nahtlosen Rohre verzichtet wird. Bezüglich der Ausführungsformen sei darauf hingewiesen, daß verschiedene Wege zum Ziel führen und daß jede technische Verbesserung für die Entwicklung von Bedeutung ist.

Im gegebenen Rahmen dieses Buches ist es nicht möglich, auf allen Gebieten, welche mit der Konstruktion verbunden sind, in die Breite zu gehen. Die Behandlung des Stoffes muß sich deshalb auf die wesentlichen Grundzüge beschränken, was in folgenden Abschnitten geschehen soll:

Werkstoffe,
Herstellung der Rohre,
Kräfte und Spannungen,
statische Berechnungen,
Ausbildung der Konstruktionsteile.

2.1 Werkstoffe

Zur Herstellung der elektrisch geschweißten Rohre und Zubehöre werden als Ausgangsmaterial in der Regel nur Stahlbleche und Stahlteile verwendet. Namentlich bei großen Abmessungen und besonderen Betriebsverhältnissen werden an die Werkstoffgüte hohe Anforderungen gestellt.

2.11 Eigenschaften der Stahlbleche

Für Druckrohrleitungen wurden bis 1950 mehrheitlich Kesselbleche der Güte MI und MII verarbeitet. Es handelte sich also meistens um unberuhigte oder halbberuhigte, normalgeglühte SM-Stahlbleche auf der Basis Kohlenstoff – Mangan – Silizium mit bescheidenen Festigkeitswerten. Sie befriedigten keine hohen Ansprüche bezüglich Trennbruchsicherheit und Alterungsbeständigkeit und sind deshalb heute durch die Entwicklung überholt worden. Sie werden auch in der heutigen Güte H kaum verwendet. Hingegen können gelegentlich für bescheidenere Verhältnisse Baubleche der Güten St oder RSt oder eventuell auch sauerstoffgeblasene Konverterstähle zur Anwendung gelangen. Heute werden jedoch mehrheitlich Feinkornstähle verwendet.

Normalerweise werden folgende Eigenschaften verlangt:

ausreichende Festigkeitswerte,
gutes Verformungsvermögen,
Trennbruchsicherheit,
Alterungsbeständigkeit,
gute Schweißbarkeit,
Eignung für mechanische Bearbeitung und Brennschneiden.

Die Erzeugung der Feinkornstähle erfolgt im Siemens-Martin- oder Elektroofen oder auch nach dem LD-Verfahren. Die Auswalzung derselben geschieht auf neuzeitlichen Straßen durch Längs- und Querstiche, so daß die Gleichmäßigkeit der mechanischen Eigenschaften über die Walztafeln gewährleistet werden kann.

Man unterscheidet folgende Güteklassen:

a) Normalisierte Stahlbleche auf der Basis Kohlenstoff – Mangan – Silizium

mit Festigkeiten von 35 bis 70 kp/mm² und
Streckgrenzen von 24 bis 40 kp/mm².

Mit Rücksicht auf die Schweißbarkeit ist der C-Gehalt sowie das Verhältnis Mangan zu Kohlenstoffgehalt zu begrenzen.

Wird der C-Gehalt wesentlich über 0,2% gesteigert, so besteht eine erhöhte Gefahr zur Aufhärtung mit Neigung zur Rißbildung beim Schweißen. Es empfiehlt sich daher, eher in bescheidenem Ausmaß Legierungselemente beizugeben. Zur Erzeugung von hochfesten Stählen kommt wegen der Schweißbarkeit nur die Vergütung in Betracht. Solche vergütete Stähle besitzen durch das feinkörnige Gefüge eine hohe Kerbzähigkeit und Trennbruchsicherheit, weisen aber gleichzeitig ein erhöhtes Streckgrenzenverhältnis auf.

b) Leicht legierte, normalisierte Stahlbleche mit geringem Zusatz von wahlweise Mo, Cr, Ni, Cu, Va, Ti, Nb usw. gehören zur Festigkeitsstufe 50 bis 70 kp/mm² mit Streckgrenzen von 40 bis 45 kp/mm². Die Zähigkeit und Trennbruchsicherheit werden häufig durch das feinkörnige Zwischenstufengefüge erreicht.

c) Vergütete Stahlbleche. Um die Festigkeit weiter zu erhöhen, können die Stahlbleche einer Vergütung unterworfen werden. Der Vorgang besteht darin, daß die Bleche aus der Umwandlungstemperatur durch Abschrecken rasch abgekühlt werden, wobei ein feinkörniges, martensitisch-bainitisches Gefüge entsteht. Durch anschließendes Anlassen wird die Härte gemildert und die Zähigkeit erhöht. Als Ausgangswerkstoffe können sowohl Stähle nach a) oder b) benützt werden.

Tabelle 5. *Übersicht über die im Druckleitungsbau hauptsächlich zur Verwendung gelangenden Stahlbleche*

a) Unvergütete Feinkornstähle

Typ		35	44	52	60
Zugfestigkeit	kp/mm²	35–44	44–52	52–64	55–68
min. Streckgrenze	kp/mm²	24	28	36	40
min. Dehnung $L = 5\,d$	%	28	25	25	22
min. Kerbzähigkeit Charpy-V ungealtert bei − 10 °C	mkp/cm²	8	7	6	6
C-Gehalt	%	0,15	0,19	0,21	0,22
Si	%	0,25	0,30	0,40	0,50
Mn	%	0,50	0,80	1,20	1,60
P und S je max.	%	0,04	0,04	0,04	0,04

b) Leicht legierte, unvergütete Feinkornstähle

Typ		50	55	60
Zugfestigkeit	kp/mm²	50–60	55–65	60–70
min. Streckgrenze	kp/mm²	40	42	45
min. Dehnung $L = 5\,d$	%	22	20	18
min. Kerbzähigkeit Charpy-V ungealtert bei − 10 °C	mkp/cm²	6	6	6
C-Gehalt	%	0,16	0,20	0,20
Si	%	0,3	0,25	0,25
Mn	%	1,10	1,30	1,30
Cr	%	−	0,30	0,30
Ni	%	0,55	0,45	0,90
Mo	%	−	0,20	0,40
V	%	0,10	−	0,05
P und S je	%	0,04	0,04	0,04

c) Vergütete Stähle

Typ		60	65	70	80
Zugfestigkeit	kp/mm²	60–70	65–75	70–80	80–90
min. Streckgrenze	kp/mm²	45	50	55	70
min. Dehnung $L = 5\,d$	%	17	15	15	15
min. Kerbzähigkeit Charpy-V ungealtert bei − 10 °C	mkp/cm²	6	6	6	6
C-Gehalt	%	0,18	0,20	0,18	0,15
Si	%	0,40	0,45	0,25	0,25
Mn	%	1,5	1,70	1,30	0,85
Cr	%	−	−	0,25	0,55
Ni	%	−	−	0,80	0,85
Mo	%	−	−	0,40	0,50
Cu	%	−	−	−	0,35
V	%	−	−	0,03	0,05
P und S je	%	0,04	0,04	0,04	0,04

Unter a) entsteht eine Festigkeitsstufe von 60 bis 70 kp/mm² mit Streckgrenzen von 45 bis 55 kp/mm².

Unter b) – je nach der chemischen Zusammensetzung – eine solche von 70 bis 90 kp/mm² mit Streckgrenzen von 50 bis 70 kp/mm².

Ein sehr hohes Streckgrenzenverhältnis ist dabei für die Verarbeitung und das Bruchverhalten nicht erwünscht. Tab. 5 zeigt eine Übersicht der gebräuchlichen Stahlblechsorten.

2.12 Bruchverhalten der Werkstoffe

Die *Zerstörungen an Schiffen, Brücken, Behältern und Druckleitungen* haben auf die Trennbruchgefahr aufmerksam gemacht. Aus Untersuchungen an zerstörten Bauwerken läßt sich schließen, daß der Ausgang sowie die Fortpflanzung des Bruches entscheidend durch folgende Umstände beeinflußt werden:

> technologische Eigenschaften des Werkstoffes,
> Abmessungen,
> Spannungszustand,
> Übergangstemperatur zum spröden Verhalten,
> einwirkende Energie.

In zweiter Linie ist die formgerechte Gestaltung des Bauwerkes und die Güte seiner Fertigung maßgebend.

Bei gleichzeitigem Zusammentreffen mehrerer ungünstiger Einflüsse kann die Sicherheit des Bauwerkes gefährdet sein. Liegt beispielsweise ein zu sprödem Bruch neigender Werkstoff vor, so genügt bei niedriger Umgebungstemperatur selbst eine bescheidene Beanspruchung, um eine Zerstörung herbeizuführen. Auch das Zusammenwirken verschärfter Spannungszustände mit sprödem Werkstoffverhalten kann verheerende Folgen nach sich ziehen.

Die Werkstoffe dürfen daher nicht allein auf Grund des Zugversuches beurteilt werden, sondern ebenfalls nach dem Verformungsvermögen und dem Bruchverhalten. Ein hoher Sicherheitsfaktor gegenüber der Streckgrenze nützt wenig, wenn der Werkstoff zu spröden Brüchen neigt; im Gegenteil erscheint es weniger gefährlich, einen verformungsfähigen Werkstoff bis zur Fließgrenze zu beanspruchen und von seinem plastischen Verhalten Gebrauch zu machen. Aus zerstörten Bauwerken und besonderen Untersuchungen geht ferner hervor, daß eine Verstärkung der Abmessungen nicht unbedingt eine Erhöhung der Sicherheit mit sich bringt, namentlich dann nicht, wenn dynamische Beanspruchungen und große aufgespeicherte Energien mitwirken

Schließlich sei noch darauf hingewiesen, daß das Verformungsvermögen durch Alterungserscheinungen beeinträchtigt werden kann. Durch technologische Proben kann der Werkstoff zum voraus daraufhin untersucht werden. Im allgemeinen sind Feinkornstähle wenig empfindlich auf Alterung.

Die Grundeigenschaften des Werkstoffes bilden also die Voraussetzung für das Bruchverhalten. Daneben ist die Art der Auslösung des Bruchvorganges von entscheidender Bedeutung.

Um einen Anriß zu erzeugen oder zu erweitern, muß zunächst eine gefährliche Spannungshöhe erreicht werden und dann eine genügend große Energie zur Rißfortpflanzung vorhanden sein. Ein zäher Werkstoff kann in der Lage sein, eine örtliche Spannungsspitze im plastischen Bereich abzubauen bzw. entstandene Rißbildungen durch sein Verformungsvermögen aufzufangen. Der Spannungszustand und die Abmessungen üben durch die aufgespeicherte elastische Energie einen maßgeblichen Einfluß auf den Bruchverlauf aus.

2.13 Schweißbarkeit der Werkstoffe

Die Schweißbarkeit der Stahlbleche gehört zu den wichtigsten Werkstoffeigenschaften. Sie hängt außer vom Werkstoff selbst von den Zusatzwerkstoffen und dem Schweißverfahren ab. Der Kohlenstoffgehalt und die Legierungsbestandteile des Werkstoffes bestimmen die Aufhärtung beim Schweißen, während die Höhe der inneren Spannungen durch die Streckgrenze gegeben ist. Als Folge von Ungleichmäßigkeiten oder Spannungsspitzen können Rißbildungen und spröde Brüche entstehen; Seigerungszonen und verwalzte Blasen verursachen Porenbildung oder feine Anrisse. Es ist deshalb unerläßlich, die Werkstoffe durch einschlägige Prüfverfahren auf ihre Schweißbarkeit zu kontrollieren und diese gegebenenfalls durch Vorwärmen und Halten der Zwischenlagentemperaturen zu verbessern.

2.14 Oberflächenbeschaffenheit und Gleichmäßigkeit der Stahlbleche

Durch die Werkstoffeigenschaften hinsichtlich Verformungsvermögen, Bruchverhalten und Schweißbarkeit ist die Güte der Stahlbleche noch nicht restlos ausgewiesen. Dazu gehören ferner noch Merkmale bezüglich Streubereich der Gütewerte, Homogenität der Struktur, Sauberkeit der Oberflächen und Gleichmäßigkeit der Abmessungen (Abb. 10). Es ist von Belang, daß die Herstellung der Bleche gleichmäßig erfolgt, damit die Abweichungen der Gütewerte vom Kopf- zum Fußende und von der Oberfläche ins Blechinnere sowie innerhalb einer Lieferung möglichst gering sind. Die Bleche sollen ferner – vor allem in den Randzonen – frei sein von Seigerungen, verwalzten Blasen und Doppelungen (Abb. 11).

Die Blechhaut soll keine Narben, eingepreßte Schlacken oder sonstige
eingewalzte Verunreinigungen aufweisen. Es entbehrt nämlich der Folge-
richtigkeit, daß von der Schweißung übertriebene Fehlerlosigkeit sowie
Bearbeitung der Decklage verlangt wird, wenn anderseits das Grundmaterial in weit größerem Umfang mit Ungleichmäßigkeiten und Ober-
flächenkerben behaftet ist. Auch solche Materialfehler sollten im Hinblick auf die Sprödbruchgefahr vermieden werden. Die äußere Beschaffenheit der Stahlbleche bildet deshalb bei der heutigen Tendenz nach großen
Abmessungen und hohen Betriebsspannungen einen wesentlichen Faktor
für die Betriebssicherheit.

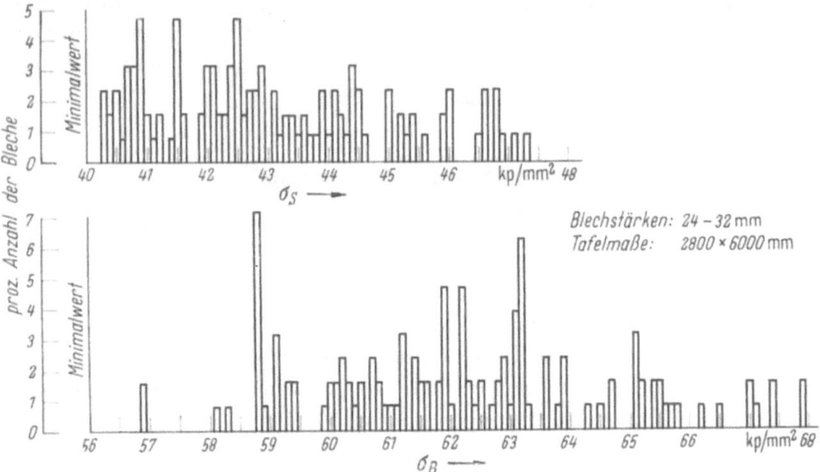

Abb. 10. Streubereich von Streckgrenze und Festigkeit (Querproben Anlieferungszustand),
Feinkornstahl von 56 kp/mm² Festigkeit und 40 kp/mm² Streckgrenze.

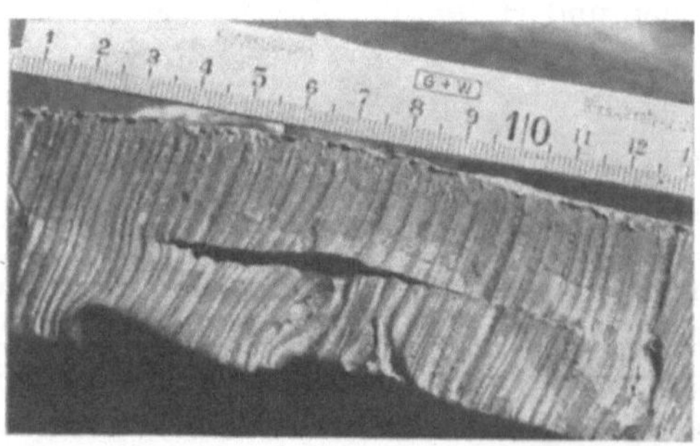

Abb. 11. Doppelung in
einem Stahlblech von
46 mm Stärke bei 60/40
kp/mm² Festigkeit bzw.
Streckgrenze. Nahauf-
nahme einer Klaffungs-
stelle.

2.15 Prüfung der Werkstoffe

Sollen bei der Verarbeitung der Werkstoffe oder im Betrieb der Rohrleitung keine Schwierigkeiten oder Gefahren auftreten, so sind – namentlich bei neuartigen Stählen – eingehende materialtechnische Unter-

suchungen vorzunehmen, wozu auch Fertigungsversuche in größerem Umfang gehören. Solche Untersuchungen haben folgende Prüfungen zu umfassen:

Festigkeitswerte,
Verformungsvermögen,
Bruchverhalten,
Schweißbarkeit,
Oberflächenbeschaffenheit.

Der Umfang der Werkstoffprüfung kann beispielsweise wie folgt vorgesehen werden:

Normale Blechprüfung BN bei Abnahmen gewöhnlicher Stahlbleche:
Maß-, Gewicht- und Oberflächenkontrolle nach DIN 1543,
1 Zugversuch quer,
3 Kerbschlagproben KCV längs bei -20 °C,
1 Biegeprobe quer.

Umfassende Blechprüfung BU bei Abnahme von Sonderbaustählen:
Maß-, Gewicht- und Oberflächenkontrolle nach DIN 1543,
1 Zugversuch quer,
3 Kerbschlagproben KCV längs bei -20 °C,
1 Biegeprobe quer,
1 Aufschweißbiegeprobe bei 0 °C oder NDT-Bestimmung für Bleche $s \geq 20$ mm.

Eignungs- und Kontrollprüfungen von Sonderbaustählen:
1 Analyse,
1 Zugversuch quer,
1 Zugversuch quer, spannungsfrei geglüht,
3 Kerbschlagproben KCV längs bei -10 °C,
1 Biegeprobe quer,
1 Steilabfall KCV im Anlieferungszustand,
1 Steilabfall KCV im gealterten Zustand[1],
1 Härteverlauf an der einlagigen Raupe,
1 Aufschweißbiegeversuch bei 0 °C oder NDT-Bestimmung für Bleche $s \geq 20$ mm.

Die Festigkeitswerte werden durch den Zugversuch festgestellt; der Einfluß allfälliger Wärmebehandlungen während der Verarbeitung ist gegebenenfalls zu berücksichtigen.

Zur Ergänzung können Ermüdungsversuche dienen. Aus Dehnung und Einschnürung, aus dem Arbeitswert und dem Streckgrenzenverhältnis lassen sich bereits Rückschlüsse auf die Verformbarkeit ziehen. Die Zähigkeit und die Trennbruchsicherheit des Werkstoffes können u.a. durch Ermittlung der Lage des Steilabfalles (Abb. 12), d.h. durch die Abhängigkeit der Kerbzähigkeit von der Temperatur, geprüft werden, wozu

---

[1] 6% gestaucht für Kontrollproben,
10% gestaucht für Eignungsprüfungen.

zweckmäßig Scharfkerbproben Verwendung finden. Das zähe bzw. spröde
Verhalten des Werkstoffes gelangt durch die Hoch- bzw. Tieflage der
Kerbzähigkeitswerte zum Ausdruck. Die Lage des Steilabfalles ist folg-
lich kennzeichnend für die kritische Temperatur, unterhalb welcher
Sprödbruchgefahr besteht. Untersuchungen zeigen, daß die Prüfung des
Steilabfalles – in erster Linie als technologische Probe – zum Vergleich

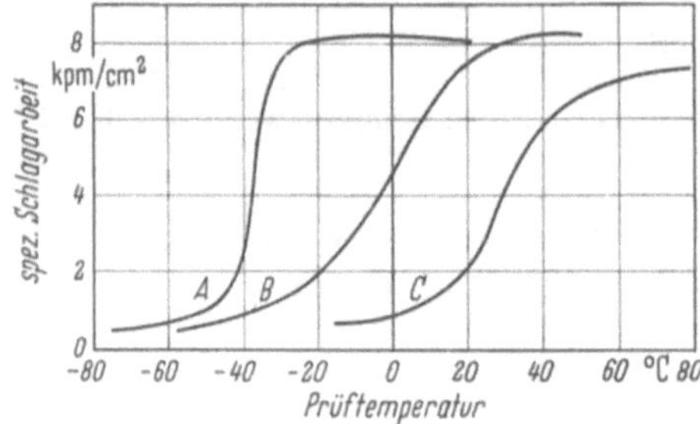

Abb. 12. Steilabfall der Kerbzähigkeit verschiedener Werk-
stoffgüten *A*, *B*, *C*.

verschiedener Stahlsorten dienen kann. Rückschlüsse auf das Bruchverhalten des Bauwerkes sind jedoch nur bedingt zulässig, da die Abmessungen und die bis zum Bruch aufzuwendende Energie zu unterschiedlich
sind. Insbesondere erhält man keine Auskunft über die Größe der Spannungen, welche in den kritischen Querschnitten einen Bruch einleiten
und vorhandene Risse fortpflanzen können. Bei einachsiger Beanspruchung oder im Bereich kleiner Querschnitte, wie sie bei Probestäben vor-

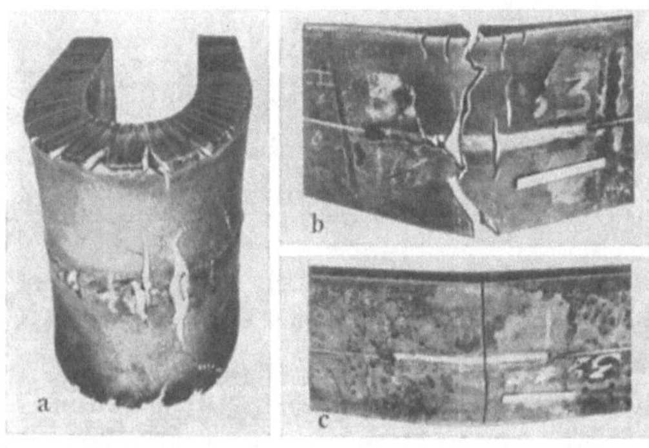

Abb. 13. Aufschweißbiegeproben
am gleichen Werkstoff bei ver-
schiedenen Temperaturen.
Werkstoff mit 60/40 kp/mm²
Festigkeit bzw. Streckgrenze;
Blechstärke 40 mm.

a) Prüftemperatur +20 °C, 180°,
Anrisse; b) Prüftemperatur 0 °C,
55°, Mischbruch; c) Prüftemperatur −15 °C, 22°, Trennbruch.

handen sind, besteht kaum eine Sprödbruchgefahr. Anders verhält es
sich jedoch beim Bauwerk, wo konstruktive und fabrikatorische Kerben
sowie große Abmessungen oder Spannungskonzentrationen Verformungsbehinderungen erzeugen können. Um diese Einflüsse zu erfassen, sind
Prüfverfahren entwickelt worden, welche gekerbte oder verspannte
Proben verwenden. Solche Versuche können auch in Abhängigkeit der

Temperatur vorgenommen werden, welche dann eine qualitative Aussage und einen Vergleich mit den Kerbschlagproben ermöglichen (Pellini- und Robertson-Test und andere).

Als weitere aufschlußreiche Prüfung des Verformungsvermögens und der Trennbruchsicherheit dient auch die Aufschweißbiegeprobe (Abb. 13), deren Zweckmäßigkeit darin liegt, daß große Querschnitte und volle Wandstärken geprüft werden können. Durch Beurteilung des Bruchverlaufes, des Bruchaussehens und des maximalen Biegewinkels läßt sich auf zähes oder sprödes Verhalten schließen. Solche Versuche sind auch bei verschiedenen Temperaturen durchführbar.

Ein Vergleich mit Kerbschlagproben zeigt deutlich den Einfluß der Abmessungen. Die Verschiebung der kritischen Temperatur nach oben deutet an, daß sich ein Werkstück bezüglich Bruchgefahr ungünstiger verhält als eine kleine Materialprobe. Aus solchen Versuchen darf geschlossen werden, daß die Sprödsicherheit dann gewährleistet ist, wenn die Betriebstemperatur genügend weit über der Versprödungstemperatur liegt.

Nach RÜHL [2] kann bezüglich der Einflüsse auf das Bruchverhalten folgende Übersicht gegeben werden:

Die Versprödungsgefahr wird erhöht durch:

C- und N-Gehalt,
aufhärtende Elemente,
grobes Gefüge,
große Abmessungen,
Kaltverformung.

Sie wird vermindert durch:

gutes plastisches Verhalten, mäßiges Streckgrenzenverhältnis,
Wärmebehandlung.

Außer den Werkstoffeigenschaften sollen folgende Konstruktions- und Fertigungsregeln beachtet werden:

Vermeidung von Kerben, scharfen Kanten und Ecken,
Vermeidung von Eigenspannungen,
Vermeidung großer Steifigkeit und Schrumpfungsbehinderungen,
Vermeidung unzweckmäßiger Formgebung.

Das Bruchverhalten wird durch den Bruchausgang und durch die Bruchfortpflanzung bestimmt. Die Entstehung zäher oder verformungsarmer Brüche ist davon abhängig, ob der Werkstoff in der Lage ist, bei der Anrißbildung oder während der Rißfortpflanzung genügend Energie zu absorbieren. Je nachdem wird die Rißbildung aufgehalten oder eine völlige Zerstörung eintreten.

Sprengversuche unter statischem Innendruck vermögen den Einfluß elastisch aufgespeicherter Energie auf das Bruchverhalten aufzuzeigen (Abb. 14). Die Bedeutung solcher Versuche liegt darin, daß die vollen Abmessungen sowie die Fertigungseinflüsse einbezogen werden. Sie unterliegen allerdings der Einschränkung, daß die im komprimierten Wasser und im gespannten Werkstoff aufgespeicherte Energie relativ klein ist und beim Brucheintritt sofort verschwindet. Damit läßt sich ein allfälliger Rohrbruch mit der dahinter stehenden großen Lagenenergie nicht vollständig nachbilden.

Abb. 14. Sprengversuch an einem Druckleitungsohr. Der Bruch, ausgehend von der Rundschweißnaht, wird links und rechts im Blech aufgefangen. Bruchspannung = 57,5 kp/mm²; Werkstoff mit 58/38 kp/mm² Festigkeit bzw. Streckgrenze.

Abb. 15. Explosionsversuche mit Sprengstoffladungen eines mit Wasser gefüllten Rohres.

Dynamische Kraftwirkungen, wie sie etwa bei Rohrbrüchen auftreten oder durch Schläge erzeugt werden, entstehen bei Explosionsversuchen. Dazu gelangen wassergefüllte Rohrkörper zur Verwendung, die durch Sprengladungen schrittweise verformt und schließlich zerstört werden, wobei das Verformungsvermögen im elastischen und plastischen Bereich sowie das Bruchverhalten beurteilt werden kann (Abb. 15).

Zur Prüfung der Schweißbarkeit stehen verschiedene technologische Proben zur Verfügung. Zur Aufklärung der Aufhärtung beim Schweißen bedient man sich häufig der Jominy-Probe, des ZTU-Diagrammes und der Aufhärtung bei der einlagigen Schweißraupe. Die Bestimmung der Rißneigung kann nach verschiedenen Methoden durch verspannte Schweißproben erfolgen. Das wirklichkeitsgetreue Verfahren zur Beurteilung der Schweißbarkeit besteht jedoch in fertigungsmäßigen Probeschweißungen an dimensionsrichtigen Werkstücken.

Zur Untersuchung der gleichförmigen Blechstruktur und der Oberflächenbeschaffenheit dienen Ultraschallprüfungen, magnetoskopische Prüfungen und Metalcheckproben.

2.16 Werkstoffabnahmen

Die Forderung, im Druckleitungsbau nur gut ausgewiesene Werkstoffe zu verwenden, welche erhöhten Ansprüchen genügen, verlangt eine sorgfältige Kontrolle vor der Verarbeitung.

Die Abnahme der Stahlbleche erfolgt deshalb schon im Walzwerk entweder durch behördliche oder unparteiische Experten, Fachleute des Konstrukteurs oder durch werkseigene, jedoch vom Walzwerk unabhängige Kontrollorgane.

Je nach Erzeugungsverfahren der Bleche und Bedeutung des Bauobjektes wird jedes Walzstück oder jede zur Ablieferung gelangende Blechtafel geprüft und durch ein Gütezeugnis ausgewiesen. Die Prüfung erfolgt entweder nach einschlägigen Normen oder nach besonderen Pflichtenheften. Gewöhnlich umfassen die Abnahmen folgende Untersuchungen:

> Zugversuch,
> Biegeversuch,
> Kerbschlagversuch,
> chemische Analyse.

Für besondere Güteklassen wird die Prüfung noch erweitert durch Untersuchungen betreffend:

> Trennbruchsicherheit,
> Alterungsempfindlichkeit,
> Schweißbarkeit.

Für neuentwickelte Stahlblechsorten wird meistens in Zusammenarbeit von Verbraucher und Erzeuger eine besondere, umfängliche Eignungsprüfung durchgeführt. Zur Abnahme von vergüteten Blechen können z. B. folgende Vorschriften erlassen werden:

1. Maße und Gewichte nach DIN 1543.

2. US-Kontrolle: Voll 15 cm Randzone, 20 cm Raster für übrige Flächen (Qualität nach Stahl-Eisen-Lieferbedingungen 072-57, Klasse 3, ohne Atteste).

3. Prüfung der garantierten Eigenschaften: Alle Prüfatteste sind 3fach abzuliefern. Die Prüfungen umfassen:

Pro Schmelze oder min. je 50 t einer Schmelze:

1 chemische Analyse (Gußanalyse), max. Werte vereinbaren.

1 Aufschweißbiegeversuch für Blech dicker als 20 mm bei Raumtemperatur.

Erfordernisse: Biegewinkel nach OeNorm 3052, Kurve B Verformungsbruch.

3 Alterungskerbschlagproben am dicksten Blech jeder Schmelze, längs, Mitte Kopfende, Kerbe $\perp$ Oberfläche. DVM (10%, 250 °C, 30 Min.) bei Raumtemperatur, Mittelwert größer als 5 mkp/cm².

Je vergütete Tafel:

Je eine Probeserie aus Mitte, Kopf- und Fußende umfassend:

1 Zugprobe quer, mit Angabe der Kontraktion, Werte gemäß vereinbarter Garantie.

3 Kerbschlagproben längs Charpy-V bei − 20 °C, Mittelwerte größer als 5 mkp/cm². Probeentnahme 1/4 Dicke, Kerbe $\perp$ Oberfläche.

2.17 Zusatzwerkstoffe (Elektroden)

Die vom Grundwerkstoff geforderten Eigenschaften sind grundsätzlich auch von der Schweißung zu verlangen, trotzdem es sich dabei um einen Schmelzvorgang handelt. Soll jedoch die Schweißverbindung nicht als schwaches Glied gelten, so muß sie in bezug auf Festigkeits- und Verformungseigenschaften mit dem Stahlblech übereinstimmen. Dazu ist vor allem die Dehnung, Kerbzähigkeit und die Aufhärtung in der Decklage und Übergangszone maßgebend. Spreng- und Explosionsversuche haben ganz besonders auf solche empfindliche Stellen aufmerksam gemacht, welche eine Verformungsbehinderung oder Schwächung bedeuten und häufig den Ursprung der Zerstörung bilden. Die Vermeidung solcher Ungleichmäßigkeiten ist jedoch nicht nur aus Sicherheitsgründen notwendig, sondern besitzt auch wirtschaftliches Interesse, indem die Schweißnahtbewertung erhöht werden kann. Zerstörungsversuche zeigen, daß es in gewissen Fällen zur Erzielung eines größeren Verformungsvermögens sogar vorteilhaft sein kann, die Schweißnahtfestigkeit nach oben zu beschränken.

2.18 Werkstoffe für Zubehörteile

Bei Zubehörteilen, wie Flansche, Schrauben, Verstärkungen, Abstützungen usw., ist die Art der Beanspruchung und der Einfluß der Umgebung gebührend zu beachten.

Vielfach sind die Spannungsverhältnisse in solchen Nebenkonstruktionen unübersichtlich, so daß sie in bezug auf die Werkstoffgüte besondere Aufmerksamkeit verlangen. Es sind tatsächlich Zerstörungen von Druckrohrleitungen vorgekommen, welche eindeutig auf ungeeignete Werkstoffe von Flanschen und Stützkonstruktionen zurückzuführen waren.

2.2 Werkstofforschung

Als nach dem zweiten Weltkrieg die Zerstörungen an Liberty-Schiffen bekannt wurden, welche zum größten Teil auf das spröde Verhalten des Werkstoffes bei niedriger Temperatur zurückzuführen waren, begann ein systematisches Forschen nach den näheren Ursachen. Das Bruchverhalten des Stahles wurde eingehend untersucht, wobei vorerst geeignete technologische Verfahren und Proben zu entwickeln waren.

Auch bei Druckrohrleitungen besteht eine Sprödbruchgefahr. Die Nachprüfung der früher im Druckleitungsbau verwendeten Stahlbleche zeigt, daß dieselben keineswegs den Anforderungen an die Trennbruchsicherheit genügen. Es ist vielmehr den niedrigen Betriebsbeanspruchungen zuzuschreiben, daß nicht häufigere Zerstörungen auftreten. Die Konstrukteure haben deshalb in Zusammenarbeit mit den Stahlwerken die neuen Erkenntnisse dazu benützt, um trennbruchsichere Feinkornstähle zu entwickeln, welche heute einen hohen Gütegrad erreicht haben und die früher im Druckleitungsbau gebräuchlichen Stahlsorten fast völlig verdrängen.

Ohne die Werkstofforschung erschöpfend behandeln zu können, mögen dem Druckleitungskonstrukteur doch einige Versuchsergebnisse als Hinweis dienlich sein.

2.21 Prüfung der Kerbzähigkeit [3, 4]

Unter den zahlreichen zur Prüfung der Sprödbruchsicherheit von Stahl vorgeschlagenen und angewendeten Methoden hat sich die Bestimmung des Steilabfalles der Kerbzähigkeit weitgehend eingeführt. Aus einer Reihe von gekerbten Proben wird dabei jene Temperatur gesucht, bei welcher sich der Übergang von der Hoch- zur Tieflage bzw. der Wechsel vom Verformungsbruch zum verformungsarmen Bruch vollzieht. Bei derartigen Untersuchungen wird häufig die amerikanische Charpy-Probe mit V-Kerbe angewendet. Die Prüfung im Kerbschlagversuch erfolgt zweckmäßig nicht nur im Anlieferungszustand, sondern auch in weiteren Zuständen, wie sie sich bei der Verarbeitung des Stahles bis zum fertigen Bauwerk einstellen können. Aus der Verschiebung des Steilabfalles nach höheren Temperaturen ergeben sich Anhaltspunkte über eine allfällige Neigung des Werkstoffes zur Versprödung beim Formen, Schweißen, Wärmebehandeln oder durch Alterung.

Abb. 16 zeigt als Beispiel einer Eignungsprüfung von Druckleitungs-Stahlblechen den Steilabfall der Kerbzähigkeit (Proben mit Spitzkerben) von 5 verschiedenen Stahlsorten im Anlieferungszustand, nach künstlicher Alterung und im Übergang einer einlagigen Schweißraupe. Darnach weist Stahl A bei guter Trennbruchsicherheit die geringste Neigung zur Alterung und zur Schweißversprödung auf.

Die im Schlagversuch ermittelten Übergangstemperaturen erlauben zwar eine Klassifizierung der Stähle nach ihrer Sprödbruchsicherheit;

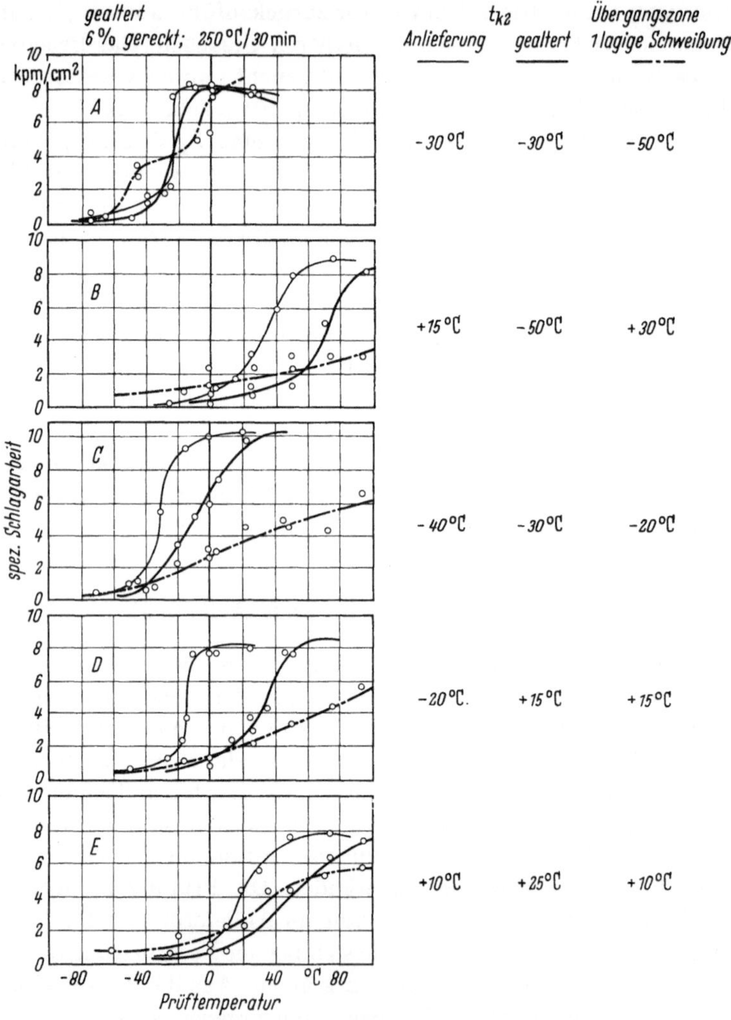

Abb. 16. Steilabfallkurven verschiedener Stahlsorten A, B, C, D, E geprüft mit Charpy-V-Proben im Anlieferungszustand, gealtert und mit einlagiger Schweißraupe. Angaben der Tieflagetemperatur (t_{k2}) für 2 mkp/cm².

eine Übertragung des dabei beobachteten Bruchverhaltens auf das Bauwerk ist jedoch nur bedingt möglich. Von besonderem Interesse sind daher Untersuchungen, bei denen das im Konstruktionsverband bei Schadenfällen beobachtete Bruchverhalten mit demjenigen im Kerbschlagversuch verglichen werden kann. Das US Bureau of Standard und das Naval Research Laboratory [5] berichten in diesem Zusammenhang über die Schadenfälle an Liberty-Schiffen. Darin wird auf statistischer Grundlage eine Beziehung zwischen dem Bruchverhalten an den Schiffen und der bei gleicher Temperatur ermittelten Kerbzähigkeit und zum Steilabfall aufzudecken versucht.

2.22 Metallkundliche Untersuchungen

Aus metallkundlichen Untersuchungen lassen sich ebenfalls wertvolle Erkenntnisse über das Entstehen von spröden Brüchen gewinnen, wie das FELIX und GEIGER [6] am Kristallzustand in der Bruchfläche eines zerstörten T-Trägers nachweisen.

Durch metallographische Untersuchungen läßt sich zeigen, daß bei Schlagversuchen in der Tieflage der Kerbzähigkeit dem Anriß und Bruch der Probe ein sprödes Spalten der einzelnen Kristalle nach der Würfelebene vorangeht. Erst im weiteren Verlauf werden allmählich auch die zwischen den bereits gerissenen Kristallen liegenden Bereiche erfaßt, wobei dieselben einer mehr oder weniger großen plastischen Verformung unterliegen. Dementsprechend zeigen die Bruchflächen solcher Proben in der Feinstrukturuntersuchung (Röntgenrückstrahlaufnahmen) sowohl Kristalle mit gestörtem als auch solche mit ungestörtem Gitter. Ähnliche Bilder ergeben sich an Bruchflächen von spröd gebrochenen Konstruktionsteilen. Auch dort treten in den Rückstrahlaufnahmen neben scharfen Reflexen solche mit stärkerer Verwaschung auf. Aus dem Vergleich des Kristallzustandes in den Bruchflächen der Kerbschlagproben mit denjenigen am zerstörten Bauwerk lassen sich gewisse Rückschlüsse auf den beim Schadenfall maßgebenden Werkstoffzustand ziehen. Beim untersuchten Träger weist der Betriebsbruch einen Kristallzustand auf, wie er sich an Kerbschlagproben bei einer spezifischen Schlagarbeit von etwa 1 mkp/cm² ergibt. Unter Berücksichtigung dieser kennzeichnenden Schlagenergie bestimmt sich der für den Schadenfall verantwortliche Temperaturunterschied zwischen Betriebstemperatur des Bauwerkes und Steilabfall der Kerbzähigkeit zu $\Delta_t \cong 20\ °C$. Damit lassen sich auch gewisse Aussagen über die an den Werkstoff zu stellenden Mindestanforderungen bezüglich Kerbzähigkeit machen. Um den Schadenfall mit genügender Sicherheit zu verhüten, müßte der Steilabfall mindestens um 20 °C unterhalb der Betriebstemperatur liegen.

In anderen, neueren Untersuchungen wird der Sprödbruch ebenfalls in metallkundlicher Hinsicht behandelt [7, 8, 9], wonach bereits Ansätze zur Berechnung der Übergangstemperatur zu finden sind.

In einer auf praktische Belange ausgerichteten Arbeit berichtet FELIX [10] über das Bruchverhalten von Stahl bei schlagartiger und zügiger Beanspruchung. Die Untersuchung befaßt sich mit dem Verhalten gekerbter Proben aus St 37 im Zug- und Biegeversuch (bei Raumtemperatur geprüft), wobei Stähle untersucht wurden, deren Steilabfall in weiten Grenzen schwankt. Die Ergebnisse lassen zwischen der Steilabfalltemperatur und dem Bruchverhalten Zusammenhänge erkennen, welche gewisse Rückschlüsse auf die im Bauwerk bestehende Sprödbruchgefahr gestatten.

2.23 Aufschweißbiegeprobe

Der Aufschweißbiegeversuch zur Beurteilung des Sprödbruchverhaltens von Stahlblechen verdankt seine Einführung den Untersuchungen über die Schadenfälle an geschweißten Brücken in Deutschland. Im Anschluß daran hat die Deutsche Reichsbahn nach Vorschlag von KOMMERELL die Aufschweißbiegeprobe als neuartige Prüfung der Trennbruchsicherheit vorgeschlagen. Der Grundgedanke dieser Prüfung besteht darin, das Verformungsvermögen des Stahles etwa in dem Zustand zu erfassen, in dem er sich in der geschweißten, ungeglühten Konstruktion befindet. Dies wird dadurch zu erreichen versucht, daß auf eine Probeplatte vorgeschriebener Abmessungen eine Schweißraupe aufgetragen wird, welche einen mehrachsigen, inneren Spannungszustand erzeugt. Der so vorbereitete Versuchskörper wird mit der Schweißraupe in der Zugzone durch Biegen der Verformung unterworfen. Trennbruchanfällige Stähle brechen bei kleinem Biegewinkel schlagartig und verformungsarm; trennbruchsichere Stähle hingegen mit großen Biegewinkeln durch plastisches Verformen.

Außer der mehrachsigen Beanspruchung hat auch die Temperatur Einfluß auf das Bruchverhalten. Das Verformungsvermögen nimmt mit sinkender Temperatur ab. Durch Erniedrigen der Prüftemperatur können die Bedingungen so weit verschärft werden, bis ein spröder Bruch eintritt. Nach Abb. 13 ist dieses Verhalten an einem 40 mm dicken Stahlblech St 60 gezeigt. Der Übergang vom Gleit- zum Trennbruch ist deutlich erkennbar.

Die Aufschweißbiegeprobe hat bei der Entwicklung trennbruchsicherer Stähle Wertvolles beigetragen. Ein Vorteil dieser Prüfung besteht darin, daß die Probe den Dickeneinfluß berücksichtigt. Als Nachteil ist anzuführen, daß die Beanspruchungsverhältnisse quantitativ nicht erfaßbar und nicht immer genau reproduzierbar sind. Trotzdem ist es zur Beurteilung der Trennbruchsicherheit von Bedeutung, daß wenigstens qualitativ ein Vergleich zwischen der Steilabfallkurve der Kerbzähigkeit und der Aufschweißbiegeprobe möglich ist. Aus einer Reihe von Versuchen bei Gebrüder Sulzer AG, Winterthur, seien zwei Vergleichspaare von 30- und 40-mm-Blechen aus St 52 bzw. St 60 herangezogen. Die Abb. 16 und 17 sowie die nachstehende Tab. 6 zeigen die Gegenüberstellung von Ergebnissen aus beiden Versuchsarten.

Abb. 17. Aufschweißbiegeproben zum Vergleich mit Steilabfallkurven der Kerbzähigkeit.

A Prüftemperatur 0 °C, 160°, nicht gebrochen; *B* Prüftemperatur 20 °C. 28°, Trennbruch; *C* Prüftemperatur 20 °C, 180°, nicht gebrochen, bzw. Prüftemperatur 0 °C, 55°, Mischbruch; *D* Prüftemperatur 20 °C, 106°, Mischbruch; *E* Prüftemperatur 4 °C, 31°, Trennbruch.

Tabelle 6. *Vergleich der Ergebnisse von Aufschweißbiege- und Kerbschlagversuchen*

Stahlbezeichnung	Blechdicke mm	Prüftemperatur °C	Aufschweißbiegeversuch, Biegewinkel und Bruchart	Kerbzähigkeit nach CHARPY mkp/cm²
A	30	± 0	160° nicht gebrochen	8 HL
B	30	+ 20	28° Trennbruch	3 TL
C	30	+ 20	106° Gleitbruch	8 HL
C	40	+ 20	180° nicht gebrochen	10 HL
C	40	± 0	55° Mischbruch	10 HL
C	40	− 15	22° Trennbruch	9 HL
E	40	+ 40	31° Trennbruch	7 HL
E	40	± 0	25° Trennbruch	1 TL

HL = Hochlage der Kerbzähigkeit,
TL = Tieflage.

Der Vergleich zeigt, daß den Trennbrüchen gemäß Aufschweißbiegeprobe nicht durchwegs tiefe Kerbzähigkeitswerte bei gleicher Prüftemperatur entsprechen. Hingegen zeigt die Lage des Steilabfalles bzw. die Temperatur t_{k2} eine gute Übereinstimmung beider Proben bezüglich geringen Verformungsvermögens. Es ist deshalb wertvoll, festzustellen, daß mindestens für extreme Fälle beide Prüfarten keine gegensätzlichen Hinweise geben.

2.24 Alterungsanfälligkeit

Außer der Trennbruchsicherheit im Anlieferungs- und wärmebehandelten Zustand ist auch die Neigung zur Versprödung nach Kaltverformung oder durch Alterung in Betracht zu ziehen. Zur Prüfung der Alterungsanfälligkeit kann die Bestimmung des Steilabfalles der Kerbzähigkeit im künstlich gealterten Zustand herangezogen werden. Die Verschiebung des Steilabfalles nach höheren Temperaturen ist ein Maß für die Alterungsempfindlichkeit des Werkstoffes (vgl. Abb. 16). Demnach ist Stahl A nicht und Stahl C nur geringfügig alterungsempfindlich. Bei beiden Stählen liegt die Kerbzähigkeit bei 0 °C noch in der Hochlage. Ausgesprochen alterungsanfällig sind dagegen die Stähle B, D und E, bei welchen sich t_{k2} nach höheren Temperaturen verschiebt. Dabei ist zu beachten, daß die Stähle B und E schon im Anlieferungszustand trennbruchanfällig sind, während D erst durch die künstliche Alterung versprödet.

Man spricht von natürlicher oder künstlicher Alterung, je nachdem, ob im Anschluß an die Kaltverformung eine Auslagerung bei Raumtemperatur oder bei erhöhter Temperatur erfolgt. Die erstere Art erfolgt normalerweise an den Bauwerken, die zweite Art stellt eher eine technologische Probe dar. Sie ermöglicht, die Versprödungsneigung unter Alterungseinfluß festzustellen, und gibt ein Kriterium zum Vergleich verschiedener Stahlgüten. Die Alterung ist maßgeblich vom Kaltverformungsgrad abhängig, auf welchen die Stahlqualitäten unterschiedlich ansprechen (vgl. Abb. 18). Es stellt sich jedoch die Frage, inwieweit der

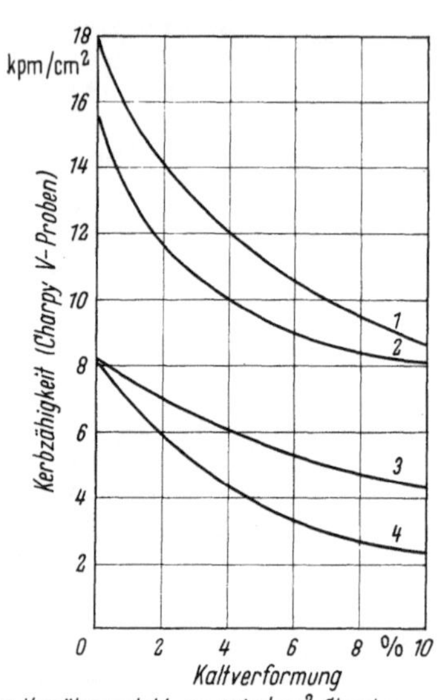

1 Vergütungsstahl von 58 kp/mm² Streckgrenze, nach Kaltverformung geglüht
2 Vergütungsstahl von 58 kp/mm² Streckgrenze, nach Kaltverformung ungeglüht
3 norm. Feinkornstahl von 40 kp/mm² Streckgrenze, nach Kaltverformung geglüht
4 norm. Feinkornstahl von 40 kp/mm² Streckgrenze, nach Kaltverformung ungeglüht

Abb. 18. Einfluß der Kaltverformung und des Glühens auf die Kerbzähigkeit von normalisierten und vergüteten Stählen.

künstliche Alterungsversuch dem wirklichen, natürlichen Altern nahe-
kommt. Von FELIX [11] durchgeführte Untersuchungen zeigen, daß künstliche Alterungsversuche mit mehr als 5 % Kaltreckung einen zu strengen
Maßstab zur Beurteilung der Alterungsanfälligkeit anlegen im Vergleich
zur natürlichen Alterungserscheinung. FELIX gelangt zum Schluß, daß
für die Verschiebung des Steilabfalles – als Maß für die Alterungsver-
sprödung – in erster Linie der Kaltreckungsgrad maßgeblich ist, während-
dem ein Einfluß der Auslagerungszeit nicht beobachtet werden konnte.

Die Bedeutung des Alterungsversuches soll nicht überschätzt werden.
Er stellt vielmehr eine technologische Probe dar und dient zur Beurteilung der Empfindlichkeit auf Kaltverformung und zum Vergleichen verschiedener Stahlsorten.

Es stellt sich schließlich noch die Frage, inwieweit sich der Kalt-
reckungseffekt durch eine Wärmebehandlung beeinflussen läßt. Abb. 18
gibt teilweise darüber Auskunft. Tatsächlich erfolgt bei manchen normalisierten Stählen schon durch das Spannungsfreiglühen, infolge Erholung
der Gitterverformungen und Auslösen der inneren Spannungen, eine
merkliche Verbesserung der Kerbzähigkeit. Bei vergüteten Stählen ist
der Wärmeeinfluß geringer, weil diese Stähle ohnehin auf Kaltreckung
weniger empfindlich ansprechen. Allerdings kann die Wärmebehandlung
unter Umständen auch nachteilige Folgen mit sich bringen. Es gibt
Stähle, welche sich als Ausscheidungs- oder Lufthärtner ausweisen. Durch
die Wärmebehandlung kann eine Verminderung der Kerbzähigkeit oder
eine Abnahme der Festigkeitswerte eintreten. Solche Eigentümlichkeiten
sind durch entsprechende Vorversuche abzuklären.

2.25 Untersuchungen nach Pellini

Zur Beurteilung der Trennbruchsicherheit von Stählen gestatten der
Steilabfall der Kerbzähigkeit und der Aufschweißbiegeversuch nur ein-
geschränkte Aussagen. Gegen die Kommerell-Probe wird insbesondere
eingewendet, daß der Werkstoff nur bei kleiner Beanspruchungsgeschwindigkeit geprüft wird und keine Aussage über die Entstehung und Aus-
breitung spröder Brüche zuläßt.

Diesem Einwand begegnet PELLINI [12] vom U.S. Naval Research
Laboratory mit dem „Drop-Weight-Test" zur Bestimmung der „Nil.
Ductility Transition (NDT)". Dieselbe ist definiert als jene Temperatur,
bei welcher die Probe gerade noch spröde bricht. Für ausreichende Trennbruchsicherheit soll die NDT genügend tief unterhalb der Betriebstemperatur des Bauwerkes liegen. Nach amerikanischen und japanischen Angaben besteht eine gewisse Korrelation zwischen Steilabfall und NDT,
die von der Streckgrenze des Stahles beeinflußt ist. Danach kann anhand
des Steilabfalles nach CHARPY die NDT wie folgt abgeschätzt werden:

Tabelle 7

Streckgrenze des Stahles kp/mm²	NDT entsprechend einer Übergangstemperatur, bei welcher eine Kerbzähigkeit nach CHARPY erreicht wird von:
20–30	$K_{cv} \sim 3,5$ mkp/cm²
> 30–50	$\sim 5,0$ mkp/cm²
> 50–70	$\sim 6,0$ mkp/cm²

Um dem Konstrukteur praktische Anhaltspunkte zur Werkstoffbeurteilung zu verschaffen, hat PELLINI [13] auf der NDT basierend ein „Fracture-Analysis-Diagram" entworfen (vgl. Abb. 19). In vereinfachender Betrachtung werden drei gekennzeichnete Felder unterschieden. Das erste Feld links entspricht dem Bereich, wo Sprödbrüche eingeleitet und

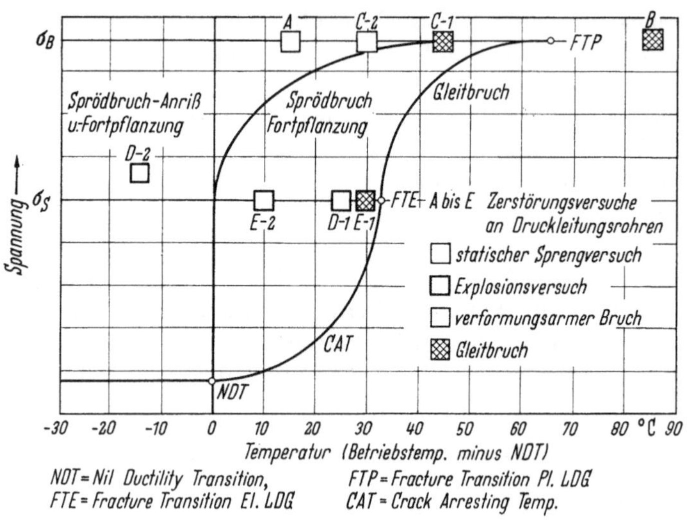

Abb. 19. Pellini-Fracture-Analysis-Diagram.

fortgepflanzt werden. Hier können Spannungskonzentrationen oder vorhandene Anrisse einen verformungsarmen Bruch erzeugen. Die dazu notwendige Spannung ist um so kleiner, je größer der bereits vorhandene Anriß ist. Im rißfreien Bauwerk wird bei genügend hoher Beanspruchungsgeschwindigkeit unterhalb NDT nur dann ein Trennbruch entstehen, wenn die Spannung die Streckgrenze erreicht.

Im mittleren Feld sind die Bedingungen für die Fortpflanzung von Sprödbrüchen erfüllt. Das dritte Feld rechts entspricht dem Bereich des Verformungsbruches. Die linke Begrenzung dieses Feldes ist identisch mit der von ROBERTSON bezeichneten „Crack Arresting Temperature (CAT)", d.h., jener Temperatur, bei welcher ein sich ausbreitender Riß durch plastische Verformung aufgefangen wird. Das Ausmaß der Bruch-

Tabelle 8. *Statische Berst- und dynamische Sprengversuche an Druckleitungsrohren*

Daten		Rohr A 1949	Rohr B 1951	Rohr C		Rohr D1 1963	Rohr D2 1963	Rohr E	
				Schuß C1 1966	Schuß C2 1966			Schuß E1 1960	Schuß E2 1960
Versuchsart		statisch	statisch	statisch	statisch	dynamisch	dynamisch	dynamisch	dynamisch
Wärmebehandlung		sp.geglüht	sp.geglüht	ungeglüht	ungeglüht	sp.geglüht	ungeglüht	ungeglüht	ungeglüht
Lichtweite	mm	1200	1500	1270	1270	890	890	1000	1000
Länge	mm	2500	3200	1750	1250	1500	1500	1000	1000
Wandstärke	mm	40	30	40	40	31	31	22	31
Versuchstemperatur	°C	15	16	17	16	6	6	10	10
Stahlsorte		legiert	Mn-Si	legiert	legiert	Mn-Si	Mn-Si	legiert	legiert
		normalis.	normalis.	vergütet	vergütet	vergütet	vergütet	vergütet	vergütet
Zugfestigkeit	kp/mm^2	60–70	60–70	65–75	67–75	65–75	65–75	70–80	60–70
Streckgrenze min.	kp/mm^2	40	40	52	52	50	50	75	40
NDT	°C	± 0	− 70	− 30	− 15	− 20	+ 20	− 20	± 0
Kerbzähigkeit KCV bei NDT	mkp/cm^2	5	5	6	6	5	5	6	5
Umfangsdehnung	%	5,7	13	9,8	9,8	35	13	9,8	9,8
Berstdruck	at	376	203	425	425	−	−	−	−
Anzahl und Gewicht der Ladung	kg	−	−	−	−	20 27	3 9	3 8,5	3 8,5
Anriß		Blech	Rundnaht	Blech	Blech	Rundnaht	Rundnaht	Rundnaht	Rundnaht
Bruchart		Sprödbruch Übergang längs	Gleitbruch aufgefangen	Gleitbruch Übergang längs	Gleit- und teilweise Sprödbruch	Sprödbruch nach vorheriger starker Verformung	Sprödbruch	Gleitbruch	Sprödbruch

fortpflanzung im rechten Feld ist weniger von der einwirkenden Spannung als vielmehr von der im Bauwerk aufgespeicherten elastischen Energie abhängig.

Nach PELLINI beträgt der Temperaturunterschied zwischen NDT und CAT etwa 33 °C und zwischen NTD und dem Bereich der Verformungsbrüche etwa 66 °C. Liegt also die Betriebstemperatur des Bauwerkes etwa 30 °C über der NDT, so besteht keine Gefahr für das Entstehen und Ausbreiten spröder Brüche. Ist die Differenz größer als 30 °C, so sind spröde Brüche überhaupt ausgeschlossen.

FELIX [14] vergleicht die Ergebnisse einiger von Gebrüder Sulzer durchgeführter Berst- und Explosionsversuche an Rohrkörpern mit dem FA-Diagramm (vgl. Tab. 8). Die NDT wurde auf Grund der Kerbzähigkeit nach Tab. 7 bestimmt. Aus Tab. 8 und Abb. 19 ist ersichtlich, daß das Bruchverhalten und die Rißfortpflanzung ordentlich gut mit der NDT übereinstimmt. Eine Ausnahme bildet scheinbar Rohr D1, dies jedoch nur ohne Beachtung der außerordentlichen Verformung, die erst beim Bruch völlig erschöpft war.

Aus den Vergleichen können folgende Schlüsse über die Bedeutung des Pellini-Diagrammes zur Beurteilung der Trennbruchsicherheit von Druckleitungen gezogen werden:

Die Betriebstemperatur soll nicht unter NDT liegen, weil sonst die Sicherheit bei schlagartiger Beanspruchung oder bei Spannungskonzentrationen selbst bei statischer Belastung nicht mehr gewährleistet ist, und zwar um so weniger, je kleiner die Temperaturdifferenz ist.

Liegt die Betriebstemperatur etwa 30 °C über NDT, so sind spröde Brüche ausgeschlossen.

Sind die Anrißbedingungen nicht erfüllt (riß- und kerbfreie Ausführung), so genügt auch ein kleinerer Temperaturunterschied zur Verhütung von Trennbrüchen.

Die zerstörungsfreie Prüfung, insbesondere die 100%ige Ultraschallprüfung der Schweißverbindungen erhält in diesem Zusammenhang eine ausschlaggebende Bedeutung.

Die Trennbruchsicherheit von Druckleitungen hängt nicht allein vom Werkstoff und den Schweißungen ab, sondern auch von der Konstruktion oder ausführungsmäßigen Kerben und Ungleichmäßigkeiten.

Nach vermehrten vergleichenden Versuchen besteht durchaus die Möglichkeit, mehr als nur qualitative Hinweise über das Trennbruchverhalten von Rohrleitungen zu geben.

Als weitere Prüfmethoden zur Beurteilung des Bruchverhaltens mögen noch der in England entwickelte Robertson-Test [15] sowie die von SCHNADT [16] eingeführte Kohärazieprobe erwähnt werden. Ausgehend von der Erkenntnis, daß das Verformungsvermögen einer Stahlkonstruktion vom Spannungszustand abhängig ist, schlägt SCHNADT scharfgekerbte Schlagproben von 0,005 mm Kerbradius vor. Er bestimmt damit die Kerbzähigkeit in Abhängigkeit von Temperatur und Verformungsgeschwindigkeit. Die Resultate geben Anhaltspunkte über die Ausgangs-

und Fortpflanzungsbedingungen von Rißbildungen und damit über die Sprödbruchsicherheit. Vergleiche von Sulzer mit Kerbschlag- und Explosionsversuchen an Vergütungsstählen ergaben gute Übereinstimmung.

2.26 Explosionsversuche

Zur Abklärung des Bruchverhaltens sind die scharfen Beanspruchungen, welche bei Explosionsversuchen durch die schlagartige, dynamische Belastung auftreten, besonders aufschlußreich. Die dabei einwirkenden Energien sind denjenigen bei auftretenden Rohrbrüchen vergleichbar. Solche Versuche entsprechen gewissermaßen Kerbschlagproben in großem Maßstab.

Zu einer solchen Erprobung wurde eine geschweißte Verbundkonstruktion der Zerstörung durch allmählich gesteigerte Sprengladungen unterworfen. Der Versuchskörper bestand aus 2 zusammengeschweißten Rohren von je 1000 mm Lichtweite und 1000 mm Länge. Als Werkstoff wurde Vergütungsstahl bzw. normalisierter Feinkornstahl verwendet. Das Versuchsrohr wurde keiner Wärmebehandlung unterworfen. Die Werkstoffe wiesen folgende Eigenschaften auf:

Tabelle 9. *Festigkeitseigenschaften des Versuchskörpers*

Werkstoff		Unterer Zylinder Vergütungsstahl	Oberer Zylinder normalisierter Feinkornstahl
Wandstärke	mm	22	31
Zugfestigkeit	kp/mm²	81	59
Streckgrenze	kp/mm²	74	44
Dehnung $d5$	%	18	26
Gleichmaßdehnung	%	7–10	12–15
max. Kaltverformung durch die Sprengung	%	10	10

Über die Kerbzähigkeit und den Steilabfall der Werkstoffe im Anlieferungs- und im kaltgereckten Zustand gibt Abb. 20 Auskunft.

Obschon sich der Verlauf der spezifischen Schlagarbeit in Abhängigkeit der Temperatur für beide Werkstoffe deutlich unterscheidet, weisen beide Bleche im Anlieferungszustand genügende Kerbzähigkeit auf. Durch die Kaltverfestigung während des Versuches erfolgte eine Erniedrigung der Zähigkeitswerte und eine Verschiebung des Steilabfalles nach höheren Temperaturen. Während sich das vergütete Blech weiterhin kerbzäh verhielt, verschob sich der Steilabfall des normalisierten Bleches in den Bereich der Versuchstemperatur. Berücksichtigt man ferner, daß der verschärfte Spannungszustand unter der Einwirkung der schlagartigen Explosionskraft eine weitere Verschlechterung des Verformungs-

zustandes bewirken mußte, so war ein sprödes Verhalten des normalisierten Bleches zu erwarten. Tatsächlich bestätigen die Ergebnisse einen
deutlichen Unterschied. Das vergütete Blech ergab einen Gleitbruch, der
erst nach ausgiebigen Fließen eintrat, während das normalisierte Blech
einen verformungsarmen Bruch auswies. Der Wandstärkenunterschied
mag dabei einen gewissen Einfluß ausgeübt haben.

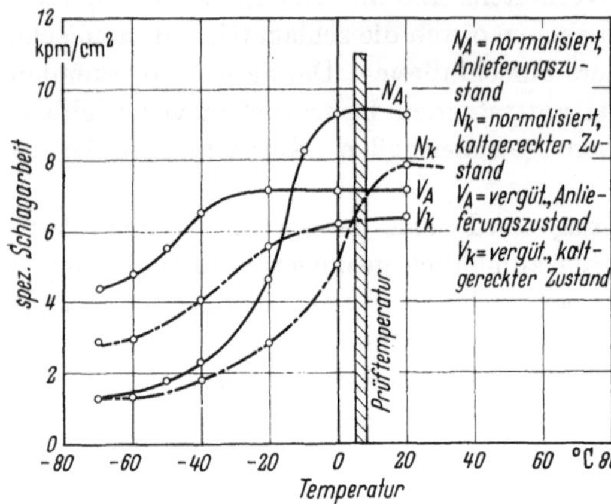

Abb. 20.   Kerbzähigkeiten
der für Explosionsversuche
verwendeten normalisierten
bzw. vergüteten Stähle.

Die Explosionsversuche und die Materialuntersuchungen lassen folgendes erkennen:

1. Aus dem Bruchverhalten im Explosionsversuch ist kein Zusammenhang mit den bei gleicher Temperatur gemessenen Werten der Kerbschlagzähigkeit feststellbar.

2. Hingegen deutet die Lage des Steilabfalles auf das Bruchverhalten hin.

3. Die Temperaturlage des Steilabfalles, beispielsweise gekennzeichnet
durch 50 % kristallines Gefüge bzw. durch 50 % Abfall der Schlagenergie,
befindet sich beim vergüteten Stahl bei − 50 °C, beim normalisierten bei
− 10 °C; d.h., es besteht ein Temperaturunterschied von 40 °C.

4. Das Bruchverhalten im Explosionsversuch bei + 10 °C entspricht −
beurteilt nach dem Bruchaussehen − den Kerbschlagproben bei − 20 °C,
bei welcher Temperatur der vergütete Stahl noch völlig sehnigen Bruch,
der normalisierte Stahl hingegen bereits 60 bis 80 % kristallinen Anteil
aufweist. Nach dieser Betrachtungsweise beträgt die Temperaturverschiebung zwischen Kerbschlag- und Sprengversuch etwa 30 °C.

5. Der Zustand der Bruchflächen zeigt, daß im normalisierten Blech
doch eine gewisse Verformung der Kristalle stattgefunden hat, was insofern von Bedeutung ist, als der Umfang der Zerstörung von der aufgenommenen Verformungsarbeit abhängt.

2.27 Hochfeste und vergütete Stähle

Als hochfeste Werkstoffe seien vorerst normalisierte Stähle von 45 bis 50 kp/mm² Streckgrenze bezeichnet. Die größere Festigkeit wird durch erhöhten C-Gehalt und/oder durch Beilegierung härtender Elemente erreicht. Aus Untersuchungen [17] geht hervor, daß dadurch die Trennbruchsicherheit und Schweißbarkeit eher ungünstig beeinflußt werden. Die Steilabfallkurven im Anlieferungs- und gealterten Zustand zeigen, daß gegenüber Feinkornstählen der Stufe 40 kp/mm² Streckgrenze eine Verschiebung nach höherer Temperatur mit vergrößerter Neigung zu spröden Brüchen eintritt. Zu ähnlichen Ergebnissen führen die Aufschweißbiegeproben. In der Übergangszone der Schweißung entsteht eine Zunahme der Aufhärtung mit verminderter Kerbzähigkeit und Biegeverformung sowie eine erhöhte Rißneigung. Daraus geht hervor, daß die Trennbruchsicherheit und Schweißbarkeit normalisierter Stähle mit zunehmender Streckgrenze eher beeinträchtigt wird. Es ist zu erwarten, daß in der Entwicklung hochfester normalisierter Stähle noch weitere Fortschritte erzielt werden. Zunächst erscheint es jedoch mehrversprechend, sich vergüteten Stählen zuzuwenden.

In den letzten Jahren wurden eine Reihe vergüteter Stahlbleche entwickelt und auf den Markt gebracht. Durch Prüfung und Verarbeitung derselben konnten bereits Erfahrungen gesammelt werden [17]. In Tab.10 sind einige Sorten mit ihren Festigkeitseigenschaften angeführt.

Tabelle 10. *Festigkeitseigenschaften von Vergütungsstählen*

Stahlsorte	Streckgrenze σ_s kp/mm²	Bruchfestigkeit σ_B kp/mm²	Einschnürung %	Dehnung $d\,5$ %	Kerbzähigkeit K_{cv} $-10\,°C$ mkp/cm²	σ_s/σ_B %
A	50	65	60	25	17,5	0,77
B	52	66	60	24	12,5	0,79
C	55	63	64	22	13,5	0,87
D	62	73	50	20	12,0	0,85
E	66	74	60	20	9,0	0,89
F	72	79	50	20	12,0	0,91

Die Trennbruchsicherheit, beurteilt nach dem Steilabfall im Anlieferungs- und gealterten Zustand, nach der Aufschweißbiegeprobe sowie nach Berst- und Explosionsversuchen und teilweise gemäß dem Pellini-Diagramm (vgl. Tab. 8 und Abb. 20), ist bei den vorerwähnten Qualitäten vorhanden. Sie unterscheidet sich merkbar von derjenigen hochfester, normalisierter Stähle [17]. Aus Tab. 11 ist ersichtlich, daß die Steilabfallkurven nach tieferen Temperaturen verschoben sind, daß die Aufschweißbiegeproben selbst bei 0 °C durchgehend Gleitbrüche er-

Tabelle 11. *Verformungseigenschaften von Vergütungsstählen*

| Stahl-sorte | Steilabfall[1] | | | | Aufschweißbiegeprobe | | | | Berst- und Explosionsversuche | | | |
| | Anlieferung | | gealtert | | Wand-stärke | Prüf-temp. | Biege-winkel | Bruch-art | Versuchs-art | Umfangs-dehnung | NDT | Bruch-art |
	t_{k6} °C	t_{k2} °C	t_{k6} °C	t_{k2} °C	mm	°C	$\angle$ °			%	°C	
A	-72	<-80	-7	<-40	31	20	128		Explosions-versuch	35	-20	Sprödbruch nach Verfor-mung
B	-50	<-80	$+10$	-30	40	20	114	Gleit-bruch	Berst-versuch	9,8	-30	Gleitbruch
C	-40	<-80	±0	<-40	50	±0	82					
D	-60	<-80	-27	-23	40	±0	71					
E	-54	<-80	-5	-40	40	±0	53					
F	-50	<-80	±0	-30	22	±0	104		Explosions-versuch	9,8	-20	Gleitbruch

[1] t_{k6}, t_{k2} = Temperatur, bei welcher eine KCV-Kerbzähigkeit von 6 bzw. 2 mkp/cm² erreicht wird.

geben und daß die Zerstörungsversuche auf beachtliches Verformungsvermögen hinweisen.

Der Einfluß der Korngröße auf die Übergangstemperaturen zwischen Gleit- und Sprödbruch weist ebenfalls auf ein günstiges Bruchverhalten des Vergütungsstahles hin.

Bezüglich Schweißbarkeit und Wärmebehandlung sei darauf hingewiesen, daß nur unter Beachtung der notwendigen Sorgfalt mit Rücksicht auf das hohe Streckgrenzenverhältnis und den Kohlenstoffäquivalentwert (Ca) rißfreie, kerbzähe Schweißungen erzielt werden können. Die Verformungsfähigkeit von Stahl und Schweißung kann gegebenenfalls auch ohne Wärmebehandlung erhalten bleiben.

2.28 Schweißbarkeit und Wärmebehandlung

Die Untersuchung der Schweißbarkeit von Stählen gehört zur Aufgabe der Eignungsprüfung und Werkstofforschung. Vor der Verarbeitung hochfester, insbesondere vergüteter Stahlsorten sind durch Verfahrensprüfungen die Schweißbedingungen festzulegen. Dazu genügen die üblichen Versuche zur Prüfung der Rißneigung nicht mehr. Da die Schweißparameter oftmals in engen Grenzen liegen, so bedarf es zusätzlicher metallkundlicher und metallographischer Untersuchungen, um die notwendigen Hinweise zu erhalten.

Auch die Schweißverbindung soll genügend trennbruchsicher sein. Dazu ist Fehlerfreiheit und ausreichende Verformungsfähigkeit erforderlich. Das erstere hängt maßgeblich von der Rißempfindlichkeit des Werkstoffes und vom Wärmehaushalt beim Schweißen ab; das zweite vornehmlich von der Art und Feinheit des Gefüges sowie von der Aufhärtung in der Übergangszone.

Zur Prüfung der Schweißbarkeit sind eine Reihe von Verfahren entwickelt worden, welche in der einschlägigen Literatur beschrieben sind. Die zweckmäßigste Prüfung besteht in einer umfassenden Verfahrensprobe, wobei zur Erzielung reproduzierbarer Fabrikationsergebnisse auf die Zusatzwerkstoffe und Schweißparameter zu achten ist. Als Ergänzung dazu mögen Sondertests zur Anwendung gelangen [17].

Die Frage der Wärmebehandlung von Schweißkonstruktionen ist nicht einfach mit Ja oder Nein zu beantworten. Unter Wärmebehandlung soll sowohl das Wärmeregime beim Schweißen als auch die Nachbehandlung verstanden werden. Zum Wärmehaushalt beim Schweißen gehört das Vorwärmen und Halten der Zwischenlagentemperatur. Beides ist von Stahlsorte und Abmessung abhängig. Das Vorgehen ist durch Verfahrensproben abzuklären. Maßgebend ist die Verhütung von Rißbildungen und unzulässigen Aufhärtungen.

4*

Mit der Nachbehandlung werden zwei Wirkungen angestrebt: Erstens die Herabminderung der Aufhärtung und damit Verbesserung des Verformungsvermögens, insbesondere der Kerbzähigkeit im geschweißten Bereich. Welchen Erfolg das Glühen in dieser Beziehung bringen kann, ist von Fall zu Fall abzuklären. Zweitens die Auslösung der von der Fertigung herrührenden inneren Spannungen. Dieser Effekt läßt sich immer erzielen. Die Größe der Entspannung hängt von der Temperaturhöhe und der Glühdauer ab. Der Spannungszustand hat bekanntlich einen maßgeblichen Einfluß auf die Trennbruchsicherheit. Vielfach ist außerdem eine Verbesserung der Kerbzähigkeit erzielbar, wenn beispielsweise der Einfluß einer Kaltverformung gemäßigt werden kann. Es gibt jedoch Stähle, die schon beim spannungsfreien Glühen eine Veränderung erfahren und dadurch an Zähigkeit oder Festigkeit einbüßen. Die Auswirkungen der Wärmebehandlung sind abzuklären. Im Zweifelsfall kann es zweckmäßig sein, auf das Glühen zu verzichten und die Auslösung der inneren Spannungen auf mechanischem Weg (Druckprobe, Überlast usw.) herbeizuführen. Ein solches Vorgehen setzt jedoch ausreichende Zähigkeit in Werkstoff und Schweißung sowie Rißfreiheit voraus, um entsprechende plastische Verformungen zu ertragen.

Die vorerwähnten Betrachtungen gelten insbesondere auch für vergütete Stähle [17].

2.29 Werkstoffbeurteilung

Nachdem über die Werkstoffeigenschaften und Werkstofforschungen eine Übersicht vorhanden ist, mag eine Zusammenfassung zur Werkstoffbeurteilung angefügt werden.

Die für Druckrohrleitungen zur Verwendung gelangenden Stahlbleche gruppieren sich nach Festigkeitseigenschaften. Zur weiteren Beurteilung ihrer Eignung ist außerdem die

Verformungsfähigkeit,
Trennbruchsicherheit,
Schweißbarkeit

maßgebend.

Die Auswahl der Stahlblechgüte hängt ferner von der technischen Bedeutung des Bauwerkes ab. Man wird auch nach der Gefahrenklasse des Objektes zu unterscheiden haben. Dazu ist außer dem $P \times D$-Wert auch die Verlegungsart und der Standort maßgebend. Schließlich mögen auch wirtschaftliche Überlegungen beigezogen werden. Es wäre wenig sinnvoll, eine Zulaufleitung aus Vergütungsstahl oder umgekehrt eine Verteilrohrleitung aus Konverterstahl herzustellen.

Zur Beurteilung, Auswahl und Prüfung des Werkstoffes kann ein Bewertungsschema ähnlich Abb. 21 wertvolle Dienste leisten.

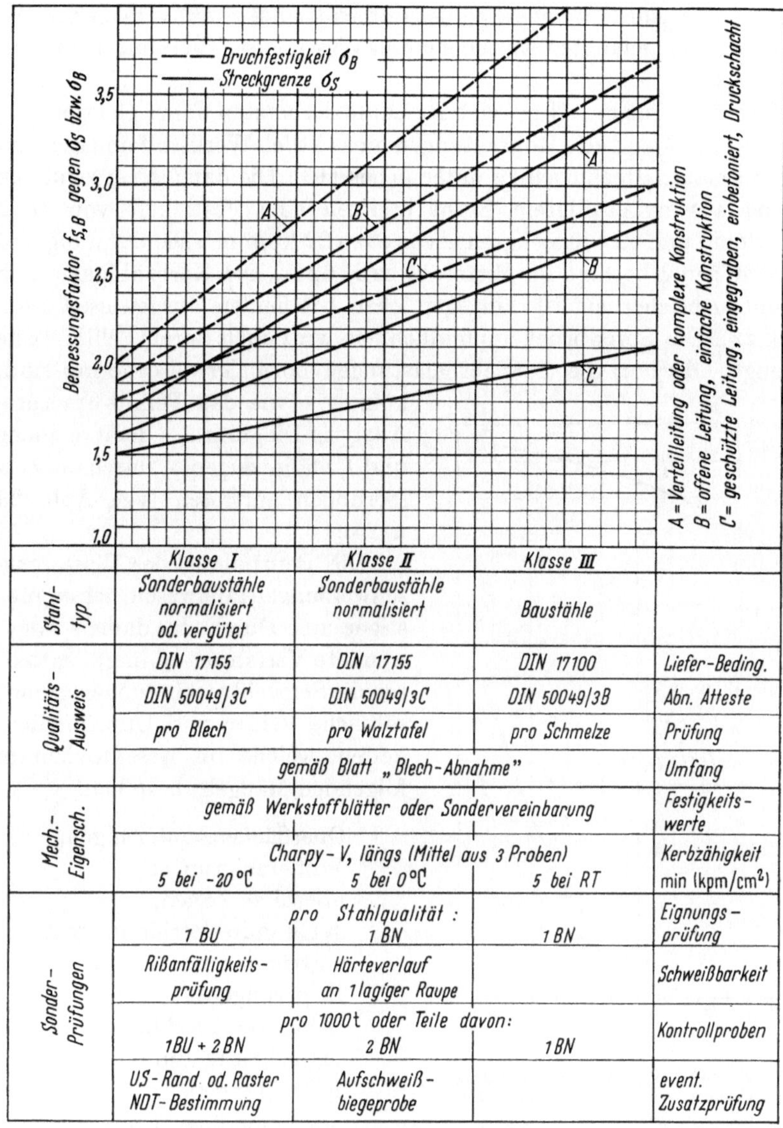

	Klasse I	Klasse II	Klasse III	
Stahl-typ	Sonderbaustähle normalisiert od. vergütet	Sonderbaustähle normalisiert	Baustähle	
Qualitäts-Ausweis	DIN 17155	DIN 17155	DIN 17100	Liefer-Beding.
	DIN 50049/3C	DIN 50049/3C	DIN 50049/3B	Abn. Atteste
	pro Blech	pro Walztafel	pro Schmelze	Prüfung
	gemäß Blatt „Blech-Abnahme"			Umfang
Mech.-Eigensch.	gemäß Werkstoffblätter oder Sondervereinbarung			Festigkeits-werte
	Charpy-V, längs (Mittel aus 3 Proben)			Kerbzähigkeit min (kpm/cm²)
	5 bei −20 °C	5 bei 0 °C	5 bei RT	
Sonder-Prüfungen	pro Stahlqualität:			Eignungs-prüfung
	1 BU	1 BN	1 BN	
	Rißanfälligkeits-prüfung	Härteverlauf an 1lagiger Raupe		Schweißbarkeit
	pro 1000 t oder Teile davon:			Kontrollproben
	1 BU + 2 BN	2 BN	1 BN	
	US-Rand od. Raster NDT-Bestimmung	Aufschweiß-biegeprobe		event. Zusatzprüfung

Abb. 21. Werkstoffgüteklassen.
BU = umfängliche; BN = normale Blechprobe (Vergl. Seite 31).

2.3 Werkstoffe und Verbindungen älterer Druckleitungen

Im Anschluß an die behandelten Werkstofffragen und im Vergleich
zum heutigen Stand der Technik ist es nicht uninteressant, einen Blick
50 bis 60 Jahre zurück in die Anfänge des Druckleitungsbaues zu werfen.

In jener Zeit wurde weicher, kohlenstoffarmer SM-Stahl verarbeitet. Als Verbindungen gelangten Nietungen und Wassergasschweißungen zur Anwendung.

Gebrüder Sulzer AG bot sich im Laufe der letzten Jahre Gelegenheit, über zwei Dutzend alte Rohrleitungen hinsichtlich Werkstoff und Schweißungen materialtechnisch zu untersuchen [18]. Die damals verwendeten Bleche aus unberuhigtem Stahl besitzen eine Festigkeit von etwa 36 kp/mm² und eine Streckgrenze von etwa 22 kp/mm². Die Dehnung und Einschnürung beträgt im Mittel 32 bzw. 62%. Die Kerbzähigkeit und Trennbruchsicherheit ist hingegen eher bescheiden ausgewiesen (vgl. Abb. 22). Die Sprödbruchempfindlichkeit wird auch durch Pellini-Tests bezeugt. Obschon die Betriebsbelastungen normalerweise gering sind, können – wie das Pellini-Fracture-Analysis-Diagramm, Berstversuche und Unfälle zeigen – durchaus Zerstörungen auftreten (vgl. Abb. 23 u. 24).

Die Beurteilung der Wassergasschweißungen fällt wesentlich ungünstiger aus. Durch das damals angewendete Verfahren bedingt, enthalten die Schweißverbindungen grundsätzliche Fehler und Unzulänglichkeiten, welche im wesentlichen in folgenden Mängeln bestehen:

Oberflächenzerstörungen,
Verhämmerungen,
überhitze Zonen,
verbrannte Verbindungen,
zertrümmertes Gefüge,
Seigerungen,
Schlackeneinschlüsse,
mangelhafte Bindungen,
Rißbildungen,
unregelmäßige Wandstärken.

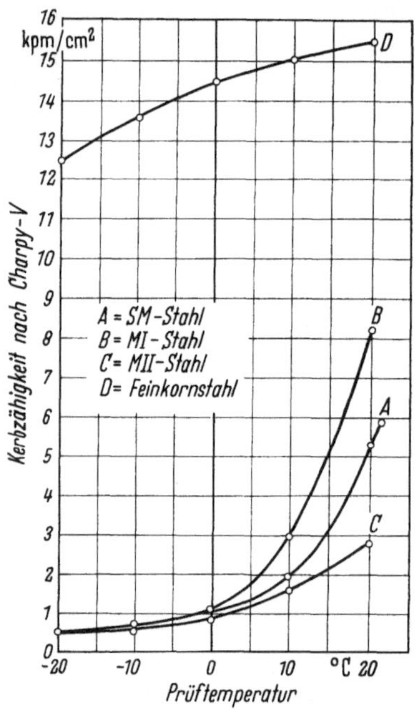

Abb. 22. Steilabfallkurven der Kerbzähigkeit verschiedener, bei alten Druckleitungen verwendeter Stahlsorten.

Ein Teil der Fehler ist von Geburt her vorhanden; andere sind im Betrieb entstanden oder verschärft worden.

Viele Fehler stellen scharfe Kerben dar und führen zu Rißbildungen, welche schließlich Zerstörungen ganzer Leitungen verursachen können (vgl. Abb. 25 u. 26).

Die Zerreißfestigkeit der Schweißungen streut in weiten Grenzen zwischen 9 und 34 kp/mm². Die Verformungsfähigkeit, ausgedrückt in

Abb. 23. Rohrbruch in einer Verteilrohrleitung. Bruch ausgehend von Materialfehler im Stahlgußflansch und als Trennbruch weiterlaufend im Blechwerkstoff.

Abb. 24. Infolge Oberflächenfehler verursachter Rohrbruch anläßlich Wasserdruckprobe.

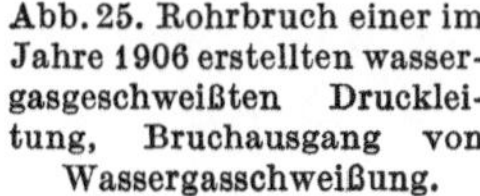

Abb. 25. Rohrbruch einer im Jahre 1906 erstellten wassergasgeschweißten Druckleitung, Bruchausgang von Wassergasschweißung.

Dehung und Kontraktion, ist unzureichend. Die ermittelten Werte schwanken zwischen 3 und 26% bzw. zwischen 5,0 und 67%. Die Kerbzähigkeiten sind eher ungenügend (vgl. Abb. 27). Das geringe Verformungsvermögen gibt häufig zu Rissen und Brüchen Anlaß (Abb. 28 u. 29).

Abb. 26. Rohrbruch in einer wassergasgeschweißten Verteilrohrleitung, Bruchausgang von Wassergasschweißung.

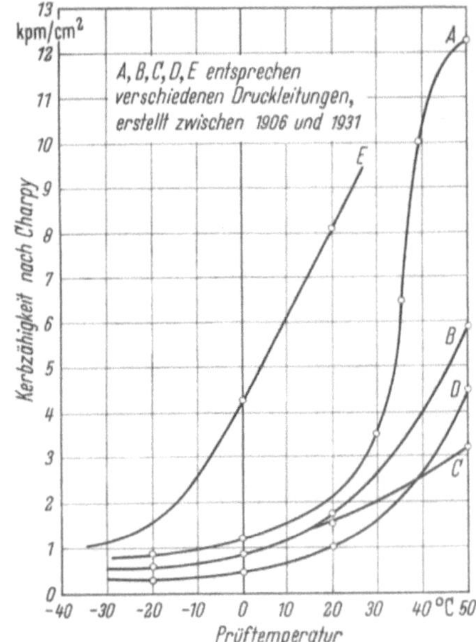

Abb. 27. Steilabfallkurven der Kerbzähigkeit von Wassergasschweißungen. Proben aus Schweißnahtmitte.

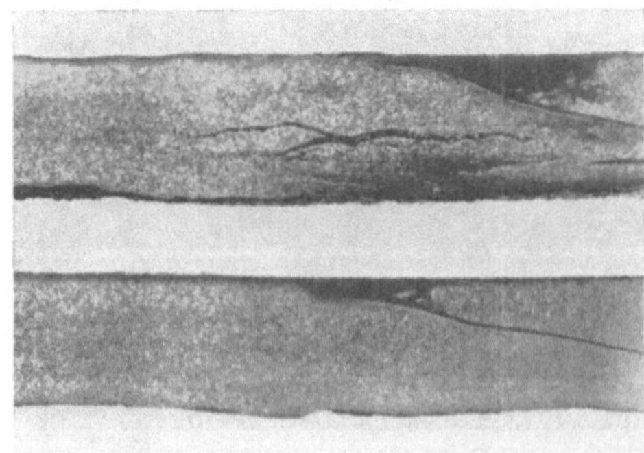

Abb. 28. Durch Hämmern beim Wassergasschweißen zerstörtes Grundmaterial mit Rißbildungen. Verbrannte Oberfläche und Schlakkenzonen.

Abpreß- und Berstversuche zeigen, daß manche ältere Rohrleitung den Betriebsanforderungen ohne nennenswerte Sicherheitsmarge gerade noch knapp zu genügen vermag. Beurteilt nach dem Pellini-FAD befinden sich einige davon in ständiger Gefahr der Zerstörung.

Stahlbleche der Qualität MI und MII sowie autogene und elektrische Schweißungen der Frühzeit weisen ebenfalls keine hervorragenden Güten auf. In der Schweiz werden ältere Rohrleitungen sukzessive ersetzt oder außer Betrieb genommen.

Abb. 29. Durch Hämmern beim Wassergasschweißen zertrümmertes Gefüge des Werkstoffes, welches zu Anrissen und später im Betrieb zu voller Rißbildung von 90 mm Länge führte.

2.4 Herstellung der Rohre

Die Druckrohrleitungen werden aus einzelnen Rohren zusammengesetzt. Ihre Herstellung erfolgt üblicherweise bis zu Abmessungen von etwa 3,3 m Durchmesser und 12 m Länge in Kesselschmieden, wozu weiträumige Werkstätten mit leistungsfähigen Einrichtungen und ausreichenden Abstell- und Lagerplätzen vorhanden sind. Die Herstellung größerer Rohre muß aus Transportgründen mit behelfsmäßigen Mitteln auf den Baustellen erfolgen.

2.41 Fertigung

Die Fertigung zerfällt in folgende Arbeitsgänge:

Bezeichnen und Beschneiden der Blechtafeln,
Rundformen der Rohrschüsse,
Schweißen der Längs- und Rundnähte,
Wärmebehandlung,
Überwachung, Prüfung und Kontrolle.

Für jede größere Druckrohrleitung werden die Stahlbleche gemäß besonderen Listen nach Maß und Güte bestellt. Die Bleche werden an den Kanten bezeichnet und entsprechend der Schweißnahtform bearbeitet. Dazu stehen in neuzeitlich eingerichteten Werkstätten besondere Werkzeugmaschinen zum Scheren, Flammschneiden und Hobeln zur Verfügung. Ein sauberer, kerbfreier und geradliniger Verlauf der bearbeiteten Blechkanten bildet eine wichtige Voraussetzung für fehlerfreie Schweißungen (Abb. 30).

Abb. 30. Bearbeitung der Blechkanten durch Flammschneiden.

Abb. 31. Vertikalpresse zum Rundbiegen von Stahlblechen.

Das Rundformen, Walzen oder Pressen der Bleche zu Rohrschüssen erfolgt entsprechend den vorhandenen Werkstatteinrichtungen im kalten oder warmen Zustand. Die heutigen Einrichtungen erlauben ein Kaltbiegen bis zu 100 mm Stärke (Abb. 31). Um auch die Randzonen ohne Dachbildung gleichmäßig rund zu formen, ist häufig ein Anbiegen der Bleche erforderlich. Ein sorgfältiges Runden und Ausrichten der Rohrschüsse erleichtert den Zusammenschluß und vermeidet Zwängsspannungen beim Schweißen der Längsnähte.

Die Längs- und Rundnähte der geraden Rohre werden fast ausschließlich mit Automaten geschweißt (vgl. Abb. 32), wobei das Schweißgut in mehreren Lagen niedergeschmolzen wird (Abb. 33). Beim Schweißen ist auf die Schrumpfungsbehinderung infolge der Rohrsteifigkeit zu achten. Als Automatenschweißung kommt sowohl das Unterpulver- als auch das Schutzgasverfahren in Betracht. Die Handarbeit bleibt auf das Heften, das Niederschmelzen von Wurzellagen gerader Rohre und auf das Schweißen von Formrohren beschränkt. Das blechebene Abarbeiten der Nahtoberflächen wirkt sich durch Entfernen von Kerben und Rauhigkeiten günstig auf die Güte der Schweißverbindung aus. Als wichtige Forderung muß allgemein die Anpassung der Zusatzwerkstoffe an das Grundmaterial verlangt werden.

Abb. 32. Automat für Längsschweißungen.

Bei der Verwendung hochfester Stähle, bei großen Schweißquerschnitten und bei Anhäufungen von Schweißnähten kann sich das Spannungsfreiglühen der fertigen Rohre bei 550 bis 620 °C als erforderlich erweisen. Die geeignete Wärmebehandlung hängt von der Stahlgüte und dem Schweißverfahren ab und ist gegebenenfalls durch Vorversuche festzulegen. Zur Vermeidung von Verformungen während des Glühens sind entsprechende Vorsichtsmaßnahmen zu treffen. Unter Umständen ist während der Fertigung ein Vorwärmen oder Zwischenglühen notwendig.

Die Krümmerrohre werden aus geraden Rohrschüssen polygonartig zusammengesetzt. Eine besondere Fertigung erfahren die Abzweigrohre. Ihre Gestaltung richtet sich nach den Anforderungen für günstige Strömungsverhältnisse und ausreichende Verformung und Festigkeit.

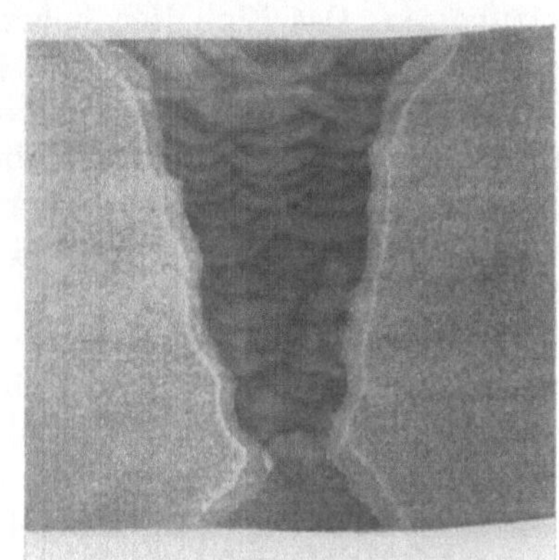

Abb. 33. Makroschliff einer mehrlagigen Automatenlängsnaht an Rohren aus hochfestem Vergütungsstahl. Wandstärke 75 mm.

Die Herstellung von bandagierten Rohren geht von geschweißten, glattwandigen Kernrohren aus, welche durch aufgesetzte Ringe verstärkt werden. Bei den bekanntesten Verfahren werden die kalibrierten, nahtlosen Ringe entweder warm aufgeschrumpft oder durch Aufweiten der Kernrohre kalt gereckt.

2.42 Schweißungen

Die Schweißtechnik hat eine derart weitgreifende Entwicklung erlebt, daß hier auf die besondere Fachliteratur verwiesen werden muß. Es sollen lediglich einige mit der Stahlgüte und der Konstruktion von Druckleitungen zusammengehörige Fragen gestreift werden.

Für die Ausführung von Schweißungen an Druckleitungsrohren haben sich bis heute hauptsächlich zwei Verfahren bewährt, nämlich:

> das automatische Unterpulverschweißen für Längs- und Rundnähte in der Werkstätte,
> das Handschweißen für schwierigere Schweißnähte in der Werkstatt und für stellungsgebundene Montageverbindungen.

Das Schutzgasverfahren hat wohl gütemäßig befriedigt, erscheint aber als noch zu wenig wirtschaftlich. Bei weiteren Fortschritten könnten alsdann die Handschweißung durch halbautomatische Verfahren ersetzt und die Schweißzeiten verkürzt werden.

Die Elektroschlackenschweißung kann zum Werkstattschweißen dickwandiger Rohrkörper als vielversprechend bezeichnet werden, sofern es gelingt, die Kerbzähigkeit ohne Normalisieren ausreichend zu verbessern.

Um die beim Werkstoff angezeigte Entwicklung ausnützen zu können, ist es notwendig, Zusatzwerkstoffe und Schweißverfahren entsprechend anzupassen. Das Einhalten hoher Festigkeitswerte bietet dabei in der Regel weniger Schwierigkeiten als das Erreichen der gewünschten Verformungseigenschaften. Dies gilt vor allem für Automatenschweißungen. Durch geeignete Wahl und Kombination von Draht und Pulver mag es gelingen, mit Hilfe systematischer Versuche dem Ziel näher zu kommen. Dabei muß aber der Rißsicherheit besondere Aufmerksamkeit geschenkt werden.

Da die hohen Qualitätsanforderungen auf die Schweißungen zu übertragen sind, kommt heute aus technischen und wirtschaftlichen Gründen eine Herabminderung der Schweißnahtgüte nicht mehr in Betracht, d.h., der Schweißnahtkoeffizient darf den Wert $V = 1,0$ nicht mehr unterschreiten. Dazu sind allerdings folgende Forderungen zu erfüllen:

> Festigkeitswerte dem Werkstoff ebenbürtig,
> Verformungseigenschaften und Kerbzähigkeit dem Werkstoff weitgehend angeglichen,
> Vermeidung unzulässiger Aufhärtung,
> Zulassung von nur geprüften Schweißern bzw. nur kontrollierter Verfahren,
> Vermeidung überhöhter Schweißraupen,
> Bearbeiten der Schweißkanten und Schnittflächen,

Vorwärmen auf zweckmäßige Temperatur,

Spannungsfreiglühen, wo Werkstoff und Abmessungen dies verlangen,

Mehrlagenschweißung,

100% Ultraschallprüfung ergänzt durch gezielte Röntgenaufnahmen.

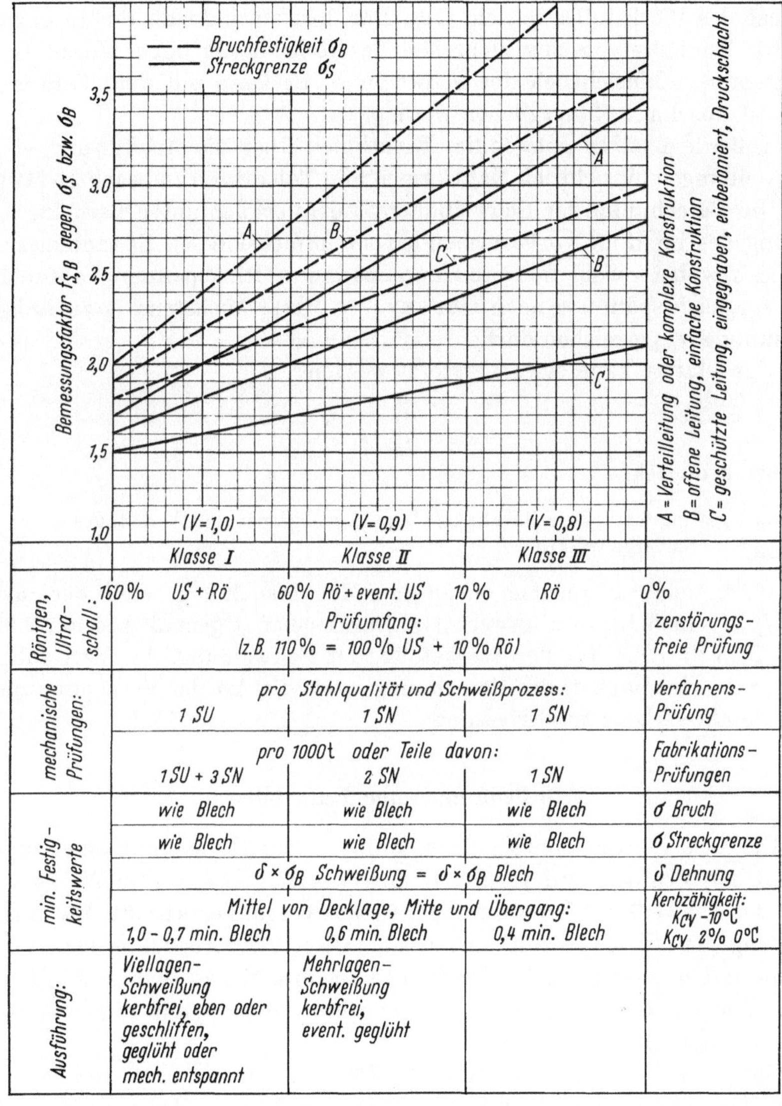

	Klasse I	Klasse II	Klasse III	
Röntgen, Ultraschall:	160% US + Rö	60% Rö + event. US	10% Rö	0%
		Prüfumfang: (z.B. 110% = 100% US + 10% Rö)		zerstörungsfreie Prüfung
mechanische Prüfungen:	pro Stahlqualität und Schweißprozess:			Verfahrens-Prüfung
	1 SU	1 SN	1 SN	
	pro 1000 t oder Teile davon:			Fabrikations-Prüfungen
	1 SU + 3 SN	2 SN	1 SN	
min. Festigkeitswerte	wie Blech	wie Blech	wie Blech	σ Bruch
	wie Blech	wie Blech	wie Blech	σ Streckgrenze
	$\delta \times \sigma_B$ Schweißung = $\delta \times \sigma_B$ Blech			δ Dehnung
	Mittel von Decklage, Mitte und Übergang:			Kerbzähigkeit: K_{CV} −10°C, K_{CV} 2% 0°C
	1,0 – 0,7 min. Blech	0,6 min. Blech	0,4 min. Blech	
Ausführung:	Viellagen-Schweißung kerbfrei, eben oder geschliffen, geglüht oder mech. entspannt	Mehrlagen-Schweißung kerbfrei, event. geglüht		

Abb. 34. Schweißnahtgüteklassen.
SU = umfängliche; SN = normale Schweißprobe.

Die von den Schweißverbindungen zu erfüllenden Qualitätsansprüche sind durch Prüfungen und Kontrollen zu belegen, und zwar sowohl an Verfahrens- als auch an Fertigungsproben.

Auf Abb. 34 sind als Richtlinien Qualitätsanforderungen und Güteklassen mit dem notwendigen Prüfumfang dargestellt. Danach kann ein Bemessungsfaktor ermittelt werden, der sich auf das Verhältnis der größten Hauptspannung (Ringspannung) zur Festigkeit oder Streckgrenze des Werkstoffes bezieht [19]. Der dort zu findende Bemessungsfaktor beinhaltet die zur Sicherheit der Rohrleitung notwendigen Gesichtspunkte hinsichtlich der Schweißung. Er kann mit dem Faktor f gemäß Abschn. 2.53 verglichen werden.

Außerdem ist es notwendig, Richtlinien über die Ausführung von Schweißungen hinsichtlich Nahtformen und Toleranzen zu beachten [19].

Die Berechnung der Schweißquerschnitte erfolgt unter Berücksichtigung des im Rohr vorherrschenden zweidimensionalen Spannungszustandes, wobei sowohl die erste Hauptspannung (Ringspannung) als auch die Vergleichsspannung nach HENCKY – v. MISES höchstens die zulässige Spannung σ_{zul} erreichen darf.

Für letztere kann etwa angesetzt werden:

$$\sigma_{zul} = \frac{\sigma_R}{f_B} = \frac{\sigma_s}{f_s},$$

wobei bedeutet:

σ_B, σ_s = minimale Zerreißfestigkeit bzw. Streckgrenze des Werkstoffes,
f_B, f_s = Sicherheitsfaktor.

Während σ_B, σ_s aus dem einachsigen Zugversuch folgt, stellt der Faktor f_B, f_s einen Erfahrungswert dar. Darin gelangt gemäß Abschn. 2.52 und 2.53 die Qualität der Werkstoffe, der Schweißung, der Fertigung, ferner die Genauigkeit der Berechnung sowie die Art der Verlegung und die Gefahrenklasse zur Erfassung.

2.43 Prüfungen und Kontrollen

Die Druckleitungsrohre müssen während der Herstellung einer umfänglichen Prüfung und Kontrolle unterworfen werden. Der Werkstoff und das Schweißverfahren werden meistens vorgängig erprobt. Die Ausführung der Schweißverbindungen ist während der Fertigung mechanischen und zerstörungsfreien Prüfungen zu unterziehen (vgl. Abb. 21 u. 34). Bei hochbeanspruchten Rohren sind letztere auf die gesamte Schweißnahtlänge auszudehnen.

Zur Vornahme von mechanischen Untersuchungen dienen üblicherweise besondere Probeplatten, die unter gleichartigen Bedingungen wie das Werkstück geschweißt werden. Seltener werden die Proben aus fertig

geschweißten Nähten in Form von Fenstern oder in Form ganzer Ring-
stücke entnommen.

Die mechanischen Prüfungen umfassen:

Zugversuche am Parallel- und am ausgerundeten Stab,
erweiterte Biegeproben,
Kerbschlagproben aus Übergangszone und Decklage, eventuell er-
gänzt durch Steilabfallkurven,
Härteverlauf,
Makro- und Mikroschliffe,
NDT-Bestimmungen.

Die Ergebnisse haben weitgehend mit den gewährleisteten Gütewer-
ten des Grundwerkstoffes übereinzustimmen, allerdings unter Beachtung
der Verschiedenheit bei der Erzeugung. Maßgebend sind sowohl die
Festigkeits- als auch die Verformungseigenschaften.

Für die zerstörungsfreie Prüfung hat sich in neuester Zeit neben der
Durchleuchtung mit Röntgen- und Gammastrahlen vor allem die Ultraschallprüfung als überlegenes Verfahren eingeführt. Zur Beurteilung der
Anzeigen im Oszillogramm sind jedoch genaue Kenntnisse der Prüfungs-
art, des Schweißverfahrens und der Schweißnahtformen notwendig. Bei
ausreichender Erfahrung im Anwenden des Ultraschallgerätes und im
Auslegen der Anzeigen liegt der Vorteil in der raschen, fortlaufenden
Prüfung und in der umfassenden Fehlererkennbarkeit. Es ist möglich,
eine genaue Bestimmung der örtlichen Lage und der Art des Fehlers vorzunehmen. Die US-Prüfung erweist sich damit als bedeutender Fortschritt zur Beurteilung der Schweißnahtgüte.

Die Wasserdruckprobe unter dem 1,3- bis 1,5fachen Betriebsdruck
dient am Ende der Fertigung als Nachweis der Dichtigkeit und Festigkeit. Im Interesse der Sicherheit sind solche Proben vor allem bei Formrohren und ganzen Verteilrohrleitungen unerläßlich. Als Kontrolle der
Schweißnahtgüte hat die Wasserdruckprobe bei dickwandigen geraden
Rohren nur eine untergeordnete Bedeutung. Sie kann sogar zu einer
Verschlechterung des Gütezustandes führen, wenn vorhandene Fehler
unter dem erhöhten Prüfdruck verschlimmert werden. Gelegentlich wird
hervorgehoben, daß die Druckprobe gleichzeitig eine Materialprüfung
darstellt. Da bei der Druckprobe die Streckgrenze nicht erreicht werden
soll, so ist dies um so weniger von Bedeutung, als der Werkstoff vorgängig geprüft wird und im übrigen beim Runden der Bleche eine
Gewaltsprobe erfährt.

2.44 Toleranzen

Zur Sicherung der Maßhaltigkeit, welche sowohl für den Zusammenbau als auch für den Spannungszustand während der Fertigung und im

Betrieb wichtig ist, sind Toleranzen einzuhalten. Dieselben beziehen sich auf die Blechstärken, auf die Rundung und Geradlinigkeit der Rohre, auf die Einhaltung der Winkel und – soweit nötig – auf die Längen. Die Dickentoleranz der Bleche ist durch die Werkstoffvorschriften genormt und wird bei der Blechabnahme beachtet.

Die wichtigste Toleranzprüfung bezieht sich während der Fertigung auf die Lichtweite und die Rundung der Rohre. Unrunde Rohre verursachen im Betriebszustand zusätzliche Ringbiegespannungen. Sie sind namentlich bei Druckschachtpanzerungen durch die Herabminderung der Beulsicherheit gefährlich. Größere Abweichungen von Winkeln und Längen können Zwängsspannungen erzeugen. Die Fertigung hat ferner auf stoßfreie Übergänge und Versetzungen der Schweißnähte zu achten. Bei der Verschiedenartigkeit der Toleranzvorschriften, die von Fall zu Fall maßgebend sind, erübrigt es sich, Einzelheiten anzuführen. Es soll aber nicht außer acht gelassen werden, daß die Rohrherstellung eine Kesselschmiedearbeit darstellt, an welche kein zu enger Maßstab angelegt werden darf.

2.5 Kräfte und Spannungen

Die hauptsächlichsten, auf die Druckrohrleitung einwirkenden Kräfte sind verursacht durch:

> Innendruck,
> Gewicht,
> Temperatur.

An jeder zu untersuchenden Stelle sind die ungünstigsten Verhältnisse zu betrachten. Die einwirkenden Kräfte kann man unterscheiden in:

a) Beständig wirkende Kräfte infolge:

> Innendruck einschließlich Druckstöße,
> Eigen- und Wassergewicht,
> Temperaturänderungen,
> Erddruck,
> Bergdruck.

b) Vorübergehende Kräfte verursacht durch:

> Füllung und Entleerung,
> Unterdruck,
> Wind- und Schneelast.

c) Außerordentliche Kräfte herrührend von:

> Werk- und Montagedruckproben,
> Versagen von Sicherheitseinrichtungen,
> Erdbeben,
> Steinschlag, Lawinen, Hangrutschungen usw.

Die Klassifizierung der Kräfte darf nicht dazu verleiten, eine Unterscheidung in Haupt- und Nebenbelastungen vorzunehmen. Eine solche Entscheidung wäre zu willkürlich. Es kommt nicht darauf an, ob die Belastungen hohe oder niedrigere Spannungen und Verformungen hervorrufen bzw. ob sie dauernd oder nur gelegentlich auftreten, um sie als haupt- oder nebensächlich zu bezeichnen, sondern vielmehr darauf, ob das elastische oder plastische Verhalten des Werkstoffes in Betracht gezogen wird. Geringe Beanspruchungen im elastischen Bereich eines sprödbruchanfälligen Werkstoffes können gefährlicher sein als Spannungen, welche bis zur Streckgrenze eines zähen, trennbruchsicheren Materials anwachsen.

Berücksichtigt man die Plastizität des Werkstoffes bei der Betrachtung der Bruchgefahr, so können die auftretenden stationären Belastungen wie folgt unterschieden werden:

1. *Hauptbelastungen* sind solche, welche bei stetigem Anwachsen eine stetige Zunahme der Beanspruchungen bis zum Erschöpfen des Bauwerkes zur Folge haben (Ringspannungen, herrührend vom Innendruck, Eigengewicht usw.).

2. *Nebenbelastungen* sind solche, welche bei stetigem Anwachsen lediglich eine Zunahme der Spannungen bis zur Streckgrenze des Werkstoffes bewirken. Einer weiterhin zunehmenden Last folgt eine plastische Verformung ohne nennenswerte Steigerung der Spannung (örtliche Biegespannungen und überlagerte Eigenspannungen usw.).

Bei der Bewertung der Spannungen und Verformungen zur Bemessung des Bauwerkes ist folglich die Eigenart der Belastungen im Zusammenhang mit dem Werkstoffverhalten zu betrachten. Im Rohrleitungsbau gibt es Hauptbelastungen, die durch die äußeren Gegebenheiten begrenzt sind (geodätisches Gefälle, Eigengewicht usw.). Trotzdem darf die Rohrwandung im Betrieb mit Rücksicht auf dynamische Kräfte nicht bis zur Streckgrenze beansprucht werden, obwohl dabei das Verformungsvermögen maßgebend ist. Anderseits ist bei Nebenbelastungen zu beachten, daß die Verformung und nicht der Trennwiderstand im Vordergrund steht. Das Ausmaß einer allfälligen plastischen Verformung, wie sie bei der Druckprobe oder bei der ersten Betriebsbelastung auftreten kann, hängt von der geforderten Sicherheit und von der Veränderung der Werkstoffeigenschaften ab. Wird die Druckprobe oder die Inbetriebsetzung als Endstufe der Herstellung betrachtet, so ist auf die Bedingung zu achten, daß bei den nachfolgenden Betriebsbelastungen keine wesentliche plastische Verformung mehr auftritt.

Eigenspannungen oder Restspannungen, herrührend von der Fertigung, können weitgehend als Nebenspannungen betrachtet werden. Sie bilden keine besondere Gefahr, sofern sie bei der ersten Belastung durch plastische Verformung abgebaut werden können.

Bei der Berechnung von Druckleitungsrohren darf unter Vernachlässigung der Radialspannung ein zweiachsiger Spannungszustand angenommen werden, wobei auch Längs- und Ringbiegespannungen beizuziehen sind. Der zweiachsige Spannungszustand wird rechnungsmäßig nach der Gestaltänderungshypothese auf eine einachsige Vergleichsspannung zurückgeführt, welche eine gleichgroße Gesamtanstrengung gemäß der Beziehung:

$$\sigma_v^2 = \sigma_t^2 + \sigma_L^2 - \sigma_t \sigma_L \tag{15}$$

hervorruft (HENCKY – v. MISES). Diese Formel gilt unter der Voraussetzung, daß σ_t und σ_L Hauptspannungen sind.

Zusammenfassend kann über die Kräfte und Spannungen sowie über die Bemessung folgendes ausgesagt werden:

Bei der Berechnung von Druckrohrleitungen genügt es nicht, daß die zulässige Beanspruchung als Verhältnis zur Streckgrenze oder Bruchfestigkeit des Werkstoffes festgelegt wird.

Für jeden Teil der Rohrleitung ist eine Betrachtung bezüglich der Haupt- und Nebenbelastungen anzustellen.

Die Bemessung für die Hauptbelastungen ist so durchzuführen, daß die zulässige Beanspruchung nicht überschritten wird. Letztere ist durch den Sicherheitsgrad gegenüber der Streckgrenze oder Zerreißfestigkeit festzulegen.

Der Sicherheitsgrad ist einer besonderen Betrachtung zu unterziehen.

Die Bemessung nach den Nebenspannungen ist so durchzuführen, daß unzulässige Verformungen vermieden werden.

Bei der Druckprobe oder bei der ersten Betriebsbelastung sind begrenzte plastische Verformungen, herrührend von Nebenspannungen, zulässig.

Bei der Bemessung ist der mehrachsige Spannungszustand zu berücksichtigen.

Fragen der Knickung und Beulung sind gesondert zu betrachten.

2.51 Begriff der Sicherheit

Die Frage nach der Sicherheit eines Bauwerkes deutet darauf hin, daß über die Funktionstüchtigkeit Zweifel bestehen können, indem Ungewißheiten sowohl bezüglich der Bestimmung der einwirkenden Kräfte als auch bezüglich der Widerstandsfähigkeit des Bauwerkes vorhanden sind. Die Sicherheit könnte demnach durch eine Beziehung zwischen Belastung und Widerstand gekennzeichnet werden. Würde Gewißheit darüber bestehen, daß Belastung und Widerstand eindeutig bestimmbar wären, so müßte die Sicherheit als Verhältnis beider Größen, d. h. durch einen Faktor, ausdrückbar sein. Dies ist leider nicht der Fall. Der Statistiker betrachtet deshalb die Sicherheit als die Wahrscheinlichkeit, daß durch die Unvollkommenheit des menschlichen Schaffens und der Materie eine unabsichtliche Zerstörung möglich ist. Eine Beziehung könnte eventuell durch die Erfassung aller Fehlermöglichkeiten gewonnen werden. Der Mathematiker Friedrich Gauß hat bei der Aufstellung seines

Fehlergesetzes zwischen groben, zufälligen und systematischen Fehlern unterschieden.

Grobe Fehler entstehen aus Unkenntnis, Unzulänglichkeit und Nachlässigkeit. Sie lassen sich bei genügender Sorgfalt und Kontrolle weitgehend vermeiden. Da sie unbegründet sind, lassen sie sich statistisch schwer erfassen. Sie sind daher eher eine Angelegenheit der Berufsmoral.

Zufällige Fehler sind der Tücke des Objektes und der willkürlichen Streuung bezüglich der Güte von Werkstoff und Arbeit unterworfen. Sie sind statistischen Betrachtungen zugänglich.

Systematische Fehler entstehen durch falsche Überlegungen und Voraussetzungen, durch Vereinfachungen und Vernachlässigungen in den Berechnungen sowie durch unsachgemäße Werkstoffauswahl und unzulängliche Fertigung. Solche Fehler können auch bewußt einseitig begangen werden, wobei man sich aber über die Auswirkungen Rechenschaft zu geben hat. Die Erfassung der systematischen Fehler ist im wesentlichen eine Ermessensfrage.

Zur Herleitung einer Beziehung zwischen Belastung und Widerstand könnte man sich nun die statistische Ermittlung sämtlicher einwirkenden Kräfte und aller der Zerstörung entgegenwirkenden Maßnahmen vorstellen. Unter Variation der Voraussetzungen zur statistischen Berechnung wäre einerseits die Häufigkeit der Belastungsfälle aufzuzeichnen. Auf der anderen Seite müßte unter Veränderung der Abmessungen, der Werkstoffeigenschaften und der Fertigungsverfahren mittels einer Großzahl von Zerstörungsversuchen die Widerstandsfähigkeit erprobt und

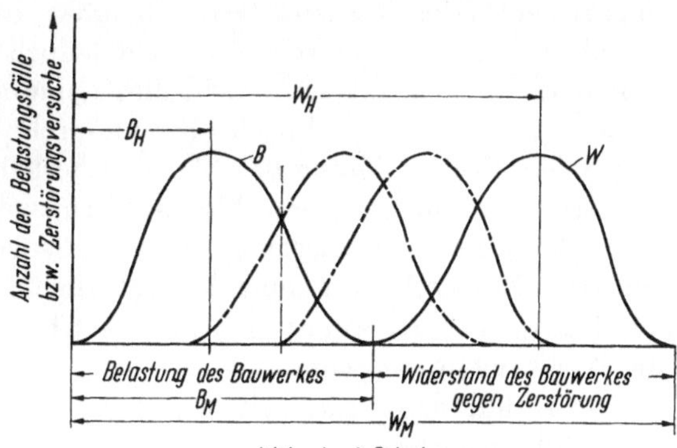

Abb. 35. Häufigkeitskurven für Belastung und Widerstand; Sicherheit = W/B.

durch eine Häufigkeitskurve dargestellt werden (Abb. 35). Werden diese beiden Häufigkeitskurven B und W einander gegenübergestellt, wobei als Maßstab die Hauptspannung oder die Vergleichsspannung benützt werden kann, so läßt sich aus dem Vergleich der beiden Kurven die Sicherheit überblicken bzw. eine Sicherheitszone festlegen. Als Sicherheits-

5*

faktor läßt sich dann das Verhältnis zwischen Widerstand und Belastung
bestimmen, und zwar sinnvoll durch Berücksichtigung der Höchstwerte
der Häufigkeitskurven W_H und B_H. Dadurch werden die am häufigsten
auftretenden Belastungen und erreichten Widerstände gegen Zerstörung
erfaßt gemäß:

$$f = \frac{W_H}{B_H} \geq 1{,}0 \,. \tag{16}$$

Aus den Kurven lassen sich ferner einige Sonderfälle herauslesen.

Vergleicht man nämlich die Größtwerte von W_M und B_M miteinander, so erreicht die wirkliche Sicherheit ein Maximum.

Fällt anderseits der kleinste Widerstand mit der größten Belastung
zusammen, so beträgt der Sicherheitsfaktor

$$f = \frac{W}{B} = 1{,}0 \,. \tag{16a}$$

Werden gewisse Einschränkungen über die Belastungen und die Bemessung in der Weise getroffen, daß selten auftretende oder untergeordnete Kräfte vernachlässigt werden, oder indem ein gewisses Katastrophenrisiko in Kauf genommen wird, so läßt sich die Belastungskurve
begrenzen oder die Widerstandskurve verschieben und der Sicherheitsfaktor erniedrigen. Auch lassen sich gewisse Sicherheitszonen bilden,
welchen eine bestimmte Wahrscheinlichkeit der Zerstörung zugeordnet
ist.

Die Ermittlung der Häufigkeitskurve aller Belastungen ist durch
einen entsprechenden Rechenaufwand denkbar; die Durchführung einer
Großzahl von Zerstörungsversuchen stellt jedoch ein Ding der Unmöglichkeit dar. So erscheint eine solche Bestimmung der Sicherheit wohl
theoretisch interessant, praktisch aber undurchführbar. Die Gedanken
vermögen jedoch einen klaren Begriff der Sicherheit zu vermitteln, wenngleich deren Bestimmung weiterhin eine Ermessensfrage bleibt. Einige
Fehlergrößen lassen sich allerdings durch statistische Betrachtungen erfassen. Dazu ist eine Unterteilung des Sicherheitsfaktors in einzelne Einflußgrößen vorteilhaft, womit eine bessere Übersicht und Annäherung
an die Wirklichkeit entsteht.

In bezug auf den Sicherheitsbegriff sei auch auf die Arbeit von
BASLER [20] hingewiesen.

2.52 Zulässige Beanspruchung

In der gebräuchlichsten Form wird die zulässige Beanspruchung σ_{zul}
als Bruchteil der Fließgrenze σ_S oder der Bruchfestigkeit σ_B des Werkstoffes wie folgt ausgedrückt:

$$\sigma_{\mathrm{zul}} = \frac{\sigma_S}{f_S} \quad \text{oder} \quad \sigma_{\mathrm{zul}} = \frac{\sigma_B}{f_B}, \tag{17}$$

wobei f als Sicherheitsfaktor bezeichnet wird.

Als zulässige Beanspruchung soll im allgemeinen die Vergleichsspannung σ_v oder – wo dies statthaft ist – die Ringspannung σ_R verstanden werden.

Unter Beachtung des Verformungsvermögens des Werkstoffes erscheint es angezeigt, für dickwandige Rohrkörper auch auf das Berechnungsverfahren mittels Formdehngrenzen von SIEBEL [21] hinzuweisen.

Da der Tragfähigkeit eines Bauwerkes erst dann Grenzen gesetzt sind, wenn der vollplastische Zustand des Werkstoffes erreicht wird, so schlägt SIEBEL vor, die Festigkeitsberechnung auf bestimmte plastische Grenzverformungen zu beziehen. Anstelle der üblichen zulässigen Beanspruchung tritt dann die zulässige Dehnung, wobei ebenfalls eine entsprechende Sicherheit zu berücksichtigen ist.

Unter der Formdehngrenze $K_{\varepsilon*}$ versteht SIEBEL jene gedachte Anstrengung (Vergleichsspannung) σ_v, welche bei rein elastischem Verhalten des Materials unter der gleichen Belastung auftreten würde wie die in Wirklichkeit an der höchstbeanspruchten Stelle entstehende plastische Dehnung ε_{pl}.

$K_{\varepsilon*}$ ist eine Werkstoffkennzahl, welche anderseits aber auch von der geometrischen Form abhängig ist. Für Berechnungen muß deshalb $\sigma_v = f(\varepsilon_{pl})$ bekannt sein bzw. durch Versuche bestimmt werden.

SIEBEL setzt:

$$\sigma_{v\,\mathrm{max}} = \frac{K_{\varepsilon*}}{f_S}, \tag{18}$$

worin f_S den Sicherheitsfaktor bezüglich der Fließgrenze σ_S bedeutet. Ferner führt er eine Beziehung zwischen Formdehngrenze und Fließgrenze ein und bezeichnet sie als Dehngrenzenverhältnis δ_ε gemäß der Formel:

$$\delta_\varepsilon = \frac{K_{\varepsilon*}}{\sigma_S}, \tag{19}$$

woraus folgt:

$$\sigma_{v\,\mathrm{max}} = \delta_\varepsilon \frac{\sigma_S}{f_S}. \tag{20}$$

Das Dehngrenzenverhältnis δ_ε bedeutet einen zu bestimmenden Werkstoff-Festigkeitswert.

Das Berechnungsverfahren mit Dehngrenzen setzt ruhende Belastung und trennbruchsichere Werkstoffe voraus.

Es wäre zweifellos sinnvoll, den Sicherheitsfaktor f auf die Bruchfestigkeit zu beziehen, indem die Sicherheit des Bauwerkes mit Ausnahme von Stabilitätsfällen erst beim Bruch der Konstruktion aufhört.

Damit wären aber die hochfesten, vergüteten Stähle mit hoher Trenn-
bruchsicherheit sowie gewisse Konstruktionsprinzipien und Berech-
nungsverfahren, die plastische Verformungen zulassen, benachteiligt.
Deshalb soll im weiteren die Fließgrenze als Bezugsgröße benützt werden.
Das Streckgrenzenverhältnis σ_S/σ_B kann jedoch bei der Beurteilung der
Werkstoffgüte berücksichtigt werden. Sofern trotzdem eine Beziehung
zur Bruchfestigkeit erwünscht ist, bereitet eine Umrechnung keine
Schwierigkeiten.

2.53 Sicherheitsfaktoren

Unter Berücksichtigung der oben geäußerten Gedanken erscheint
eine Unterteilung des Sicherheitsfaktors nach seinen wesentlichen Einflußgrößen vernünftig. Wo möglich, wird man dabei auf eine statistische
Betrachtung der einzelnen Faktoren nicht verzichten. Folgende Unterteilung könnte in Betracht gezogen werden:

1. Grundsicherheit f_0,
2. Werkstoffgüte f_W,
3. Herstellung f_H,
4. Berechnung f_B,
5. Gefahrenklasse f_G.

Jeder Einzelfaktor soll unabhängigen Einfluß auf die gesamte Sicherheit ausüben, weshalb sie multiplikativ miteinander zu verbinden sind
gemäß:

$$f_S = f_0 f_W f_H f_B f_G. \tag{21}$$

Zu den einzelnen Faktoren sind folgende Bemerkungen angebracht:

Grundsicherheitsfaktor f_0. Der Grundsicherheitsfaktor berücksichtigt
in erster Linie die Unzulänglichkeit des menschlichen Wirkens, die Möglichkeit von groben Fehlern und von unkontrollierbaren äußeren Einflüssen. Hierzu gehören auch die Betriebsverhältnisse, denen das Bauwerk unterworfen ist. Der Faktor soll für gewöhnliche geordnete Betriebsverhältnisse reichlich hoch bemessen sein. Für selten auftretende
Betriebs- oder Probebelastungen darf er kleiner angesetzt werden. Für
außerordentliche Belastungsfälle, die nur bei Katastrophen auftreten
oder dann, wenn andere, im Zusammenhang mit dem Bauwerk vorhandene Konstruktionsteile versagen, wie z.B. Sicherheitsorgane, darf er
sogar kleinstmöglich bewertet werden.

Bei sorgfältiger Planung und beim heutigen Stand der Technik im
Kraftwerks- und Rohrleitungsbau kann der Grundsicherheitsfaktor für
normale Betriebsbelastungen in den Grenzen

$$1{,}2 < f_0 < 1{,}5$$

gehalten werden.

Werkstoffaktor f_W. Der Werkstoffaktor berücksichtigt die Eigenschaften des Materials sowie sein Verhalten beim Bruch. Dazu gehören Streckgrenzenverhältnis, Verformungsvermögen, chemische Zusammensetzung, Trennbruchsicherheit, Alterungs- und Frostunempfindlichkeit, äußere Beschaffenheit usw. Je besser das Material in seiner Güte geprüft und ausgewiesen ist, um so größer ist sein Anteil an der Sicherheit des Bauwerkes. Er läßt sich auf Grund der Eigenschaften des Werkstoffes, welche zufälligen Fehlern unterworfen sind, beurteilen und in seinen hauptsächlichsten Merkmalen statistisch überprüfen. Einige Hinweise seien im nachfolgenden gegeben:

Streckgrenzenverhältnis. Mit Rücksicht auf genügendes Verformungsvermögen im plastischen Gebiet soll das Streckgrenzenverhältnis σ_S/σ_B nicht beliebig hoch liegen, damit im Falle von Dehnungsbehinderungen ein plötzlicher Bruch möglichst verhindert wird. Es ist weiter zu beachten, daß die inneren Spannungen bei der Formgebung und Schweißung Werte bis gegen die Streckgrenze erreichen können und daß ferner die aufgespeicherte elastische Energie mit wachsender Streckgrenze zunimmt. Beide Einflüsse können die Trennbruchgefahr erhöhen oder sich im Zerstörungsfall ungünstig auswirken.

Verformungsvermögen. Zur Beurteilung des Verformungsvermögens kann u. a. die Verformungsarbeit im Zugversuch herangezogen werden, welche ein Maß für die Verformbarkeit bildet und durch die Fläche unterhalb der Zerreißkurve dargestellt wird. In vereinfachender Weise kann die Verformungsarbeit als Produkt des Zerreißwiderstandes und der Dehnung aufgefaßt werden. Ferner dienen hierzu auch Kerbschlag- und Biegeversuche.

Kohlenstoffgehalt. Die Aufhärtung beim Brennschneiden und Schweißen und damit die Beeinträchtigung des Verformungsvermögens und die Verschärfung der Rißgefahr ist durch den Kohlenstoffgehalt C und in geringerem Ausmaß auch durch übrige härtende Legierungselemente beeinflußt und kann durch Wärmebehandlungen gemildert werden.

Trennbruchsicherheit. Die Trennbruchsicherheit ist für das Bruchverhalten des Materials von ausschlaggebender Bedeutung. Sie steht in engem Zusammenhang mit der Herstellung der Werkstoffe. Die Beurteilung kann nach verschiedenen Gesichtspunkten und Prüfverfahren erfolgen, z. B. Steilabfall der Kerbzähigkeit, Aufschweißbiegeversuch, Pellini-Probe, Robertson-Test usw.

Abmessungen. Die Abmessungen der Blechtafeln beeinflussen die Güte des Werkstoffes hinsichtlich Gleichmäßigkeit, Festigkeit, Verformungsvermögen, Trennbruchsicherheit, Verarbeitung usw. Ihr Einfluß auf die Sicherheit ist nicht unbedeutend und kann durch Sorgfalt bei der Fertigung, insbesondere durch Wärmebehandlung, gemildert werden.

Ultraschallprüfung der Bleche. Eine zuverlässige Ultraschallprüfung der Blechtafeln bildet eine zusätzliche Sicherung gegen grobe Blechfehler in bezug auf Doppelungen und Seigerungen. Sie wird heute z.T. in die Abnahmeprüfung einbezogen.

Für die Beurteilung der Güte eines Werkstoffes kann weder eine Formel noch ein Rezept angegeben werden. Dieselbe beruht vielmehr auf einer sorgfältigen Abwägung aller Eigenschaften im engen Zusammenhang mit der Verarbeitung. Dazu sind besondere Kenntnisse und Erfahrungen des Konstrukteurs unentbehrlich. Statistische Erhebungen und Erfahrungswerte erleichtern die Beurteilung. Je nach der Besonderheit der Verhältnisse soll der Materialsicherheitsfaktor zwischen den Grenzen

$$1{,}0 < f_W < 1{,}3$$

abgeschätzt werden, wobei vorausgesetzt wird, daß ungeeignetes, sprödbruchanfälliges Material von vornherein ausgeschlossen ist.

Herstellungsfaktor f_H. Dieser Faktor soll die Güte der Herstellung hinsichtlich Formgebung, Schweißung, Bearbeitung, Glühung und Kontrolle berücksichtigen, wobei insbesondere die Festigkeit und das Verformungsvermögen der Schweißverbindung in Betracht zu ziehen sind. Einige wichtige Einflüsse sind im nachfolgenden aufgeführt:

Formgebung. Saubere, geradlinige Blechkanten und gleichmäßige Rundung vermindern Eigenspannungen, insbesondere Zwängsspannungen.

Festigkeit der Schweißnaht. Es werden mit passenden Elektroden vorgeschweißte und wurzelseitig ausgebesserte Schweißnähte vorausgesetzt, welche geeigneten Kontrollen unterliegen und keine groben Fehler enthalten. Im Normalfall weisen solche Schweißungen die gleiche Festigkeit wie das Blech auf. Wird aus bestimmten Gründen absichtlich davon abgewichen, so ist eine entsprechende Festigkeitsbewertung vorzunehmen.

Trennbruchsicherheit der Schweißung. Die Trennbruchsicherheit der Schweißung soll derjenigen des Bleches soweit als möglich angepaßt sein, wobei jedoch zu beachten ist, daß die Schweißung einen Schmelzvorgang darstellt.

Eine Beurteilung kann durch die Aufhärtung und die Kerbschlagzähigkeit in der Übergangszone und in der Decklage sowie durch Pellini-Proben erfolgen.

Verformungsvermögen der Schweißverbindung. Das Verformungsvermögen der Schweißung sollte weitgehend demjenigen des Grundmaterials entsprechen. Eine Beurteilung kann z.B. durch den erweiterten Biegeversuch erfolgen. Statistische Erfahrungswerte können dazu behilflich sein.

Bearbeiten der Schweißnahtoberflächen. Die rohen Schweißnähte können Überhöhungen, Rauhigkeiten und Kerben aufweisen, welche das Verformungsvermögen beeinträchtigen und die Rißempfindlichkeit erhöhen. Bei Automatenschweißungen sind solche Erscheinungen weniger ausgeprägt; Handschweißungen sind dagegen eher kerbzäher. Die Naht-bearbeitung sollte vor allem bei hochbeanspruchten Schweißverbindungen angewendet werden.

Prüfung der Schweißnähte. Eine sorgfältige Prüfung der Schweißungen ist unerläßlich. Sie umfaßt gewöhnlich:

mechanische Proben an Ausschnitten oder Probeplatten,
zerstörungsfreie Prüfungen durch Ultraschall und/oder Röntgen,
Wasserdruckproben.

Die mechanischen Stichproben sind zum Nachweis der Festigkeitseigenschaften und des Verformungsvermögens notwendig. Sie werden als selbstverständlich vorausgesetzt.

Bei genügender Erfahrung und einwandfreier Interpretierung ist der Ultraschallprüfung gegenüber den Röntgenproben der Vorzug zu geben. Die zerstörungsfreie Prüfung kann je nach Bedeutung der Rohrleitung anteilmäßig oder hundertprozentig erfolgen.

Die Wasserdruckproben bilden bei kleineren Wandstärken eine Ergänzung; bei großen Wandstärken sind sie dagegen bei einfachen Rohren ohne besondere Bedeutung.

Die Fertigung ist mit groben, zufälligen und systematischen Fehlern behaftet, die teilweise statistisch erfaßbar sind.

Bei der Beurteilung der Güte der Herstellung sind auch die Fabrikationseinrichtungen und -verfahren zu berücksichtigen. Der sorgfältigen Kontrolle und Prüfung der Schweißungen ist besondere Beachtung zu schenken. Die zahlenmäßige Qualitätsbewertung darf nicht schematisch erfolgen, sondern hat durch Abwägen aller Einflußgrößen zu geschehen. Auch hier sind die Kenntnisse und Erfahrungen des Fachmannes ausschlaggebend. Als Richtlinie kann der Sicherheitsfaktor für die Herstellung in den Grenzen

$$1,0 > f_H > 1,3$$

festgelegt werden, wobei nach den einschlägigen Normen auch die grundsätzlichen Vorschriften zu beachten sind.

Berechnungsfaktor f_B. Derselbe berücksichtigt die rechnerisch ungenaue Erfassung der belastenden Kräfte sowie des Spannungszustandes, ferner die konstruktive Ausbildung und gegebenenfalls Spannungs- und Verformungsmessungen. Die Berechnung ist groben, systematischen und zufälligen Fehlern ausgesetzt. Dabei sind vor allem die systematischen Fehler in bezug auf die Rechnungsansätze und Vernachlässigungen bedeutungsvoll. Grobe Fehler sind vermeidbar und zufällige Fehler statistisch oder durch Messungen erfaßbar. Die Berechnung ist bestrebt, alle möglichen äußeren und inneren Kräfte zu erfassen und ihre Auswirkungen auf den Spannungszustand zu ermitteln. Im besonderen ist zwischen

Haupt- und Nebenspannungen zu unterscheiden. Zur ersteren Klasse gehören solche Spannungen, die zur Zerstörung führen, während die Nebenspannungen höchstens die Streckgrenze erreichen und dort im totplastischen Gebiet begrenzt bleiben. Kann durch die Berechnung und/oder durch Messungen an Modellen und ausgeführten Konstruktionen ein umfassender Spannungsnachweis erbracht werden, so darf der Sicherheitsfaktor entsprechend niedriger angesetzt werden. Sonst ist die mangelnde Kenntnis durch einen höheren Wert zu berücksichtigen. Der Faktor f_B kann in den Grenzen

$$1,0 < f_B < 1,5$$

wie folgt gewählt werden:

Sind für gerade Rohre die Ring- und Längskräfte eindeutig bestimmbar, so kann

$$f_B = 1,0 \text{ bis } 1,1,$$

sind hingegen nicht alle Kräfte eindeutig erfaßbar, so soll

$$f_B = 1,1 \text{ bis } 1,2$$

und sind bei Formrohren die zusätzlichen Beanspruchungen unübersichtlich, so muß

$$f_B = 1,2 \text{ bis } 1,5$$

gesetzt werden.

Faktor bezüglich Gefahrenklasse f_G. Unter die Betrachtung fällt die Gefährdung der Rohrleitung durch äußere Einflüsse und Einwirkungen einerseits und die Gefährdung der Umwelt, d.h. des Lebens und der Sachwerte durch die Rohrleitung anderseits. Die Beurteilung berücksichtigt die Lage, den Standort, die Anordnung, die Ausbaugröße, die Verlegungsart usw., wobei auch Umfang und Folgen bei einer allfälligen Zerstörung in Betracht gezogen werden sollen. Die Abschätzung der Gefahrenklasse ist eine Ermessensfrage, welche am ehesten durch relative Vergleiche beantwortet wird, indem beispielsweise die im Fels als Druckschacht einbetonierte Rohrleitung hinsichtlich aktivem und passivem Schutz als sicherste Anlage bezeichnet und welcher ein Sicherheitsfaktor $f_G = 1,0$ zugeordnet werden kann.

Davon ausgehend kann die Gefahrenklasse etwa wie folgt abgestuft werden:

Tabelle 12. *Gefahrenklassen*

Gefahrenklasse – Verlegungsart	Faktor f_G
Druckschacht einbetoniert	1,0
Druckleitung offen verlegt	1,10
Druckleitung durch Siedelungen	1,20
Verteilleitung in Fels einbetoniert	1,25
Verteilleitung in Schieberkammer offen verlegt	1,40
Verteilleitung in Zentrale offen verlegt	1,50

Andere Gefahrenklassen können sinngemäß eingestuft werden.

Bei der Beurteilung des Gesamtsicherheitsfaktors f_S durch Abschätzung der aufgeführten Einzelfaktoren soll darauf Bedacht genommen werden, daß aus Mangel an Kenntnissen nicht einfach die Tendenz entstehen darf, die Faktoren willkürlich möglichst hoch anzusetzen. Dadurch würden nur die Wandstärken der Rohrleitungen vergrößert, ohne dabei unbedingt die Sicherheit zu erhöhen. Es ist vielmehr anzustreben, durch Auswahl des Materials, Sorgfalt der Herstellung, Umfang der Prüfungen und eingehende Berechnungen die Einzelfaktoren möglichst dem Wert 1,0 zu nähern.

Die Beurteilung verlangt vom Fachmann eine umfassende Übersicht der Verhältnisse, die ihm beim Ermessen und Abwägen der Einflüsse behilflich ist.

2.54 Rechnungsbeispiel

Art der Rohrleitung: Druckschacht für Spitzenkraftwerk mit Pumpbetrieb, an Verbundnetz angeschlossen, sorgfältige Betriebsführung, ausreichende Sicherheitsorgane vorhanden. H_{st} = 800 m, l.W. 2,0 m, ungefähre Wandstärke s = 10 bis 30 mm.

Grundfaktor: f_0 = 1,35 mit Rücksicht auf unterbrochenen Pumpbetrieb.

Werkstoff: Vergüteter Stahl St 65 mit:

$$\sigma_B = 65 \text{ bis } 75 \text{ kp/mm}^2$$
$$\sigma_S \text{ min.} = 50 \text{ kp/mm}^2$$
$$\delta \text{ min.} = 17\%$$
$$K_{v-10°C} = 6,0 \text{ mkp/cm}^2$$

C	Si	Mn	Cr	Mo	Ni
0,22	0,45	1,7	–	–	–

Werkstoffbewertung: Erhöhtes Streckgrenzenverhältnis, erhöhter C- und Mn-Gehalt sowie mäßige Dehnung erhöhen, gute Trennbruchsicherheit und Schweißbarkeit sowie mäßige Wandstärken und US-geprüfte Bleche erniedrigen den Faktor:

$$f_W = 1,06.$$

Herstellung: Brennschneiden, mäßige Biegedehnung; Nähte nur einseitig bearbeitet, Rohre ungeglüht, keine Druckprobe erhöhen, Anbiegen, Nachrunden, Vorwärmen, passende Elektroden, 100% US-Prüfung, 10% Röntgen erniedrigen den Faktor:

$$f_H = 1,10.$$

Berechnung: Gerade Rohrleitung einbetoniert, ohne Formrohre und wesentliche Längskräfte, Unrundheiten normale, satte Betonierung:

$$f_G = 1,05.$$

Gefahren: Als einbetonierter Druckschacht:

$$f_G = 1{,}0\,.$$

Daraus ergibt sich ein Gesamtsicherheitsfaktor:

$$f_S = f_0\,f_H\,f_B\,f_G = 1{,}35 \cdot 1{,}06 \cdot 1{,}10 \cdot 1{,}05 \cdot 1{,}0$$

$$f_S = 1{,}66\,,$$

und die zulässige Spannung wird:

$$\sigma_{\text{zul}} = \sigma_R = \frac{5000}{1{,}66} = \sim 3000\,\text{kp/cm}^2\,.$$

Diese Spannung ist gültig in bezug auf die Stahlblechpanzerung allein, ohne Einbezug der Entlastung durch Beton und Fels.

Durch Auswahl eines Werkstoffes mit niedrigem Streckgrenzenverhältnis und Vornahme von Wärmebehandlung der Rohre könnten die Faktoren f_W und f_H noch etwas erniedrigt werden, was gegenüber der Kostenerhöhung abzuwägen wäre.

2.6 Statische Berechnung von Druckleitungen

2.61 Glattwandige Rohre

2.611 Tangentialspannung (Ringspannung). Die Bemessung der Rohre auf Innendruckbelastung erfolgt mit der Kesselformel, welche bei dünnwandigen Rohren hinreichend genaue Werte für die Tangentialspannung liefert. Für die höchstbeanspruchte Innenfaser gilt:

$$\sigma_{ti} = p_i\,\frac{r_i}{s}\,. \tag{22}$$

Bei mäßig dicken Rohren rechnet man genauer mit dem Mittelradius:

$$\sigma_{ti} = p_i\,\frac{r_m}{s}\,, \tag{23}$$

während bei dickwandigen Rohren die Formel von Lamé anzuwenden ist:

$$\sigma_{ti} = p_i\,\frac{r_a^2 + r_i^2}{r_a^2 - r_i^2}\,. \tag{24}$$

Darin bedeuten:

σ_t = Tangentialspannung [kp/cm^2],
p_i = Innendruck [kp/cm^2],
r_i = Innenradius [cm],
$r_m = r_i + \dfrac{s}{2}$ Mittelradius [cm],
s = Wandstärke [cm].

Im Druckleitungsbau ist es üblich, nur mit der Kesselformel zu rechnen, deren Abweichung von der genauen Gleichung nach LAMÉ nur wenige Prozent beträgt (vgl. Abb. 36).

Herrührend von Dehnungsbehinderungen, Unrundheiten und Auflagerreaktionen können in Umfangsrichtung weitere Normal- und Biegespannungen auftreten, die getrennt oder gegebenenfalls unter Berücksichtigung der rückbiegenden Wirkung des Innendruckes zu ermitteln sind.

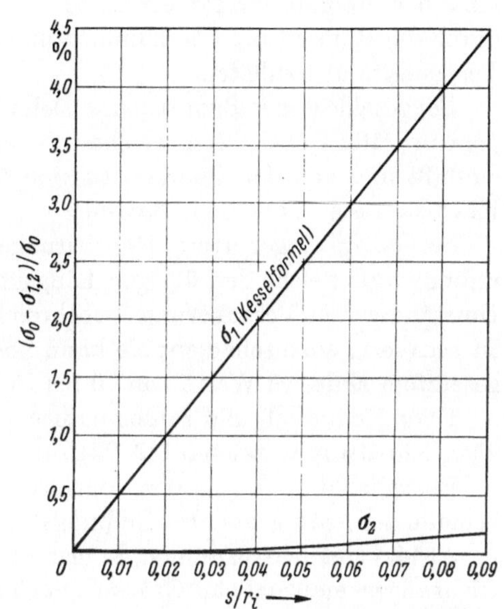

Abb. 36. Vergleich der Berechnungsformeln für Rohrwandstärken. Abweichungen der Kesselformel in % mit Bezug auf die Lamé-Formel (Innenfaser).

$$\sigma_0 = \sigma_{ti} = p_i \frac{r_a^2 + r_i^2}{r_a^2 - r_i^2} \quad \text{(LAMÉ)}$$

$$\sigma_1 = p_i \frac{r_i}{r_a - r_i} = p_i \frac{r_i}{s} \quad \text{(Kesselformel)}$$

$$\sigma_2 = p_i \frac{1}{2} \frac{r_a + r_i}{r_a - r_i} = p_i \frac{r_m}{s}$$

$$\sigma_1 \lessgtr \sigma_2 \lessgtr \sigma_0$$

Grenzwerte:

$$\text{für } \frac{s}{r_i} = 0, \quad \sigma_1 = \sigma_2 = \sigma_0$$

$$\text{für } \frac{s}{r_i} \to \infty \quad \sigma_1 \to 0$$

$$\sigma_2 \to \frac{p}{2}$$

$$\sigma_0 \to p$$

2.612 Radialspannungen. Je nach Belastung (Innendruck, Außendruck, Erddruck, Einzelkräfte usw.) erreicht die Radialspannung σ_r ihren Höchstwert an der Stelle der Lasteintragung, um von dort aus über die Wandstärke verteilt rasch auf den Wert Null abzufallen. Für Innendruckbelastung erhält man z. B. an der Innenfaser:

$$\sigma_{ri} = -p_i. \tag{25}$$

Bei dünnwandigen Rohren sind die Radialspannungen so gering, daß sie im Vergleich zur Tangential- und Längsspannung ohne weiteres vernachlässigt werden dürfen.

2.613 Längsspannungen. Die in Längsrichtung wirkenden Kräfte und Spannungen σ_L setzen sich zusammen aus:

Eigengewicht,
Querkontraktion,
Reibung in Auflagern und Dehnmuffen,
hydrostatischer Druck auf Dehnmuffen,

Krümmerkräfte,
Längsbiegespannungen,
Temperaturkräfte,
Schleppkraft des strömenden Wassers (vernachlässigbar).

Diese Kräfte wirken nicht in vollem Umfang gleichzeitig. Sie sind von der Bau- und Verlegungsart abhängig. Bei offener Bauart mit Dehnmuffen können Querkontraktion und Temperaturkräfte höchstens das Maß der Reibungskräfte erreichen. Die übrigen Längskräfte werden durch die Rohrleitung übernommen und sind auf die Abstützungen und Festpunkte überzuleiten.

Bei geschlossener Bauart (ohne Dehnmuffen) sind vor allem die Temperaturkräfte zu beachten, welche von der Montageschlußtemperatur beeinflußt und von der Querkontraktion überlagert werden. Die übrigen Kräfte wirken unabhängig davon.

Sorgfältig eingebettete Rohrleitungen weisen eine hohe Erdhaftreibung auf, welche den übrigen Längskräften entgegenwirkt und unter Umständen eine Verankerung entbehren läßt. Die Größe der Erdhaftung ist schwierig einzuschätzen; sie kann aber bei gut eingestampftem und gesetztem Erdreich Werte von 10 bis 15 kp/cm² erreichen.

Über die formel- und zahlenmäßige Berechnung sei auf das einschlägige Schrifttum verwiesen [22, 23].

Bezüglich der Längskräfte, welche die Abstützungen und Festpunkte beeinflussen, sowie auf die Reibungsbeiwerte vergleiche Abschn. 2.67.

2.614 Vergleichsspannung. Sofern die Hauptspannungen in allen drei Richtungen maßgebliche Größen annehmen, so läßt sich die maximale Anstrengung gemäß der Vergleichsspannung nach der Gestaltänderungshypothese wie folgt bestimmen:

$$\sigma_v^2 = \frac{1}{2}\left[(\sigma_t - \sigma_r)^2 + (\sigma_r - \sigma_L)^2 + (\sigma_L - \sigma_t)^2\right]. \tag{26}$$

Bei Rohrleitungen ist die Radialspannung häufig vernachlässigbar, so daß sich Gl. (26) vereinfacht zu:

$$\sigma_v^2 = \sigma_t^2 + \sigma_L^2 - \sigma_t\sigma_L. \tag{27}$$

Ist die Längsspannung ebenfalls unmaßgebend, so folgt:

$$\sigma_v = \sigma_t. \tag{28}$$

Die Gestaltänderungshypothese besagt, daß plastische Verformung dann zu erwarten ist, wenn σ_v die Fließgrenze des Werkstoffes erreicht. Sie sagt aber nichts aus über die Gleit- und Trennbruchsicherheit. Verformungsfähige Werkstoffe folgen jedoch mit guter Annäherung dieser Hypothese.

Für dickwandige Rohre, wo die größte Ringspannung am Innenrand auftritt und gegen den Außenrand hin parabolisch abfällt, läßt sich vorteilhaft mit der Formdehngrenze rechnen. Unter der Annahme, daß am Innenrand eine bestimmte plastische Verformung zulässig ist, kann mit Hilfe des Dehngrenzenverhältnisses und unter Festlegung des Sicherheitsfaktors f_S gegenüber der Fließgrenze die Höchstbeanspruchung $\sigma_{v\,max}$ bestimmt werden. SIEBEL hat dazu Berechnungskurven entworfen, welche der „Hütte" (28. Aufl., S. 850) entnommen werden können.

Der Rechnungsgang ergibt sich dann wie folgt:

$$\sigma_{v\,max} = p_i \frac{\sqrt{3} \cdot r_a^2/r_i^2}{r_a^2/r_i^2 - 1} = \delta_{0,2} \frac{\sigma_S}{f_S} . \tag{29}$$

2.62 Bandagierte Rohre

Die Berechnung ringverstärkter Rohre stützt sich auf die Überlegung, daß eine Lastaufteilung zwischen Kernrohr und Bandagen vorzunehmen ist, wobei je nach Herstellungsverfahren die Vorspannungen durch Schrumpfen der Ringe oder durch Ausweiten der Rohre erfolgt.

Die Lastverteilung kann beliebig vorgenommen werden, wobei ein merklicher Gewinn an Gewichtseinsparung erst erzielt wird, wenn die Bandagen aus hochfestem Stahl den Hauptanteil übernehmen. Der unregelmäßigen Spannungsverteilung, sowie dem verringerten Verformungsvermögen der hochfesten Ringe oder der überpreßten Rohre ist im Sicherheitsfaktor Rechnung zu tragen. Das Bruchverhalten, welches für die Zerstörung maßgeblich ist, wird wesentlich beeinträchtigt (vgl. Abb. 37).

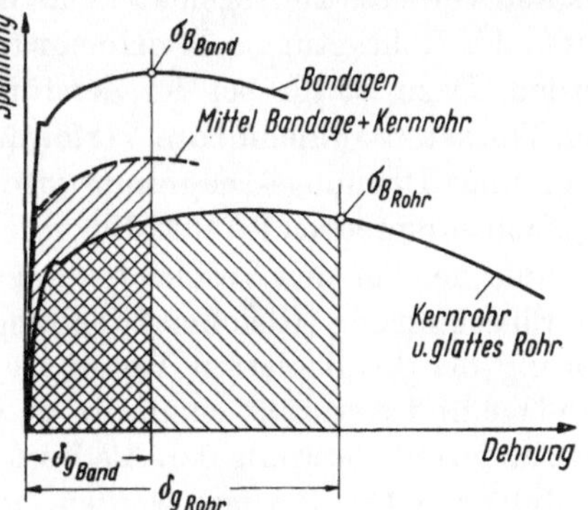

Abb. 37. Spannungs-Dehnungs-Diagramm für Stahl von vergüteten Bandagen und normalisierten Blechen.

Eine grobe Näherungsrechnung für die Bemessung besteht darin, daß die Ringstärke gleichmäßig auf die Rohrlänge verteilt und die äquivalente Wandstärke unter Beachtung der Festigkeitswerte der verwendeten Werkstoffe bestimmt wird.

Die Firma Acciaieria e Tubificio di Brescia [24, 25] stützt ihre Berechnungen auf die Festigkeitswerte der Rohr- und Ringwerkstoffe sowie auf die durch ihr Verfahren gegebene Warmschrumpfung. Danach wird als Bruchspannung der arithmetische Mittelwert aus den Drucklasten im Rohr und Ring beim Erreichen der Gleichmaßdehnung eingesetzt. Die

Berechnung erfolgt alsdann mittels des Streckgrenzenverhältnisses unter Beachtung eines zugehörigen Sicherheitsfaktors.

Trotzdem die Herstellung solcher Ringe sorgfältig erfolgen kann, weist das Verfahren in bezug auf das Bruchverhalten und das Verformungsvermögen der uneinheitlichen Werkstoffe gewisse Mängel auf.

Das von der Firma Bouchayer & Viallet, Grenoble, entwickelte Verfahren zur Bandagierung von Rohren besteht darin, daß das Kernrohr bis zum Anliegen an die Ringe im kalten Zustand plastisch aufgeweitet wird. Für die statische Berechnung und Bemessung stützt sich das Verfahren auf die einschlägige Spannungs- und Elastizitätstheorie [26].

Dem Verfahren nach Bouchayer haftet der Nachteil an, daß ein Teil des Verformungsvermögens des Werkstoffes durch die plastische Ausweitung vorweggenommen wird. Durch die Kaltreckung verliert der Werkstoff an Zähigkeit und Alterungsbeständigkeit. Bei allfälliger Zerstörung neigt er zu verformungsarmen Brüchen.

Beim Vergleich zwischen glatten und bandagierten Rohren darf nicht die Sicherheit im Betriebszustand herangezogen werden, da in diesem Zustand voraussetzungsgemäß keine Gefährdung bestehen soll. Das Verhalten der Rohrleitung soll vielmehr für den Zerstörungsfall ausgewiesen werden. Dazu ist die bei der Zerstörung auftretende Energie bzw. die vom Werkstoff aufnehmbare Verformungsarbeit, wie sie etwa durch das Spannungs-Dehnungs-Diagramm wiedergegeben ist, maßgebend. Abb. 37 zeigt ein entsprechendes Bild für vergütete Bandagen und normalisierte Stahlbleche. Für den Vergleich kann die Last und Dehnung bei Beginn der Einschnürung (Gleichmaßdehnung) betrachtet werden. Für die Zerstörung der bandagierten Rohre ist die mittlere Festigkeit zwischen Bandage und Kernrohr einerseits und die Gleichmaßdehnung der Bandage anderseits bestimmend. Als Verformungsarbeit kann annähernd das Produkt $\sigma_B \cdot \delta_g$ angesehen werden. Unter der Annahme, daß zum Vergleich das glatte und das bandagierte Rohr gleiches Gewicht aufweisen, und daß sich demzufolge gleiche Werkstoffvolumen an der Verformung beteiligen, läßt sich für die Zerstörungsenergie anschreiben:

$$E = \int \sigma_B \, \mathrm{d}\delta = \sim \sigma_B \, \delta_g \tag{30}$$

(worin σ_B = Bruchfestigkeit und δ_g = Gleichmaßdehnung) und damit:

$$E_{\text{band.}} = (\sigma_B \, \delta_g)_{\text{Band.}} \, ,$$

$$E_{\text{glatt}} = (\sigma_B \, \delta_g)_{\text{glatt}} \, .$$

Unter Benützung gebräuchlicher Festigkeitswerte für Bandagen

$$\sigma_B = 90 \text{ kp/mm}^2; \qquad \delta_g = 5\%,$$

Kernrohr und glattes Rohr $\sigma_B = 60 \text{ kp/mm}^2; \qquad \delta_g = 12\%,$

bandagierte
Rohre $\qquad \sigma_{Bm} = 75 \text{ kp/mm}^2; \qquad \delta_g = 5\%,$

erhält man:

$$E_{\text{band. Rohr}} = 75 \cdot 0,05 = 3,75 \ \text{cmkp/cm}^3,$$

$$E_{\text{glatt. Rohr}} = 60 \cdot 0,12 = 7,2 \ \text{cmkp/cm}^3.$$

Die beim Bruch im Werkstoff verfügbare Verformungsarbeit, welche
das Ausmaß der Zerstörung bestimmt und folglich die Sicherheit festlegt,
ist beim glatten Rohr fast doppelt so groß wie beim bandagierten Rohr.

2.63 Außendruckbelastung

In manchen Fällen ist die Rohrleitung einem gleichmäßigen Außendruck unterworfen, wie er etwa bei unvorsichtigem Entleeren oder beim
Versagen der Belüftung entstehen kann. Die Rohrleitung ist dabei der
Einbeulgefahr ausgesetzt. Die Berechnung der Beulfestigkeit stellt eine
Aufgabe der Festigkeits- und Stabilitätstheorie dar. Mathematische Lösungen dazu wurden für kreiszylindrische, freie und unversteifte Rohre
von FLÜGGE [27] und v. MISES [28] angegeben.

Für das unendlich lange Rohr (Rohrstrang) findet v. MISES:

$$p_K = \frac{2E}{1 - \nu^2} \left(\frac{s}{D}\right)^3. \tag{31}$$

Sofern die Wandstärke $\geq 0,6\%$ der Lichtweite aufweist, genügt die
eigene Rohrwandsteifigkeit, um dem Vakuum zu widerstehen. Bei dünneren Rohren sind in ausreichenden Abständen Versteifungsringe anzubringen.

Für ein endliches Rohrstück, welches durch Ringe im Abstand L versteift ist, läßt sich die allgemeine Formel v. MISES vereinfacht anschreiben zu:

$$p_K = K E \left(\frac{s}{D}\right)^3. \tag{32}$$

Der Faktor K ist von den geometrischen Abmessungen, von der Beul-
Wellenzahl und von der Poisson-Zahl abhängig und in Abb. 38 zeichnerisch dargestellt.

In den Formeln bedeuten:

p_K = kritischer Beuldruck [kp/cm²],
E = Elastizitätsmodul [kp/cm²],
K = Beulfaktor,
s = Wandstärke [cm],
D = Lichtweite [cm],
L = freie Beullänge [cm],
ν = Querkontraktionszahl.

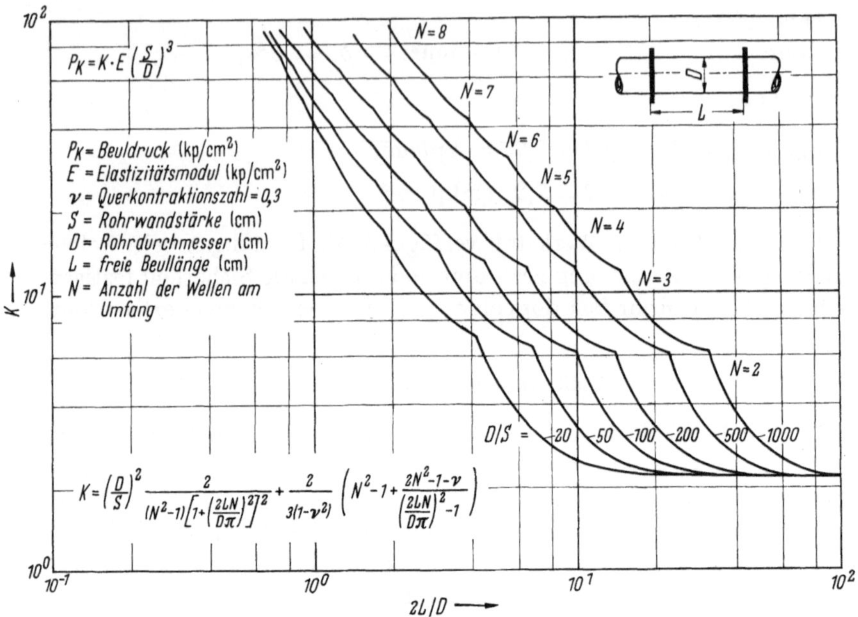

Abb. 38. Beuldruck freiliegender Rohre.

Für gegebene Verhältnisse bezüglich Außendruck und Rohrabmessungen läßt sich die Entfernung L der Versteifungsringe festlegen. Damit ist aber die Berechnung noch nicht erledigt, sondern auf die Bemessung der Ringe verlagert. Von Mises geht von der Voraussetzung aus, daß die Rohrenden frei sind von Biegeeinflüssen. Dies ist durch die Versteifungsringe nicht exakt verwirklicht, indem die Ringe in radialer Richtung genügend steif sein sollen, daß an ihren Stellen die Ausbildung von Knotenlinien der Beulfläche erzwungen wird. Da dadurch der kritische Beuldruck beeinflußt wird, so gestaltet sich die Rechnung recht schwierig. Praktisch hilft sich der Konstrukteur dadurch, daß er die Verformung des Ringes im Vergleich zum Rohr sehr klein hält oder das Trägheitsmoment des Ringes mindestens um eine Einheit (Zehnerpotenz) größer wählt als beim freien Rohr.

Auf die Außendruckbelastung von Druckschachtpanzerungen wird im Abschn. 2.72 eingegangen.

2.64 Einfluß von Unrundheiten

Bei der gewerbemäßigen Herstellung von Rohren ist es ausgeschlossen, vollkommen kreisrunde Formen zu erzeugen; namentlich bei kleinen Wandstärken sind Abweichungen unvermeidlich. Unter dem Innendruck hat das ovale Rohr die Neigung, sich der Kreisform zu nähern, wodurch

Ringbiegespannungen entstehen, die sich den Betriebsspannungen überlagern. Sie sind allerdings als Biegespannungen nicht sonderlich gefährlich, da sie örtlich auftreten und gegebenenfalls beim Erreichen der
Streckgrenze im totplastischen Gebiet bei der ersten Unterdrucksetzung
abgebaut werden. Bei einer Rundungstoleranz von 1 % des Durchmessers
(elliptisch) ergibt sich bei einer Lichtweite von 1 m und 10 mm Wandstärke bereits eine Biegespannung von 20 % der Ringspannung. Bei örtlichen, eckigen oder flachen Formabweichungen fallen die zusätzlichen
Biegespannungen bedeutend größer aus. Für die Berechnungen sei auf
das Schrifttum verwiesen [29, 30].

Die Unrundheiten wirken sich ebenfalls ungünstig auf die Beulstabilität aus. Die Berechnung dieses Einflusses hat vom verformten Zustand
auszugehen und zeigt, daß der kritische Beuldruck bedeutend abgemindert werden kann, wobei vor allem die Biegespannungen stark anwachsen
(vgl. [29]).

2.65 Berechnung von Flanschen und Schrauben

Die Flansche haben zum Zweck, eine dichthaltende lösbare Verbindung herzustellen. Dadurch kommt den Schrauben eine gleichwertige
Bedeutung zu, wie den Ringen. Form und Werkstoff derselben sind derart zu wählen, daß die Schraubenvorspannung größer ausfällt als die
höchste auftretende Betriebslängsspannung (Dehnschrauben).

Die Berechnung von Flanschen führt zu einer statisch mehrfach unbestimmten Aufgabe, die nach den Gesetzen der Elastizitätstheorie zu
lösen ist. Dazu sind die Verformungen des tordierten Ringes und des
gestülpten Rohres beizuziehen. Die zu übertragende Längskraft erzeugt
am Übergang Ring–Rohr eine namhafte Biegespannung, welche durch
einen verstärkten Querschnitt aufzunehmen ist. Das Biegemoment klingt
wellenförmig ab, woraus sich der konische Halsflansch ergibt. Die Abmessungen des Flansches hängen wesentlich vom Schraubenkreisdurchmesser ab, ferner davon, ob die Flanschverbindung frei oder gestützt ist.

Bei der Berechnung von Flanschverbindungen ist die gemeinsame
Verformung von Ringen und Schrauben zu beachten. Danach wird die
vorgespannte Schraube nicht mit der vollen Betriebskraft zusätzlich belastet, sondern ein Teil davon wird zur Verminderung der Vorspannung
benützt. Unter der Annahme, daß die Formänderungen elastisch erfolgen,
kann der Vorgang anschaulich im Verformungsdreieck (Schraubendiagramm) dargestellt werden.

Die Bemessung der Flanschverbindungen ist wesentlich davon abhängig, wie die Dichtungen und Schrauben angeordnet und wie letztere
beim Zusammenbau vorgespannt werden. In Sonderfällen können auch
Rippenflansche zur Anwendung gelangen. Zur Berechnung von Flanschen wird verschiedentlich ein Kennzifferverfahren angewandt.

Über die Berechnung von Flanschen und Schrauben besteht eine ausgedehnte Literatur, so daß es sich erübrigt, darauf näher einzugehen. Auf einige Veröffentlichungen sei hingewiesen [31, 32, 33].

2.66 Berechnung von Mannlöchern und Stutzen

Mannlöcher und Stutzen sind regelmäßig vorkommende Rohrleitungselemente. Die Rohrwand wird durch den Ausschnitt geschwächt. Von einer Stützwirkung der Umrandung kann nur bei kleinem Durchmesser-

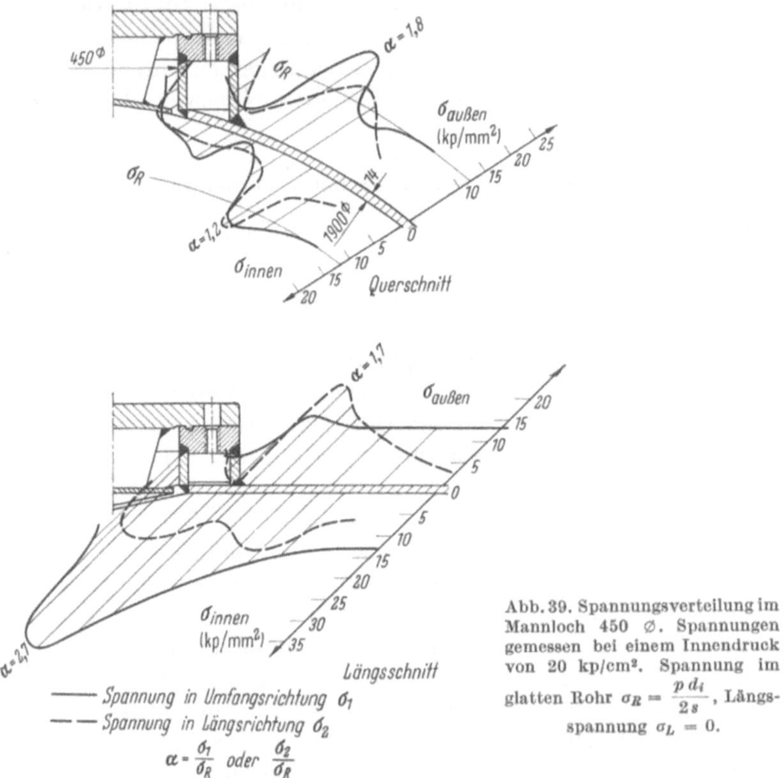

Abb. 39. Spannungsverteilung im Mannloch 450 ⌀. Spannungen gemessen bei einem Innendruck von 20 kp/cm². Spannung im glatten Rohr $\sigma_R = \dfrac{p\,d_i}{2\,s}$, Längsspannung $\sigma_L = 0$.

$$\text{Spannung in Umfangsrichtung } \sigma_1$$
$$\text{Spannung in Längsrichtung } \sigma_2$$
$$\alpha = \frac{\sigma_1}{\sigma_R} \text{ oder } \frac{\sigma_2}{\sigma_R}$$

verhältnis und gleichzeitig vergrößerter Wandstärke die Rede sein. Durch den Stutzen selbst wird dann eine verstärkende Wirkung ausgeübt, wenn derselbe ins Rohr hineinragt. Dies ist jedoch bei Rohrleitungen aus Strömungsgründen unerwünscht.

Als einfache Grundregel gilt, daß der ausgeschnittene Querschnitt als Verstärkung wieder eingesetzt werden muß. Damit sind aber die Lochrandspannungen noch nicht absorbiert. Die von den gelochten ebenen Platten ausgehende Berechnungstheorie ist für Mannlöcher, namentlich bei großen Durchmesserverhältnissen, unzulänglich. Die Berechnung hat sich vielmehr auf Versuche zu stützen. Für festgelegte Formen lassen sich anhand von Meßergebnissen die Spannungskonzentrationen an kritischen Stellen bestimmen, woraus Formfaktoren abgeleitet werden können. Solche Stellen befinden sich am Übergang Stutzen–Rohr, am Übergang Verstärkung–Rohr und am Innenrand der Durchdringung. Je nach Durchmesserverhältnis und Wandstärke erreichen die Spannungsspitzen ein Mehrfaches der Ringspannung im Rohr (vgl. Abb. 39). Es ist deshalb kaum zu vermeiden, daß vor allem bei Druckproben an den kritischen Stellen Fließen eintritt, was innerhalb vernünftiger Grenzen bei verformungsfähigem Werkstoff unbedeutend ist.

Zur Berechnung von Mannlöchern und Stutzen eignet sich das Verfahren mittels Formdehngrenzen (was von SIEBEL und SCHWAIGERER auch vorgeschlagen wird [21]).

2.67 Berechnung der Auflagerung und Abstützung

Die Auflagerung von Rohrleitungen erfolgt bei eingedeckten Rohrleitungen durch Absetzen der Rohre auf die Grabensohle. Offen verlegte Leitungen werden auf Sockeln mittels Gleitlager oder Ringen abgestützt.

Bei der Grabenverlegung eingedeckter Leitungen werden durch das Eigengewicht, Erddruck und Überdeckung Kräfte wirksam, welche eine Verformung der Rohre hervorrufen. Ihre Größe ist um so weniger bekannt, als der Einfluß der Setzungen, Böschung und der Brückenbildung der Erdmasse schwierig zu erfassen ist.

Die statische Beanspruchung eingebetteter Rohre ergibt sich aus dem Zusammenwirken von Erddruck und Erdwiderstand entsprechend der Verformung der Rohre. Die Elastizität der Rohrwandung bewirkt dabei einen Druckausgleich, der zu einer Abminderung der maximalen Beanspruchung in der Rohrschale führt.

Die Ermittlung des aktiven Erddruckes erfolgt zweckmäßig nach dem Rankineschen Spannungszustand, der als Sonderfall der klassischen Erddrucktheorie gilt. Unter gewissen Voraussetzungen läßt sich über das erdmechanische Verhalten des Untergrundes und der Überdeckung etwas aussagen. Angaben betreffend weite Überschüttungen und Grabenleitungen finden sich in der Arbeit von VOELLMY [34].

Der passive Erddruck stellt eine Tragfähigkeitsreserve des eingebetteten Rohres dar, welche je nach dem Grad der Rohrverformung ausgenützt werden kann. Je nachgiebiger das Rohr ist, um so kleiner wird die Scheitelbelastung und um so größer der Seitendruck, welcher die Beanspruchung der Rohrwand verringert. Es empfiehlt sich jedoch, diese entlastende Wirkung nur bei einwandfreier Bettung (feinkörniges Erdreich mit gleichmäßiger Verteilung und sorgfältiger Verdichtung) in Rechnung zu stellen. Die Bettungsziffer als Verhältnis von Belastung zu radialer Verformung darf dann hinreichend genau als konstant betrachtet werden. Für die Bestimmung des passiven Erddruckes am elastischen Rohr kann das von VOELLMY [34] angegebene Einflußlinienverfahren benützt werden.

Für die auf Sockeln abgestützte Rohrleitung haben die in regelmäßigen Abständen vorhandenen Auflagerkonstruktionen das Eigengewicht der gefüllten Leitung aufzunehmen und auf den Baugrund zu übertragen. Das Rohr wird dabei in verwickelter Weise mehrachsig beansprucht. In Längsrichtung wirkt das Rohr wie ein mehrfach gelagerter Balken; in Umfangsrichtung treten noch die Beanspruchungen der Kreisringelemente und die Biegeeinflüsse über den Stützen hinzu.

Die Auflagersockel sind so zu bemessen, daß die durch die Auflagerreibung verursachte Schubkraft aufgenommen wird.

Als Reibungszahlen können die in Tab. 13 angegebenen Werte benutzt werden.

Tabelle 13. Reibungszahlen

Pendellager	= 0,05–0,1
Rollenlager	= 0,08–0,12
Geschmierte Gleitlager	= 0,2 –0,3
Ungeschmierte Gleitlager	= 0,3 –0,6

Bei der örtlichen Krafteinleitung über den Stützen treten flächennormale Biegespannungen auf, die bei Weglassen aussteifender Ringe von der Rohrschale selbst aufgenommen werden müssen. Die Annahme, daß die Lastübertragung ausschließlich durch den Auflagerquerschnitt des Rohres erfolgt, liefert eine zu ungünstige Spannungsverteilung. Die Berücksichtigung des versteifenden Einflusses des angrenzenden Rohrabschnittes bringt hingegen eine weitgehende Abminderung der Rohrverformung und Beanspruchung.

Die genaue Ermittlung der Schnittkräfte führt zu einer verwickelten mathematischen Betrachtung der Kreiszylinderschalen [35]. Durch eine Näherungsrechnung kann das räumliche Problem in ein ebenes umgewandelt werden. Die getrennte Betrachtung des Stützquerschnittes erfordert jedoch mit Rücksicht auf die mittragende Wirkung der angrenzenden Rohrabschnitte einen Abminderungsfaktor für die Schnittkräfte. Eine brauchbare Lösung entsteht durch Annahme eines Kreisringquerschnittes mit radial unveränderlicher Auflagerpressung und einer mittragenden Breite in Längsrichtung von etwa der 5fachen Sockelbreite.

Meßversuche über Sattellagerungen wurden an der University of Illinois [36] durchgeführt, welche wertvolle Hinweise liefern.

Bei dünnwandigen Rohren, d.h. bei kleinen Verhältnissen von s/D, ist der betroffene Querschnitt am zweckmäßigsten durch Stützringe zu verstärken. Über die Berechnung der Ringkonstruktionen besteht ein reichhaltiges Schrifttum. Eine ausführliche Arbeit zur Bestimmung der Abstützungen für die Rohrleitungen des Boulder Dam Kraftwerkes ($\varnothing = 9{,}15$ m) wurde vom Bureau of Reclamation USA veröffentlicht [37], worin auch Meßergebnisse enthalten sind. Die Berechnungsstudie untersucht eine Reihe von Einzelfällen bezüglich Belastung, Abstützung und Bemessung der Ringe. Darin sind unter anderem enthalten:

Belastung durch Eigengewicht und Wasserfüllung,
Parabolische Lastverteilung,
Belastung durch Einzelkräfte,
Belastung durch Momente,
Belastung bei drucklosem Scheitel und bei teilweiser Füllung,
Belastung unter vollem Innendruck,
Abstützung an der Sohle,
Abstützung durch zwei Stützen unter beliebigem Winkel.

Ferner sind darin Berechnungsformeln und Koeffizienten sowie Angaben über Momente- und Spannungsverteilung zu finden. Es sei noch darauf aufmerksam gemacht, daß die teilweise Wasserfüllung, insbesondere die halbe Füllung, größere Spannungen hervorruft, als die volle Leitung und daß die rückbiegende Wirkung des Innendruckes nur unbedeutenden Einfluß ausübt. Über solche Berechnungen und Versuche berichtet auch SCHORER [38].

In einer Dissertation von MANG [39] werden ferner die Festigkeitsprobleme ringversteifter Rohre ausführlich behandelt.

Auf eine besondere Ausführungsform sei noch hingewiesen, wobei der Ring nicht auf das Rohr aufgeschweißt, sondern nur durch Zusammenschweißen der zweihälftigen Teile aufgeschrumpft wird. Diese Lösung bietet erhebliche Transport- und Montageerleichterungen. In der Berechnung läßt sich zeigen, daß unter der Wirkung des Innendruckes keine Ablösung eintritt, und daß der Ring höchstens bis zur Streckgrenze beansprucht wird, sich aber totplastisch verformt (Nebenspannungen).

2.68 Berechnung der Festpunkte

Die Rohrleitung ist im Gelände zu verankern; wenn gewisse Vorschläge darauf verzichten, so überlassen sie die Rohrleitung unkontrollierbaren Kräften und Verformungen. Die auf die Festpunkte einwirkenden Kräfte hängen davon ab, ob eine aufgelöste oder geschlossene Bauart vorliegt. Im allgemeinen wirken folgende Kräfte auf die Festpunkte:

1. Ständig wirkende Kräfte:

  Gewicht der gefüllten Leitung, evtl. Erdüberdeckung,
  Wasserdruckkräfte,
  Temperaturkräfte,
  Poissonsche Kräfte,
  Reibungskräfte.

2. Gelegentlich wirkende Kräfte:

  Temperaturkräfte beim Füllen und Entleeren,
  Zusatzkräfte bei Druckproben,
  Außendruckkräfte bei Entleerung.

3. Ungewöhnliche Kräfte herrührend von:

  Erdbeben,
  Geländebewegungen,
  Naturkatastrophen.

Die Kräfte können weiter unterteilt werden in statische und dynamische Kräfte. Erstere ergeben sich aus:

  statischem Gefälle,
  Gewicht und Erdüberdeckung,
  Temperaturkräften,
  Poisson-Kräften.

Als wechselnde Einflüsse sind anzusprechen:

  Druckstöße,
  Erdbeben,
  Vakuumbildung.

Es gilt zu untersuchen, welche von diesen Kräften auf die Festpunkte einwirken, wobei die ungünstigsten Verhältnisse gemäß den vorerwähnten Kräftegruppen 1, 2 oder 3 zugrunde zu legen sind.

Für die Berechnung der Kräfte kann ein Schema aufgestellt werden, wie es z.B. von BUNDSCHU [22] und HRUSCHKA [23] vorgeschlagen wird. Ist die auf den Festpunkt wirkende Resultierende nach Größe und Richtung bekannt, so ist für die Stabilität und Gründung des Ankerblockes zu sorgen. Die zulässige Bodenpressung ist vom Gelände abhängig und kann gegebenenfalls durch Bodeninjektionen erhöht werden. Ist die resultierende Kraft flach nach unten gerichtet, so sind Hilfskonstruktionen mit Sporen usw. notwendig, um die Stabilität zu gewährleisten. Bei sehr großen Ankerkräften und wenig tragfähigem Untergrund kann eine Auflösung der Festpunkte in mehrere Einzelblöcke behilflich sein. Bei standfester und felsiger Unterlage lassen sich mit Vorteil Untergrundverankerungen anwenden, wobei Betonvolumen eingespart werden kann. In manchen Fällen gelangen auch vorgespannte Zuganker zur Anwendung.

Die Fixpunktrohre sind besonderen Beanspruchungen ausgesetzt, welche von der Kraftübertragung auf das Fundament herrühren. Ausgeführte Messungen zeigen, daß die Zusatzspannungen 30 bis 50% der Ringspannungen betragen können, welche durch Versteifungen aufzunehmen sind. Die Rohrkrümmer sind ferner infolge Innendruck und Längskräfte durch Biegemomente ungleichmäßig beansprucht (vgl. SCHWAIGERER [40]).

2.7 Statische Berechnung von Druckschachtpanzerungen

2.71 Berechnung auf Innendruck

Der Druckschacht besteht aus drei Konstruktionselementen: Blechpanzerung, Betonhinterfüllung und Fels. Er läßt sich ähnlich wie ein mehrschichtiges Rohr mit den Ansätzen für die Radialverschiebungen berechnen, sofern die einzelnen physikalischen Stoffeigenschaften bekannt sind, insbesondere wenn Beton und Fels als angenähert homogen und isotrop betrachtet werden können.

Das wesentliche Merkmal des Druckschachtes besteht in der Entlastung der Blechpanzerung durch die Hinterlage. Die Tragfähigkeit derselben ist von der Felsbeschaffenheit und der Güte der Hinterbetonierung abhängig. Theoretisch kann die Panzerung durch Einführung eines Abminderungsfaktors α im Vergleich zum freien Rohr berechnet werden mit dem Ansatz

$$\sigma_t = \alpha \, \frac{p_i D}{2s}, \quad \alpha \le 1{,}0 . \quad (33)$$

Der Faktor α enthält, ähnlich wie der Sicherheitsfaktor, alles was man kennt und nicht kennt. Messungen weisen immerhin nach, daß eine Entlastung wirklich vorhanden ist. Aus den Radialverschiebungen läßt sich durch die Randbedingungen der Abminderungsfaktor α berechnen.

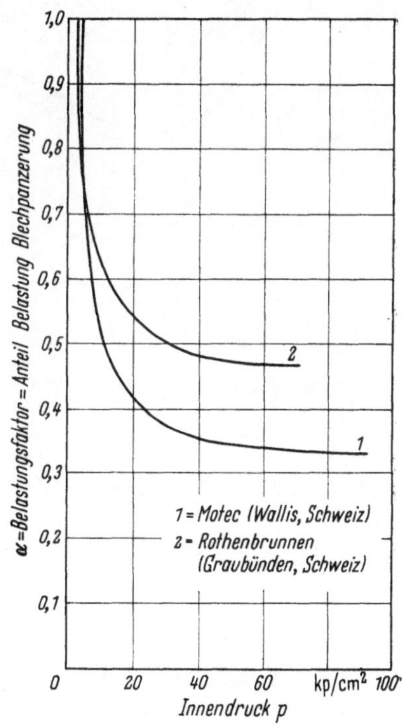

Abb. 40. Belastungsfaktor α nach Kavernenversuchen in Motec und Rothenbrunnen (vgl. Tab. 14).

Er ist von den Abmessungen sowie von den E-Moduli und Poissonschen Zahlen der beteiligten Stoffe (Stahl, Beton, Fels) abhängig. Es zeigt sich, daß der Wert α ferner von der Belastung beeinflußt ist, indem bei gleichbleibender Spannung im Blech (konstante Dehnung) die Entlastung durch die Hinterlage mit wachsendem Druck abnimmt (vgl. Abb. 40). Vorhandene Risse, Spalten und Hohlräume vermindern ihrerseits die Entlastung innerhalb des elastischen Bereiches des Panzerrohres.

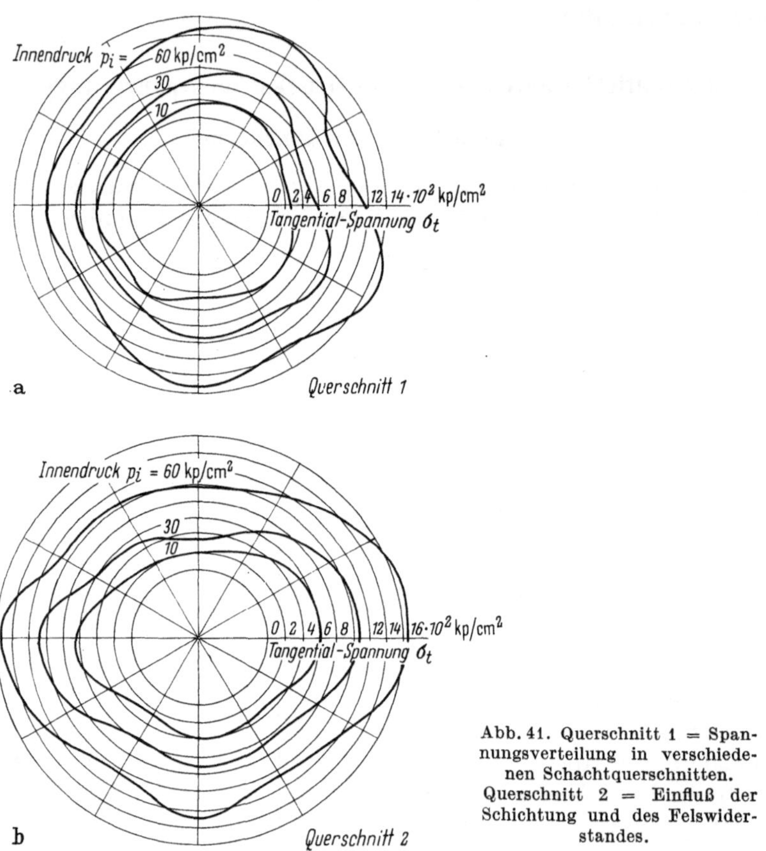

Abb. 41. Querschnitt 1 = Spannungsverteilung in verschiedenen Schachtquerschnitten. Querschnitt 2 = Einfluß der Schichtung und des Felswiderstandes.

Auch Messungen, die anläßlich von Kavernenversuchen an den Druckleitungen „Motec" und „Rothenbrunnen" sowie solche, die an der fertiggestellten Panzerung „Göschenen" durchgeführt wurden (alle drei Anlagen befinden sich in der Schweiz, vgl. Tab. 14) zeigen, daß der Faktor α von der Belastung abhängig ist, sich jedoch bei höheren Drücken allmählich einem Grenzwert nähert (vgl. Abb. 40). Ferner läßt sich beobachten, daß der Einfluß der Felsbeschaffenheit örtlich verschieden und von der Schichtung abhängig ist (vgl. Abb. 41). Da dem Betonmantel als mittragendes Element eine entscheidende Bedeutung zukommt, ist die Güte der Hinterbetonierung von besonderer Wichtigkeit. Selbst im zerrissenen Zustand werden im Betonring weiterhin Tangentialspannungen übertragen, indem durch die radikale Pressung und durch innere Haftung ein Zusammenwirken entsteht. Allerdings ist dadurch eine Abminderung des E-Moduls verbunden, was in der Berechnung nicht vernachlässigt werden darf (vgl. Abb. 42).

Die Versuche in Göschenen zeigten ergänzend, daß durch die Belastung der Druckschachtpanzerung ein Kriecheinfluß von Beton und Fels vorhanden war. Durch mehrmaliges Belasten und Entlasten zwischen 0 und 70 at nahm nämlich der α-Wert von 0,435 auf 0,485 zu. Erst eine anschließende Dauerbelastung während 48 Stunden bei 70 at brachte eine Angleichung auf den Wert von 0,492.

Weitere Ergebnisse von Belastungsversuchen lassen sich aus durchgeführten Abpreßversuchen an Druckschächten entnehmen. Bei Druckproben läßt sich – sofern Beharrungszustand in bezug auf Temperatur

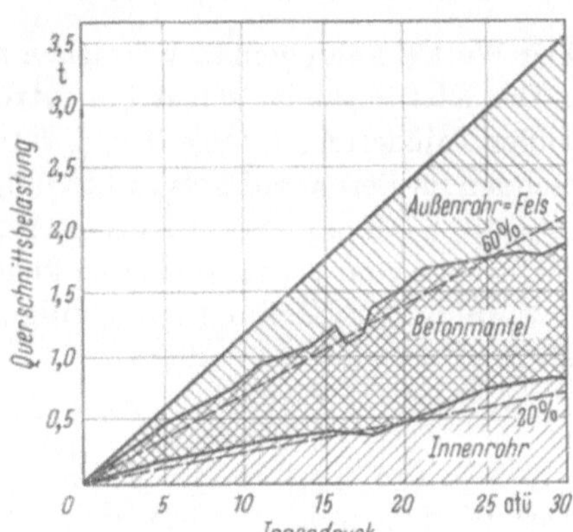

Abb. 42. Innendruckversuch. Querschnittsbelastung berechnet aus den gemessenen Tangentialspannungen.

und Wasserverluste erreicht werden kann – die eingepreßte Wassermenge messen und daraus auf die Ausdehnung und die Spannung in der Panzerung schließen. Bei den Druckschachtpanzerungen zu den Kraftwerken „Tavanasa", im Bündnerschiefer des Vorderrheintales, bzw. „Linth-Limmern", im Kalkfelsen des Tödigebietes im Glarnerland verlegt, ließen sich solche Versuche durchführen. Die dabei ermittelten Lastanteile der Panzerungen ergaben:

für Tavanasa $\qquad \alpha = 0{,}54$ (Schiefer),

für Linth-Limmern $\qquad \alpha = 0{,}32$ (Kalk).

Nach einem Vorschlag von HUTTER und SULSER [42] wird bei der Bemessung von Druckschächten auf Innendruck die Elastizität der Hinterlage sowie die Klaffung zwischen Rohr und Beton berücksichtigt. Zur Berechnung wird der Elastizitätsfaktor

$$\psi = \frac{E_F}{E_E}$$

und die Klaffung k in folgende Formel eingeführt:

$$\sigma_t = k\,\frac{E_E}{r} + (p - p_k)\,\frac{r}{\psi\,r + s}\,. \tag{34}$$

Darin bedeutet:

σ_t = Ringspannung im Stahlblech [kp/cm²],
k = Klaffung zwischen Rohr und Beton [cm],
r = innerer Rohrradius der Panzerung [cm],
s = Wandstärke der Panzerung [cm],
p = Innendruck [kp/cm²],
p_k = Druck zur Überwindung der Klaffung [kp/cm²],
ψ = Elastizitätsfaktor,
E_F = E-Modul des Felsens und Betons [kp/cm²],
E_E = E-Modul des Stahles [kp/cm²].

Der Wert ψ kann gemäß Versuchen mit 0,02 bis 0,04 angegeben werden. Die Klaffung k ist selbst bei satter Hinterbetonierung und nachfolgender Injizierung infolge Temperaturveränderungen, Kriechen und Schwinden im Beton und Fels nicht völlig zu vermeiden. Nach Messungen beträgt die Klaffung etwa 0,1 bis 0,6 mm.

Sieht man vom verhältnismäßig kleinen Spannungsanteil ab, der zur Überwindung der Klaffung notwendig ist, so ergibt sich aus dem Vergleich der Formeln (33) und (34):

$$\alpha = \frac{1}{\psi\,r + s}\,. \tag{35}$$

Der Wert ψ weist für irgendeine Stelle im Druckschacht eine gegebene Größe auf, im Gegensatz dazu ist α vom Verhältnis $r : s$ abhängig.

Die Bemessung von Druckschächten hängt somit von vielerlei Umständen ab, die häufig außerhalb von Kenntnissen und Erfahrungen liegen. Es ist wohl möglich, durch Versuche die Widerstandsfähigkeit des Felsen abzuklären, aber die Ergebnisse sind meistens örtlich gebunden. Nicht selten sind selbst im gleichen Meßquerschnitt bedeutende Verformungsunterschiede feststellbar, welche in geringer Entfernung wiederum wechseln, so daß sich die Bemessung nicht zum voraus bezüglich der ganzen Länge mit hinreichender Sicherheit auf gegebene Unterlagen stützen kann (vgl. Abb. 41). Sie wird deshalb meistens zu einer Ermessensfrage. Trotzdem ist es wertvoll, daß sich die Geomechanik und die Bautechnik mit diesen Problemen von der theoretischen Seite her befassen, um die grundlegenden Kenntnisse zu vertiefen. Es sei deshalb auf das Buch von KASTNER [41] verwiesen.

Einen besonderen Weg zur Berechnung von Druckschächten beschreitet SEEBER [43]. Durch Bestimmung eines Verformungsmoduls des Gebirges gelangt er zu anschaulichen Grundlagen. Mittels einer sinnvoll entworfenen Druckpresse kann die Felsverformung örtlich gemessen und für die Berechnung ausgewertet werden. Das Vorgehen verlangt allerdings erheblichen Aufwand, um längs des Schachtes einen genügenden Aufschluß zu erhalten.

So zeigten die für den Druckschacht Kaunertal durchgeführten Versuche beträchtliche Unterschiede sowohl von Ort zu Ort als auch innerhalb des gleichen Querschnittes. Felsqualität und Schichtung kommen deutlich zum Ausdruck.

Für die Wandstärkenbestimmung von Druckschächten zur Aufnahme des Innendruckes benützt SEEBER [44] ein Bemessungsdiagramm, welches auf den Verformungsmodul des Felsen abstellt. Danach erhält man eher zu große Wandstärken für die Blechpanzerung. Daher stellt sich die Frage, ob die gegebenen Unterlagen für den Rechnungsgang ausreichend sind, indem sie sich offenbar nur auf die am nackten Felsen ermittelten Verformungen stützen. Es ist jedoch zu erwarten, daß sich der mit Blechpanzerung bewehrte Druckschacht infolge der Verbundwirkung günstiger verhält, und damit kleinere Wandstärken benötigt.

Diese Auffassung scheint sich durch den Vergleich der Belastungsfaktoren α für die Druckschächte Kaunertal (Österreich) und Nendaz–Grande Dixence (Schweiz) zu bestätigen.

LAUFFER [45] nennt für die Panzerung Kaunertal, hergestellt aus ALDUR 58 eine größte Wandstärke von 55 mm bei 3,1 ml.W. und 97 at Innendruck, wobei er sich auf wenig standfesten Fels (Engadiner Schiefer) bezieht. Daraus läßt sich mit $\sigma_{zul} = 0,58\,\sigma_s\,(\sigma_s = 40\ kp/mm^2)$ bezogen auf ein freiliegendes Rohr ein Wert von $\alpha = 0,85$ ermitteln.

Der Hauptstrang der Verteilleitung Nendaz wurde im ebenfalls wenig standfesten Walliser Karbonschiefer einbetoniert. Anläßlich der Wasserdruckprobe vorgenommene Dehnungsmessungen ergaben trotzdem einen Wert von $\alpha = 0,65$ (vgl. Tab. 14).

Nach den Versuchen und Erfahrungen an schweizerischen Druckschachtpanzerungen wäre Kaunertal mit 42 mm Wandstärke reichlich bemessen gewesen. Kontrolle auf Außendruck vorbehalten.

Weitere aufschlußreiche Unterlagen über Felsmechanik finden sich in der englischen und französischen Literatur [46, 47].

Obschon mannigfaltige Forschungsarbeiten und theoretische Betrachtungen über das Verhalten des Gebirges angestellt und bedeutende Fortschritte der einschlägigen Bauverfahren erreicht wurden, verursachen die zu treffenden Annahmen und notwendigen Einschränkungen dem

Rohrleitungskonstrukteur ein unsicheres Gefühl. Es ist daher beruhigend, daß wenigstens von der Stahlblechseite her günstigere Voraussetzungen zur Bemessung vorhanden sind. Dazu dienen insbesondere die guten Verformungseigenschaften der heutigen Druckleitungsstähle. Aus den vorausgegangenen Betrachtungen geht hervor, daß das Panzerblech zum Ausgleich von Unregelmäßigkeiten in der Beton- und Felshinterlage möglichst verformungsfähig und, bei niedrigen Temperaturen, nicht trennbruchanfällig sein soll. Solche Forderungen werden am ehesten bei kleiner Wandstärke und bei Feinkornstählen erfüllt, welche eine große Gleichmaßdehnung aufweisen.

Unter solcher Voraussetzung darf ohne Bedenken folgende einfache Bemessungsregel angewendet werden:

Sofern theoretisch die volle Innendruckbelastung von der Stahlblechpanzerung allein übernommen wird – also ohne Mittragen von Beton und Gebirge –, darf die zulässige Ringspannung im Blech 80 bis 90%, im Grenzfall sogar 100% der Streckgrenze erreichen.

Soll jedoch ein Sicherheitsfaktor gegenüber der Streckgrenze von f_S = 1,8 bis 2,0 berücksichtigt werden, so folgt daraus eine Entlastung der Panzerung von 45 bis 50%. Dies entspricht etwa einer durchschnittlichen Felsmitwirkung, wie sie auch durch Versuche bestätigt wird (vgl. Tab.14). Eine allfällige Verformung im plastischen Bereich bedeutet noch keine Gefahr, sofern Feinkornstähle mit trennbruchsicheren Verhalten und einer Gleichmaßdehnung von 10 bis 12% verwendet werden. Eine solche Verformung ist selbst bei großer Nachgiebigkeit des Felsen undenkbar, so daß bezüglich Innendruckbelastung keine Zerstörungsgefahr besteht.

Aus Innendruckversuchen in Felskavernen und an fertiggestellten Druckschachtpanzerungen sind folgende durchschnittliche Belastungsfaktoren α der Blechpanzerungen ermittelt worden:

Tabelle 14. *Felsbelastungsversuche*

Anlage	Ausführungsart	Versuchsdruck kp/cm²	Lichtweite der Panzerung cm	Wandstärke der Panzerung cm	Felsart	Belastungsfaktor α [1]
Motec Schweiz	Kaverne	75	160	1,3	Schiefer	0,33
Rothenbrunnen / Schweiz	Kaverne	70	210	1,6	Schiefer	0,47
Ferrera Schweiz	Kaverne	90	200	1,1	Gneis	0,35
Verbano Schweiz	Hauptstrang der Verteilleitung	30	270	2,3	Schiefer	0,5
Ffestiniog Wales	Kaverne	16	180	1,1	Molasse	0,65

Tabelle 14 (Fortsetzung)

Anlage	Ausführungsart	Versuchsdruck kp/cm²	Lichtweite der Panzerung cm	Wandstärke der Panzerung cm	Felsart	Belastungsfaktor α [1]
Tully Falls Australien	Hauptstrang der Verteilleitung	45	180	2,1	Rhyolith	0,5
Nendaz Schweiz	Hauptstrang der Verteilleitung	107	280	4,6	Karbonschiefer	0,65
Göschenen Schweiz	Flachstrecke der Druckschachtes	70	220	2,1	Granit	0,5

[1] α = Anteil Blechpanzerung.

2.72 Berechnung von Doppelpanzerungen auf Innendruck

Die Erstellung von Druckschächten für sehr große Wassermengen und Gefälle stößt bei einwandiger Ausführung auf technologische Unzulänglichkeiten, eventuell sogar auf Schwierigkeiten. Unter Verwendung von normalisierten Feinkornstahlblechen erreicht man schließlich Wandstärken, welche in ausreichender Güte und Gleichmäßigkeit kaum mehr erhältlich sind. Die Verarbeitung solcher Bleche beim Formgeben und

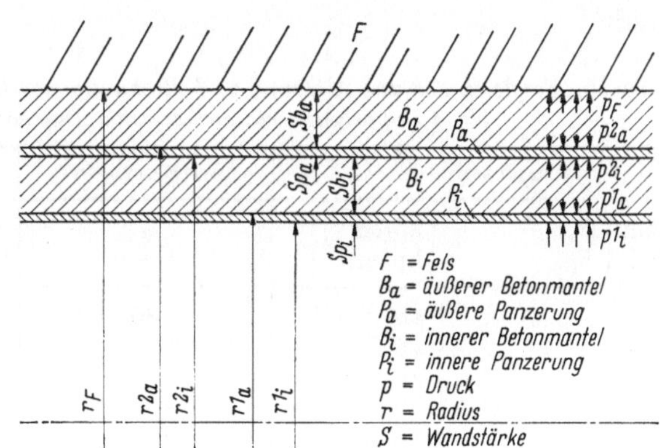

Abb. 43. Schema einer Doppelpanzerung.

Schweißen in Werkstatt und auf Montage führt vorläufig noch zu großen Hindernissen. Andererseits sind hochfeste, vergütete Stahlbleche oftmals einschränkenden Bemessungsvorschriften bezüglich Streckgrenzenverhältnis unterworfen. Außerdem sind sie bei der Bemessung auf Außendruck wirtschaftlich benachteiligt.

Ein Ausweg aus diesen Schwierigkeiten bietet die Doppelpanzerung, womit eine Auflösung der einzigen Wandung in zwei Schalen ermöglicht wird (vgl. Abb. 43).

Die statische Berechnung der Doppelpanzerung erfolgt grundsätzlich in Anlehnung an die einfache Panzerung. Sie stützt sich auf den Fels und die vier ineinander geschachtelten Zylinder des Verbundsystems ab. Als äußere Bedingungen sind die Abmessungen gemäß Skizze Abb. 43 sowie der Innendruck p_{1i} zu betrachten.

Die Zwischenpressungen p_{1a}, p_{2i}, p_{2a} und p_F sowie die Belastungsanteile α auf die Stahlrohre und Betonringe folgen aus der Berechnung.

Mit Hilfe der radialen Dehnungen und Klaffungen, ferner unter Zugrundelegung der E-Moduli und Poissonschen Zahlen läßt sich ein Gleichungssystem aufstellen. Die Rechnung erfordert beträchtlichen Aufwand. Sie läßt sich jedoch schematisieren oder für den Computer programmieren. Zur Übersicht der Einflußgrößen empfiehlt es sich, verschiedene Durchrechnungen vorzunehmen.

Untersuchungen an einem Versuchskörper unter Belastungen bis zu 80 at haben das günstige Verhalten der Doppelpanzerung nachgewiesen. Das Modellrohr wies in Anlehnung an Abb. 43 folgende Abmessungen auf:

$$r_{li} = 500 \text{ mm}; \qquad s_{bi} = 65 \text{ mm};$$

$$s_{pi} = s_{pa} = 4 \text{ mm}; \qquad s_{ba} = 115 \text{ mm}.$$

Der Fels wurde durch ein dickwandiges Stahlrohr repräsentiert entsprechend einem E-Modul bezüglich Druckelastizität von $E_F = 96\,000$ kp/cm².

Tabelle 15. *Vergleich der aus Messung und Rechnung ermittelten Belastungsgrößen eines Doppelpanzerversuches unter Innendruck*

Belastungsgrößen		aus Messungen	aus Berechnungen
E-Modul B_a	kp/cm²	–	100 000
E-Modul B_i	kp/cm²	–	43 000
p_{1i}	at	80	80
p_{2i}	at	–	49,9
p_F	at	–	30,5
σ_{pi}	kp/cm²	1840	1890
σ_{pa}	kp/cm²	1460	1470
σ_F	kp/cm²	880	875
σ_B	kp/cm²	29,0	30,5
Mittel aus B_i und B_a			
α_{pi} (innere Panzerung)		0,184	0,189
α_{pa} (äußere Panzerung)		0,147	0,147
α_{pF} (Felsabstützungen)		0,535	0,526
α_{Bi+Ba} (Betonringe)		0,136	0,138
σ_{pa}/σ_{pi}		0,80	0,78

Aus Dehnungsmessungen ließen sich nach einigen Lastwechseln im Gleichgewichtszustand bei 80 at die in Tab. 15 dargestellten Werte ermitteln und mit den Rechnungsergebnissen vergleichen.

Die Versuche zeigten, daß der stärker belastete innere Betonring zerrissen wurde. Aus einer Vergleichsrechnung ergab sich eine Erniedrigung des E-Moduls von 100000 auf 43000 kp/cm².

Die gute Übereinstimmung der aus Messung und Rechnung gewonnenen Werte beruht zum Teil darauf, daß für die E-Moduli des Betons eine Übereinstimmung getroffen wurde.

Aus den Modellversuchen geht hervor:

Die Lastanteile der Stahlpanzerungen, der Betonzwischenlagen und der Felsabstützung sind ungefähr von gleicher Größenordnung wie bei der einfachen Panzerung.

Die Hauptlast übernimmt der Fels.

Die innere Stahlpanzerung trägt etwa 20% mehr Belastung als die äußere. Letztere kann folglich schwächer bemessen oder aus weicherem Stahl hergestellt werden.

Der innere Betonring ist stärker belastet als der äußere. Er sollte deshalb stärker bemessen werden.

Der Lastanteil der Betonringe nimmt mit wachsendem Innendruck ab (Rißbildungen) und erreicht bei 80 at noch etwa 15% der Gesamtbelastung, davon gehen zwei Drittel auf den Innenring.

Betrachtungen über die Wirtschaftlichkeit von Doppelpanzerungen zeigen schließlich, daß für den metallischen Teil eine Gesamteinsparung von etwa 15% erreicht werden kann. Bauseitig ist wegen der Zwischenbetonierung mit Mehrkosten zu rechnen.

Ein großer Vorteil der Doppelpanzerung besteht in der größeren Sicherheit gegen Außendruck. Darüber wird im Abschn. 2.74 berichtet.

In der Schweiz sind die Hauptstränge von zwei bedeutenden Verteilleitungen mit Erfolg als Doppelpanzerung ausgeführt wor-

Abb. 44. Montage der Doppelpanzerungen zum Hauptstrang einer Verteilleitung.

den (vgl. Abb. 44). Dabei wurde durch Hochdruckinjektionen eine Vorspannung angestrebt. Was davon nach längerer Betriebszeit tatsächlich noch übrigbleibt, ist unbekannt.

2.73 Berechnung auf Außendruck

Das Stabilitätsproblem der Panzerrohre unter Außendruckbelastung erhält für die Bemessung eine ausschlaggebende Bedeutung, obschon eine solche Einwirkung nicht zu den Betriebszuständen gehört. Die Bestimmung des wirksamen Außendruckes stellt jedoch besondere Anforderungen an Kenntnisse und Erfahrungen. Alle für die Belastung unter Innendruck erwähnten Gesichtspunkte hinsichtlich Gebirgsverhältnisse und Bauarbeiten treten hier verstärkt in den Vordergrund. Wasseradern, Klüftungen, Schichtungen und Verwerfungen, sowie radiale Spalten zwischen Blech, Beton und Fels üben maßgeblichen Einfluß aus. Die Bedeutung und Erfassung derselben stößt bei der Beurteilung auf Schwierigkeiten und Widersprüche. Es gibt dazu kein eindeutiges Kriterium. In der Fachwelt bestehen bezüglich der möglichen Größe des Außendruckes mindestens 3 verschiedene Ansichten, die einander gegenüberstehen, nämlich:

1. Der Außendruck entspricht einer Wassersäule, welche der senkrechten Felsüberdeckung gleichkommt.

2. Der Außendruck entspricht einer Pressung, welche dem Gebirgsdruck gleichkommt.

3. Der Außendruck entspricht dem statischen Innendruck.

Die Annahme „Außendruck gleich Innendruck" darf als die vorsichtigste Formulierung gelten. Sie braucht aber noch nicht dem möglichen Höchstwert zu entsprechen.

Die Abschätzung des wirksamen Außendruckes bleibt vielfach eine Ermessensfrage, welche die beteiligten Fachleute in jedem Fall einzeln beschäftigt.

Ist jedoch über die Größe des Außendruckes eine Abschätzung getroffen worden, so läßt sich die Außendruckfestigkeit der Panzerung auf Grund von theoretischen Betrachtungen am kreisrunden Rohr, sowie gestützt auf Meßergebnisse bei Beulversuchen näherungsweise bestimmen.

Die zur Berechnung der Außendruckfestigkeit von Druckschachtpanzerungen bisher veröffentlichten theoretischen Studien [48–55] beruhen auf unterschiedlichen Voraussetzungen und Annahmen und ergeben keine einheitlichen Resultate. Eine mathematisch befriedigende Lösung des Problems konnte bislang nur für das theoretisch kreisrunde Rohr mit gleichmäßiger Klaffung gefunden werden.

BOROT und VAUGHAN haben dazu in Übereinstimmung mit Studien von Sulzer eine Formel für den kritischen Beuldruck entwickelt, welche im folgenden, ohne auf die Ableitung einzugehen, wiedergegeben sei:

Kritischer Beuldruck (nach Sulzer):

$$p_K = \frac{E^*}{3} \left(\frac{s}{D}\right)^2 \left[\sqrt{\left(1 + \frac{3 K_0}{r} \frac{D}{s}\right)^2 + \frac{12 \sigma_s}{E^*} \frac{D}{s}} - \left(1 + \frac{3 K_0}{r} \frac{D}{s}\right) \right] \; [\text{kp/cm}^2],$$
(36)

$$E^* = \frac{E}{1 - v^2}.$$
(37)

Ringspannung:

$$\sigma_R = - \underbrace{\frac{p_K D}{2 s}}_{\text{Druckanteil}} \pm \underbrace{\frac{6 p_K D}{2 s^2} \left(K_0 + \frac{p_K D^2}{4 s E^*}\right) \cos n \varphi}_{\text{Biegeanteil}} \; [\text{kp/cm}^2].$$
(38)

Umfangswellenzahl:

$$n = \sqrt{1 + \frac{3 p_K}{2 E^*} \left(\frac{D}{s}\right)^3}.$$
(39)

In den Formeln bedeuten:

s = Wandstärke [cm],
D = Lichtweite [cm],
r = Radius [cm],
K_0 = Klaffung [cm],
$\dfrac{K_0}{r}$ = relative Klaffung,
σ_s = Fließgrenze [kp/cm²].

Die Unrundheit (Ovalität) der Rohre, ohne örtliche Formabweichungen, wie Abplattungen, Eindrücke usw., kann in das Beulkriterium gemäß Formel (40) miteinbezogen werden. Klaffung und Ovalität lassen sich z.B. wie folgt zusammen berücksichtigen:

$$p_K = \frac{A}{3} E^* \left(\frac{s}{D}\right)^2 \left[\sqrt{1 + \frac{12}{A^2} \frac{\sigma_s}{E^*} \frac{D}{s}} - 1 \right] \; [\text{kp/cm}^2],$$
(40)

worin:

$$A = 1 + 3 \frac{U}{s} + 3 \frac{K_0}{r} \frac{D}{s},$$

$\dfrac{U}{s}$ = Ovalität (0,2 bis 0,9),

$\dfrac{K_0}{r}$ = relative Klaffung (0,15 bis 0,4 ⁰/₀₀).

Aus der Zusammensetzung des Faktors A erkennt man den großen Einfluß der Ovalität auf den kritischen Beuldruck. Auf Grund von Erfahrungen durch Vergleich mit Versuchsergebnissen kann näherungsweise der Wert $A = 3,5$ eingesetzt werden, wobei die Ovalität mit etwa 0,78 berücksichtigt ist. Damit erhält man für den kritischen Außendruck die Näherungsformel:

$$p_K = 1,15 E^* \left(\frac{s}{D}\right)^2 \left[\sqrt{1 + \frac{\sigma_s}{E^*} \frac{D}{s}} - 1 \right] \; [\text{kp/cm}^2].$$
(41)

7*

Die Berücksichtigung der Unrundheit ergibt im Vergleich zu Formel (36), die für das kreisrunde Rohr gültig ist, eine Abminderung des Beuldruckes von 20 bis 40% je nach Ovalität, abhängig von Lichtweite und Wandstärke.

Durchgeführte Versuche an Modellen, Versuchsrohren und erstellten Anlagen bestätigen in befriedigender Weise die aufgestellten Berechnungs-

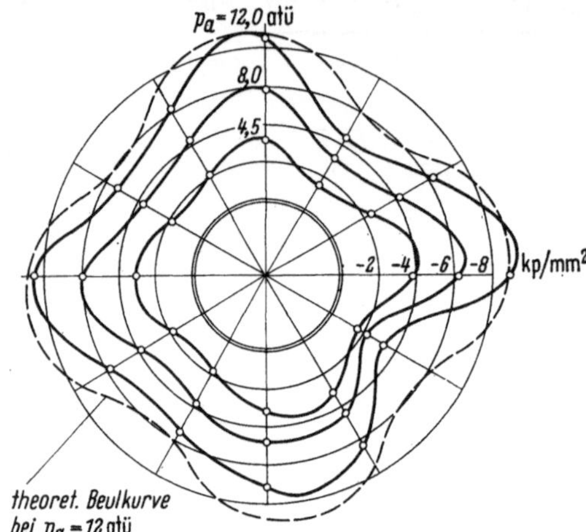

Abb. 45. Ringspannungen, Außendruckversuch Motec.

formeln (s. Abb. 45). Bei beobachteten Abweichungen mußte die Streuung der Fließgrenze, die herstellungsmäßige Unrundheit, mögliche Vorspannungen und Unregelmäßigkeiten der Klaffung verantwortlich gemacht werden (vgl. Tab. 16).

Tabelle 16. *Außendruckversuche. Vergleich gemessener und nach Formel (36) für theoretisch rundes Rohr gerechneter Beuldrücke*

Versuchs-anlage	Ausführungs-art	Licht-weite cm	Wand-stärke cm	Klaffung cm	p_K gemessen kp/cm²	p_K gerechnet kp/cm²
Oberaar Grimsel	Stollen-panzerung	170	1,0	0,02	16,0	18,0
Motec[1] Wallis	Kaverne	160	1,3	0,015	11,2	12,0
Ferrera Graubünden	Kaverne	200	1,1	0,05	10,2	12,1
Ffestiniog Wales	Kaverne	180	1,1	0,019	18,5	20,3
Linth-Limmern Glarus	Stollen-panzerung	280	1,1	0,06	9,3	12,0

[1] Vgl. Abb. 45.

Die Versuche zeigen, daß das Versagen der Konstruktion nicht auf eine elastische Instabilität, sondern auf eine Überschreitung der Fließgrenze zurückzuführen ist. Es finden praktisch keine Tangentialverschiebungen statt, so daß sich die Panzerung zunächst wie ein freies Rohr verhält, das sich erst nach Überschreiten der Stabilitätsgrenze auf den umgebenden Beton abstützt und schließlich an Stellen größter Krümmung die Fließgrenze erreicht. Es handelt sich offenbar nicht nur um ein Stabilitätsproplem, sondern eher um ein Spannungsproblem, so daß man als Festigkeitskriterium die Fließgrenze zu betrachten hat.

Der umgebende Beton und Fels behindert jede Bewegung des Rohres nach außen und kann in diesem Sinne als unnachgiebig betrachtet werden. Für den unter Außendruck befindlichen Rohrmantel bedeutet dies anderseits eine Behinderung der radialen Ausdehnung und somit auch der Ausbildung von Beulen, so daß das einbetonierte Rohr im Vergleich zum freien Rohr eine ungleich höhere Stabilität aufweist.

Die vorerwähnten Nebenerscheinungen, welche die Außendruckfestigkeit maßgebend beeinflussen, lassen sich mathematisch kaum erfassen. Sie sollen aber qualitativ beurteilt und grundsätzlich besprochen werden.

Die Wirksamkeit des Außendruckes, sei es infolge Bergwasser oder Injektionen, setzt das Vorhandensein durchlässiger Fels- und Betonschichten, sowie eine mehr oder weniger durchgehende Klaffung zwischen Beton und Panzerrohr voraus. Der Spalt beruht auf Temperatureinflüssen, plastischen Verformungen von Beton und Fels, sowie elastischen Stauchungen der Rohrwand. Seine Größe und Verteilung über den Umfang hängt von örtlichen Gegebenheiten ab, wobei auch die Haftung zwischen Stahl und Beton, sowie die Unrundheiten maßgebend sind. Eine gleichmäßige Klaffung darf wohl kaum vorausgesetzt werden, da schon unter der vorangehenden Innendruckbelastung unterschiedliche Verformungen an Rohrumfang auftreten. Zur Berechnung wird man gezwungen sein, eine mittlere Klaffung anzunehmen, sofern nicht aus Innendruckversuchen Rückschlüsse gezogen werden können. Die theoretische Auswirkung der Spaltgröße mag aus den Kurven Abb. 46 hervorgehen.

Abweichungen von der Kreisform, die von Fabrikation, Transport und Montage herrühren, haben einen wesentlichen Einfluß auf die Außendruckfestigkeit. Dabei sind Ovalisierungen weniger bedeutsam als flache oder sogar eingedrückte Stellen. Die Biegespannungen werden dabei vergrößert und nähern das Spannungsniveau an die Fließgrenze. Bei den Unrundheiten ist nicht nur die größte Abweichung an einer bestimmten Stelle maßgebend, sondern auch die örtliche Verteilung am Umfang. Unterzieht man den Verlauf der Unrundheiten über den Umfang einer harmonischen Analyse, so werden diejenigen harmonischen, welche der

Wellenzahl der kritischen Last am kreisrunden Rohr am nächsten liegen, unter steigendem Druck stärker anwachsen und die entstehende Ausbeulung bestimmen.

Messungen an einem Versuchsrohr (Ffestiniog) ergaben einen kritischen Beuldruck, der rund 10 % unter dem theoretisch berechneten lag. Für das vorzeitige Beulen waren nachweisbare Unrundheiten verantwortlich. Eine harmonische Analyse der Beulform bestätigte, daß mit wachsendem Druck die Anzahl der Wellen zunimmt und daß sich die ge-

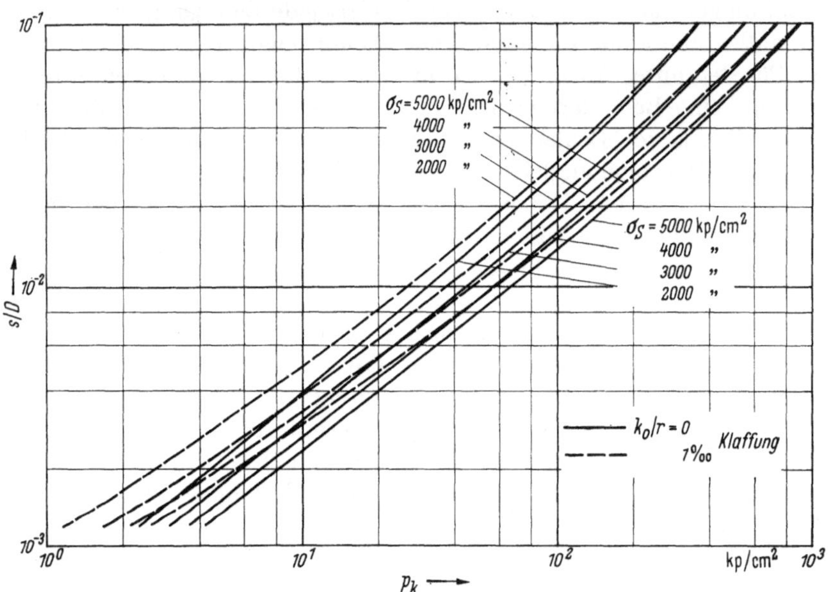

Abb. 46. Kritischer Ausdruck von Druckschachtpanzerungen für kreisrunde Rohre im Bereich $s/D = 0{,}001$ bis $0{,}1$.

messenen Biegespannungen mit wachsendem Druck den gerechneten nähern. Der Einfluß der Unrundheiten ist bei höheren Beulformen infolge vermehrten Abstützens auf den Betonmantel geringer.

Abb. 47 zeigt die harmonische Analyse der Dehnungen beim Außendruckversuch im Versuchsstollen Ffestiniog, Wales. Man erkennt, daß die Wellenzahl deutlich mit wachsendem Außendruck zunimmt. Eine Ausnahme bildet die 5. Ordnung, welche offensichtlich durch eine Formstörung verursacht wurde. Ferner sind die Nebeneinflüsse von Unrundheiten und Biegespannungen im schleppenden Abklingen ersichtlich. Dadurch sind die Ordnungen nicht völlig rein, welche sonst die zu erwartende Beulform und den zugehörigen kritischen Außendruck anzeigen würden. Der gemessene Beuldruck betrug in Wirklichkeit 18,5 at.

Im Rohr vorhandene Druckvorspannungen, wie sie vom Montieren, Betonieren oder vom Bergdruck herrühren können, beeinflussen den Spannungszustand und vermindern den kritischen Beuldruck. Hierzu möge auch auf unkontrollierbare tektonische Drücke hingewiesen werden, welche das Einbeulen fördern können.

Der Einfluß von Druckvorspannungen konnte anläßlich des Beulversuches an einem gepanzerten Druckstollen durch Messungen nachgewiesen werden. Umständehalber mußten an der Panzerung Schrumpfungen

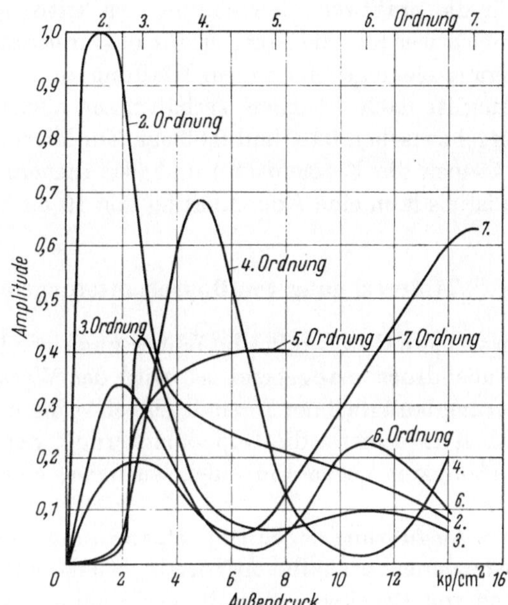

Abb. 47. Ffestiniog, Test Gallery. Amplituden aus harmonischer Analyse der Dehnungen.

vorgenommen werden. Die gemessene Schrumpfspannung betrug im Mittel 1200 kp/cm². Der daraus errechnete mittlere Spalt ergab sich zu 0,06 cm, woraus sich ein theoretischer Beuldruck von 12,0 at bestimmen ließ. Der wirklich gemessene Beuldruck erreichte jedoch nur 9,3 at, was einer Abminderung infolge Druckvorspannung und Unrundheit von etwa 22 % entspricht.

Aus den Versuchen läßt sich weiterhin feststellen, daß der Einfluß von zusätzlichen Spannungen und damit die Abminderung des Beuldruckes um so größer ausfällt, je kleiner das Verhältnis von Wandstärke zu Lichtweite ist.

Aus den Erfahrungen und Beobachtungen bei Versuchen und aus aufgetretenen Einbeulungen von bestehenden Panzerungen kann in bezug auf die Nebenspannungen grundsätzlich folgendes festgehalten werden:

Unrundheiten, insbesondere flache und eingedrückte Stellen vermindern die Beulsicherheit.

Die Verteilung der Abweichungen von der Kreisform ist dabei maßgebend.

Vorspannungen erniedrigen den kritischen Beuldruck.

Die Innendruckvorbelastung beeinflußt die Klaffung.

Die Meßergebnisse stimmen teilweise gut mit den theoretischen Berechnungen überein, woraus geschlossen werden darf, daß sich die Nebeneinflüsse eventuell überlagern bzw. aufheben können.

Unrundheiten, Biege- und Vorspannungen sind durch das Verhältnis s/D beeinflußt. Dünne Wandstärken sind empfindlicher.

Für die praktische Berechnung des kritischen Außendruckes kann empfohlen werden, die Formeln für das kreisrunde Rohr unter Berücksichtigung einer gleichmäßigen Klaffung zu verwenden. Die Größe der Klaffung ist nach örtlichen Verhältnissen abzuschätzen. Sie beträgt in der Regel zwischen 0,01 und 0,06 cm. Zur Mitberücksichtigung der Ovalität können die Formeln (40) und (41) dienen. Für weitere Nebeneinflüsse ist alsdann eine Abminderung von 10 bis 20% vorzunehmen.

2.74 Berechnung von Doppelpanzerungen auf Außendruck

In vielen Fällen, wo für die Bemessung einer Druckschachtpanzerung der Außendruck maßgebend ist, wird der Werkstoff bei der einfachen Panzerung bezüglich der Innendruckbelastung nicht voll ausgelastet. Im Vergleich dazu bietet die Doppelpanzerung, welche eine größere Widerstandsfähigkeit gegen Einbeulen aufweist, eine merklich bessere Ausnützung.

Die Ausführung einer Doppelpanzerung mit Betonzwischenfüllung ist insbesondere deshalb von Vorteil, weil das äußere Panzerrohr das Eindringen von Druckwasser in die gerissene und von Spalten durchsetzte Betonzwischenschicht verhindert. Damit ist das innere Panzerrohr geschützt und kann, wie METTLER [56] nachgewiesen hat, allein durch die Verengung der Ummantelung nicht zum Einbeulen gebracht werden.

Die Berechnung der Doppelpanzerung auf Außendruck unterscheidet sich von derjenigen der einfachen Panzerungen dadurch, daß eine Verbundwirkung der Panzerrohre und Betonschichten vorhanden ist. Mit Hilfe des Modelles eines mehrschichtigen Zylinders kann jedoch ein ähnlicher Rechnungsgang gefunden werden, wie für die Innendruckbelastung. Als wichtigstes Glied des Verbundes ist das innere Stahlrohr zu betrachten, auf welches sich das Beulkriterium zu beziehen hat. Der Rechnungsgang hat sich zunächst mit der Ermittlung der auf das Innenrohr wirkenden äußeren Pressung zu befassen. Dadurch kann das Beulproblem auf die einfache Panzerung zurückgeführt werden. Wie bei der Innendruckbeanspruchung (vgl. Abschn. 2.72) folgen die Randbedingungen aus den radialen Verformungen und den vorhandenen Klaffungen. Aus einem solchen theoretischen Rechnungsgang läßt sich die Druck-, Spannungs- und Lastverteilung ermitteln.

Das Beulproblem der Doppelpanzerung ist allerdings mit diesen vereinfachten Betrachtungen keineswegs genügend genau behandelt. Sie bildet aber eine Handhabe, um Versuche vorzubereiten und Resultate zu vergleichen. Eingehendere Studien der Doppelpanzerung müssen vorbehalten bleiben [56].

Im Zusammenhang mit dem in Abschn. 2.72 erwähnten Modellrohr bot sich Gelegenheit, Außendruckversuche durchzuführen. Dazu wurde am äußersten Mantelrohr (Fels) Druckwasser eingepreßt und die Verformungen mittels ,,strain-gauges" gemessen. Bei 72 at war die Fließgrenze am inneren und äußeren Rohr erreicht. Das Einbeulen wurde jedoch durch den dazwischenliegenden Betonring verhindert. Erst nach einer weiteren Drucksteigerung bis auf 81 at trat die Beulung im Innenrohr auf (s. Abb. 48).

Aus den Spannungsmessungen ließ sich kein ausgeprägter, wellenförmiger Verlauf der Verformung erkennen, wie dies für die einfache Panzerung charakteristisch ist. Die Spannungen waren vielmehr über den ganzen Rohrumfang annähernd von gleicher Größe. Beim Beuldruck von 81 at war im Stahlblech die Bruchfestigkeit des Werkstoffes erreicht worden, während der Betonring stark verformt wurde (vgl. Abb. 49).

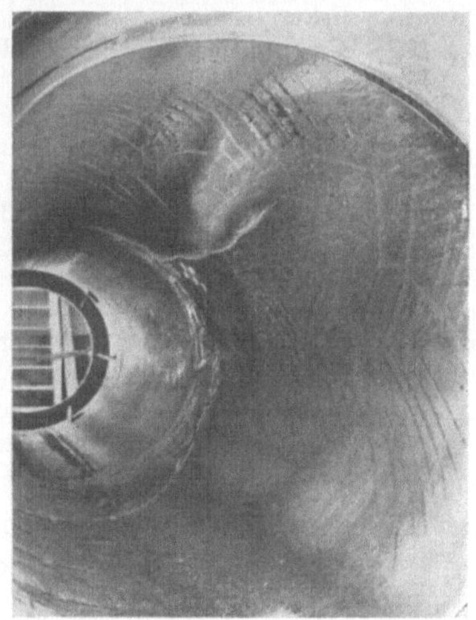 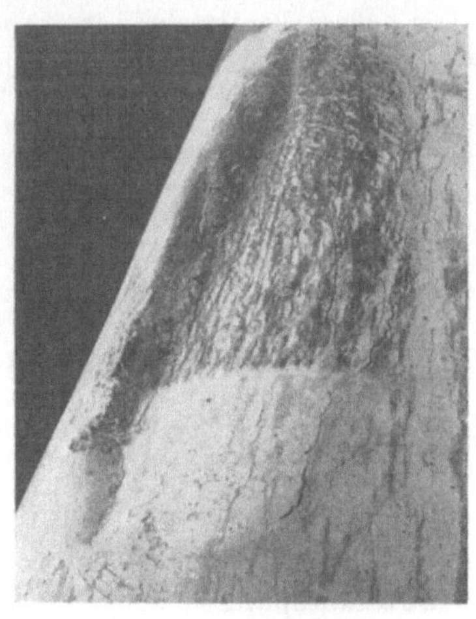

Abb. 48. Außendruckversuch am Modellrohr, Einbeulung des inneren Panzerrohres von 1,0 m l.W. und 4 mm Wandstärke unter dem Druck von 80 at.

Abb. 49. Außendruckversuche am Modellrohr. Unter Außendruck verformter Betonring zwischen den beiden Panzerrohren.

Aus diesem Außendruckversuch lassen sich die in Tab. 17 wiedergegebenen Vergleichswerte ermitteln.

Tabelle 17. *Am Modellrohr gemessene und gerechnete Vergleichswerte*

		Werte	
		gemessen	gerechnet
Im äußeren Betonmantel erzeugter Druck p_{2a}	kp/cm²	72	72
Druck auf äußeres Panzerrohr p_{2i}	kp/cm²	53,0	53,2
Druck auf inneres Panzerrohr p_{1a}	kp/cm²	25,2	25,0
Spannung im äußeren Panzerrohr σ_{t2}	kp/cm²	2700	2750
Spannung im inneren Panzerrohr σ_{t1}	kp/cm²	3220	3150
Mittlere Spannung im Beton σ_{Bm}	kp/cm²	267	269
σ_{t2}/σ_{t1}		0,867	0,872
Belastungsanteil			
α_2 im äußeren Panzerrohr		0,222	0,266
α_1 im inneren Panzerrohr		0,310	0,305
α_{b1} im inneren Betonring		0,429	0,429

Die Versuche bewiesen die besondere Widerstandsfähigkeit der Doppelpanzerung gegen Außendruck. Am Modellrohr war für das Einbeulen ein 4mal größerer Außendruck nötig als rechnungsmäßig einer einfachen Panzerung mit doppelter Wandstärke von $2 \times 4 = 8$ mm entspräche. Aus den Versuchsergebnissen ergeben sich folgende Feststellungen:

Die ganze Verbundkonstruktion nimmt Anteil am Widerstand gegen das Einbeulen.

Durch die Betonringe entsteht eine Art Gewölbewirkung.

Das äußere Panzerrohr war etwa 10 bis 20% geringer beansprucht als das Innenrohr.

Somit dürfte das äußere Rohr schwächer bemessen werden oder aus weicherem Stahl bestehen. Dieses Ergebnis deckt sich mit den Folgerungen aus dem Innendruckversuch.

Der Belastungsanteil der Betonringe ist unter Außendruck bedeutend größer als unter Innendruck.

Dieser Anteil beträgt je nach dem Versuchsdruck 35 bis 70%.

Der Lastanteil der Betonringe nimmt mit wachsendem Außendruck ab.

Beim Erreichen des Beuldruckes entsprechen die Spannungen in den Stahlrohren der Bruchfestigkeit des Werkstoffes.

Es scheint, daß bei der Doppelpanzerung für das Einbeulen des inneren Panzerrohres, wegen der Stützwirkung des Betonringes, nicht die Fließgrenze, sondern eher die Bruchfestigkeit maßgebend ist.

Obschon das Beulproblem der Doppelpanzerung noch nicht befriedigend beherrscht werden kann, so vermitteln die Modellversuche doch einige Anhaltspunkte über den Beulvorgang.

2.8 Berechnung von Verteilrohrleitungen

Am unteren Ende der Druckrohrleitung sind in der Regel Rohrverzweigungen angeordnet, welche das Triebwasser auf die Turbinen verteilen. Dieses Verzweigungssystem bezeichnet man als Verteilrohrleitung.

Dieselbe stellt den am meisten beanspruchten Teil der ganzen Rohrleitungsanlage dar. Ihrer konstruktiven Ausbildung kommt deshalb besondere Wichtigkeit zu. Form und Abmessungen sind durch die Anordnung der Turbinen sowie durch Druck und Wassermenge bestimmt.

Beim Entwurf der Verteilrohrleitung sollen die hydraulischen Anforderungen nach günstigster Strömung und geringem Druckverlust mit berücksichtigt werden. Da einerseits Ablösungserscheinungen und Wirbelbildungen und andererseits lange Reibungswege zu vermeiden sind, so ist für die Ausführungsform der Abzweigrohre ein Mittelweg einzuschlagen. Das Rohrinnere soll deshalb möglichst von Versteifungselementen freigehalten und im Zwickel gut ausgerundet werden.

Die statistische Berechnung hat sich sowohl mit der Verformung und dem Spannungszustand des ganzen Systems als auch mit der Festigkeitsrechnung der Abzweigrohre einschließlich Verstärkungskragen zu befassen.

2.81 Verteilleitungssysteme

Bei der Planung von Verteilrohrleitungen ergeben sich verschiedene Möglichkeiten zur Systemwahl, wobei folgende Gesichtspunkte zu beachten sind:

Topographische Verhältnisse im Gelände,
geologische Gegebenheiten des Baugrundes, wie Bodenart, Verdichtung, Setzungsempfindlichkeit, Erdbebenempfindlichkeit, eventuelle Hangrutschungen usw.,
statische Gesichtspunkte im Hinblick auf die Beanspruchung der Rohrleitung, Anordnung von Festpunkten und Expansionen,
hydraulische Gestaltung bezüglich geringstmöglicher Energiehöhenverluste,
betriebliche Erfordernisse hinsichtlich Lastverteilung (Wahl der entsprechenden Anzahl von Maschinengruppen), Revisionen und Wartung usw.,
Sicherheit der Anlage im Hinblick auf die Krafthausnähe und möglicherweise benachbarte Siedlungen,
Wirtschaftlichkeit.

In der Regel werden die betrieblichen Erfordernisse, die topographischen Gegebenheiten und die Sicherheit dominierende Rollen spielen, während die Systemwahl bezüglich Beanspruchung und Druckverlust zweitrangig wird. Im folgenden sollen trotzdem die Umstände hervorgehoben werden, welche die Systemwahl im Hinblick auf Beanspruchung und Energiehöhenverluste beeinflussen können.

Grundsätzlich gibt es bei einer Verteilrohrleitung zwei Möglichkeiten (Abb. 58):

Typ A: Die serienweise Anordnung der Zweigleitungen von einem gemeinsamen Hauptstrang aus (vgl. Abb. 59).

Typ B: Die fächerartige Verzweigung, bei der die Wassermenge an jedem Verzweigungspunkt symmetrisch aufgeteilt wird (vgl. Abb. 60).

Die Wahl von Typ A oder B hängt im wesentlichen von den Platz-
verhältnissen und von der Anordnung des Krafthauses, d.h. der Maschi-
nenaufstellung ab. Während Typ A bei paralleler Anordnung der Fall-
leitung zur Maschinenhausachse vorteilhaft ist, kommt Typ B eher bei
senkrechter Anordnung derselben in Betracht. Konstruktiv unterscheiden sich die beiden Typen dadurch, daß im ersten Fall unsymmetrische
Rohrverzweigungen erforderlich sind, während im zweiten Fall symme-
trische Verzweigungen angewendet werden können. Letztere weisen
hinsichtlich Berechnung, Konstruktion, Herstellung und Druckverlusten
Vorteile auf.

Bei der festigkeitstheoretischen Untersuchung von Verteilleitungs-
systemen fallen folgende Belastungen in Betracht:

> Innendruck,
> Temperaturkräfte,
> Rohr- und Wassergewichte,
> Beschleunigungskräfte infolge Erdbeben.

Die Gewichtsbelastung ist meistens, insbesondere bei horizontaler
Systemanordnung, vernachlässigbar. Beim Typ B kommt es jedoch vor,
daß die Verteilrohrleitung aus Platzgründen in geneigter Ebene angeordnet wird, so daß die entsprechende Gewichtskomponente berücksichtigt werden muß.

Somit gelangen als maßgebende Belastungen Innendruck und Temperaturkräfte zur Auswirkung. Beide verursachen eine Längsdehnung
des Rohres, die sich mit folgender Formel zusammenfassen läßt:

$$\varepsilon_l = \frac{p\,D}{4\,E\,s} - 2\nu\,\frac{p\,D}{4\,E\,s} + \alpha\,t = 0{,}1\,\frac{p\,D}{E\,s} + \alpha\,t. \tag{42}$$

Der erste Term bedeutet dabei die Längsdehnung infolge Deckelkraft
(Rohrquerschnitt × Innendruck), der zweite die Querkontraktion infolge Ringspannung und der dritte die Temperaturdehnung.

Bei einer freiverformbaren Anordnung (statisch bestimmtes System)
wird sich somit die Verteilrohrleitung entsprechend dieser Dehnung ver-
längern, während bei einer Dehnungsbehinderung durch Festpunkte zusätzliche Reaktionskräfte infolge der statischen Unbestimmtheit des
Systems entstehen.

Häufig hat man es durch die Wahl der Montageschlußtemperatur in
der Hand, die Längsdehnungen und die dadurch hervorgerufenen Verschiebungen und Beanspruchungen auf ein gewünschtes Maß zu begrenzen. Da infolge Deckelkraft und Querkontraktion eine Verlängerung des
Rohres bewirkt wird, muß im Grenzfall die Montageschlußtemperatur so
hoch gewählt werden, daß die Abkühlung im Betrieb die Längsdehnung
infolge Innendruck zum Verschwinden bringt. Daraus entsteht die Bedingung ($\varepsilon_l = 0$)

$$\Delta t = - \frac{0,2}{\alpha E}\, \sigma_t = - 0,83\, \sigma_t, \tag{43}$$

worin $\alpha = 11,2 \cdot 10^{-6}\ 1/°\mathrm{C}$ und $E = 2,15 \cdot 10^4\ \mathrm{kp/mm^2}$ gesetzt wird, und σ_t die nominelle Ringspannung in $\mathrm{kp/mm^2}$ bedeutet. Für übliche Sicherheitskoeffizienten und Druckleitungsstähle schwankt der Betrag von Δt zwischen -11 und $-23\ °\mathrm{C}$, so daß eine Montageschlußtemperatur von etwa $+20\ °\mathrm{C}$ angestrebt werden sollte. Ein weiterer Anhaltswert für Berechnungen ergibt sich auch daraus, daß bei fester Einspannung des Rohrstranges eine Längsspannung von $+24\ \mathrm{kp/cm^2}$ je $°\mathrm{C}$ Abkühlung entsteht.

Mit Rücksicht auf klare Verhältnisse sollte möglichst ein statisch bestimmtes System vorhanden sein. Das läßt sich jedoch nur selten erreichen.

Die Berechnung von Rohrsystemen erfolgt nach den Regeln der Stabstatik, wobei unter Umständen die Abminderung des Trägheitsmomentes im Bereich der Krümmerrohre zu berücksichtigen ist. Bei verwickelten, also mehrfach statisch unbestimmten Systemen läßt sich dabei mit Vorteil eine elektronische Rechenanlage verwenden.

Bei Entwurfsarbeiten sollte darauf geachtet werden, daß ein möglichst elastisches System entsteht, um die Zwängsspannungen zu verringern. Das läßt sich dadurch erreichen, daß je nach Steifigkeit des Rohrquerschnittes und entsprechend den Randbedingungen des Systems die freien Rohrlängen möglichst lang gewählt werden.

Beim Systemtyp A weist der Hauptstrang im Vergleich zu den Zweigleitungen eine wesentlich größere Querschnittssteifigkeit auf. Die Zweigleitungen können somit im Verzweigungsknoten als nahezu voll eingespannt betrachtet werden. Andererseits ist ihr Verschiebungswiderstand auf den Hauptstrang gering, so daß sich dieser nach Maßgabe seiner Belastung ungehindert ausdehnen kann. Die Zweigleitungen ihrerseits werden dadurch gezwungen, den Längsverschiebungen des Hauptstranges zu folgen.

Ist der freie Hauptstrang sehr lang, so werden die Verschiebungen der Abzweigpunkte verhältnismäßig groß, insbesondere beim letzten Knoten. Die größten Beanspruchungen treten bei der vorletzten Zweigleitung auf und nicht etwa bei der letzten, da dort die gleiche Knotenverschiebung mit einer größeren verformbaren Rohrlänge verbunden ist.

An der Einspannungsstelle der vorletzten Zweigleitung wird durch die Querverschiebung ein Biegemoment hervorgerufen. Dasselbe ist dem Verschiebungsweg direkt und dem Quadrat der freien Rohrlänge umgekehrt proportional. Die höchste Biegespannung beträgt im Grenzfall, d.h. bei vollständiger Einspannung und unter Voraussetzung, daß die Knotenverdrehung vernachlässigbar ist:

$$\sigma_B = \frac{3\, E D \cdot \Delta l}{l^2}. \tag{44}$$

Daraus ist ersichtlich, wie wichtig es ist, den Zweigleitungen eine ausreichende freie Rohrlänge zuzuordnen. Ist dies aus Platzgründen nicht möglich, so muß entweder die Wandstärke der Zweigleitungen vergrößert oder die Längsverschiebung des Hauptstranges verkleinert werden. Eine weitere Möglichkeit besteht auch darin, daß am Hauptstrang kurz vor der ersten Abzweigung ein Festpunkt angeordnet wird. Dadurch wird jedoch auch die vorderste Zweigleitung höher beansprucht. Die beste Lösung besteht offensichtlich darin, den Hauptstrang zwischen der vorletzten und letzten Verzweigung durch einen Festpunkt zu verankern, womit zwei statisch unabhängige Systeme auftreten. Am Festpunkt selber werden anderseits beachtliche Längskräfte hervorgerufen, die eine entsprechende Verankerung erfordern.

Die gleichen Überlegungen gelten grundsätzlich auch für den Systemtyp B, obwohl hier wegen der Symmetrie eine wesentlich gleichmäßigere Beanspruchungsverteilung vorhanden ist. Der Einbau von Expansionsrohren, sowohl im Hauptstrang (aufgelöste Bauart) als auch in den Zweigleitungen, ist zu vermeiden, indem durch die frei werdenden Deckelkräfte umfängliche Verankerungen notwendig werden, um die Reaktionskräfte aufzunehmen. Weiterhin sollte man darauf achten, die letzten Zweigleitungsabschnitte nicht zu kurz auszubilden, um dem System eine größere Elastizität zu verleihen. Dies ist auch wegen der ohnehin komplexen Beanspruchung der Abzweigrohre wünschenswert, um eine Erhöhung der Axialspannungen zu vermeiden. Die axialen Biegebeanspruchungen, welche durch Dehnungsbehinderungen des statisch unbestimmten Systems hervorgerufen werden, überlagern sich an diesen Stellen den erwähnten Spannungskonzentrationen und bilden damit einen unerwünschten Beanspruchungszustand.

2.82 Berechnung von Abzweigrohren

Als äußere Belastung der Abzweigrohre wird im allgemeinen nur der Wasserinnendruck berücksichtigt. Der Einfluß von Eigengewicht, Biegemomenten und Axialkräften wird erst in zweiter Linie herangezogen. Bei Hosenrohren besteht eine Symmetrie der Form und der Belastung, welche eine weitgehende Verfolgung des Spannungszustandes erlaubt. Bei unsymmetrischen Abzweigrohren sind die Verhältnisse weniger übersichtlich.

Die in der Rohrschale wirkenden Hauptspannungen in Umfangs- und Achsrichtung werden in der Durchdringungslinie frei und werden zweckmäßig direkt am Entstehungsort durch Versteifungskragen im Gleichgewicht gehalten.

Die exakte rechnerische Behandlung, insbesondere das Zusammenwirken von Rohrschale und Verstärkungskragen ist schwierig zu handhaben. Man ist zu vereinfachenden Annahmen gezwungen etwa dadurch, daß die Verformungen in der Schnittlinie vernachlässigt und sämtliche resultierenden Spannungskomponenten dem Versteifungskragen zugewiesen werden. Auf diese Weise läßt sich das räumliche Tragwerk aus Abzweigrohr und Kragen in ein jeweils ebenes Spannungssystem umwandeln, wobei die flächennormalen Biegebeanspruchungen in der Rohrschale unberücksichtigt bleiben.

Die Hauptaufgabe der Berechnung befaßt sich mit den Versteifungskragen. Die Kragenteile sind als stark gekrümmte Träger mit veränderlicher Höhe aufzufassen, wobei das Verhältnis von Trägerhöhe zu Stützweite so groß ausfällt, daß der Einfluß der Querkräfte nicht mehr vernachlässigbar ist.

Ein auf dieser Grundlage aufgebautes Berechnungsverfahren wird in der Regel im Kragen größere rechnerische Beanspruchungen ergeben als in der Rohrschale. Ein wesentlicher Grund dafür liegt in der größeren Steifigkeit des Kragensystems. Dem wird dadurch zu begegnen versucht, daß der Kragen durch loses Aufsetzen ohne Verschweißen dem Rohr angepaßt wird, wodurch sich beide Teile unabhängig voneinander verformen können.

Für eine wirtschaftliche Bemessung der Abzweigrohre lassen sich örtliche Spannungsspitzen, welche teilweise die Fließgrenze erreichen, nicht vermeiden. Bei Verwendung trennbruchsicherer Werkstoffe bedeutet dies keine Gefährdung der Sicherheit.

Da die analytische Berechnung allein keine einfachen Formulierungen des Spannungszustandes erlaubt, die zur Bemessung behilflich ist, so sind Messungen an Modellen und Ausführungen unerläßlich. Daraus lassen sich Formziffern ermitteln, welche die Bemessung erleichtern. Auch die Methode der Formdehngrenzen nach SIEBEL kann als Bemessungsgrundlage benützt werden. Danach ist eine beträchtliche Stützwirkung des Ausschnittes durch die benachbarten Schalenteile zu erwarten. Es sei dazu auf das schon erwähnte Buch von SCHWAIGERER [40] hingewiesen.

Nach Versuchen treten die größten Spannungserhöhungen am Übergang Rohr/Stutzen in Umfangsrichtung auf. Je nach den Wandstärken- und Durchmesserverhältnissen können die Spannungsspitzen ein Mehrfaches der Ringspannung betragen. Sofern die Spannung innerhalb des elastischen Bereiches des Werkstoffes verbleiben soll, führt dies zu einer beträchtlichen Materialanhäufung. Nach der Plastizitätstheorie läßt sich jedoch das Verformungsvermögen geeigneter Werkstoffe dazu ausnützen, um eine zulässige plastische Grenzdehnung zu erhalten, welche unbedenklich 0,2 bis 0,4% betragen darf. Zum mindesten kann anläßlich von Werkdruckproben eine angemessene bleibende örtliche Dehnung verantwortet werden.

Abb. 50 zeigt Meßergebnisse an einem Abzweigrohr anläßlich der Werkdruckprobe. Die Ergebnisse beziehen sich auf ein Abzweigrohr

System Sulzer mit gebördeltem Übergang vom Rohr zum Stutzen und
für das lose aufgepaßte Kragensystem zur Verstärkung.

Da die Einzelheiten jeder Versteifungskonstruktion verschiedenartig
sind, so muß auf die Angabe eines typischen Berechnungsverfahrens verzichtet und lediglich auf die allgemeingültigen Betrachtungen verwiesen
werden.

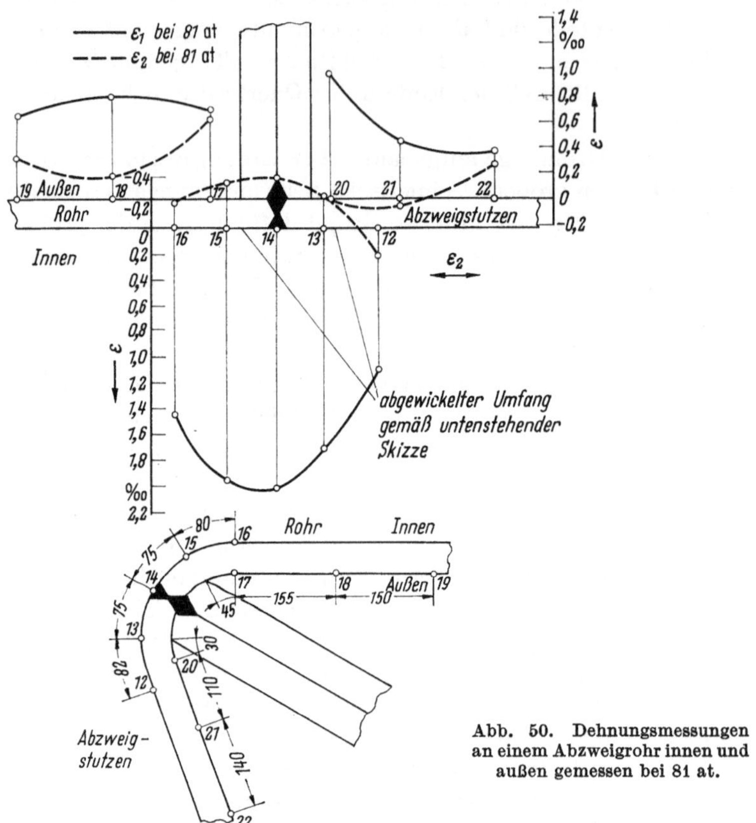

Abb. 50. Dehnungsmessungen
an einem Abzweigrohr innen und
außen gemessen bei 81 at.

2.9 Ausbildung der Konstruktionsteile

Die Grundlage für die Ausführung bildet das Längenprofil und der
Verteilleitungsplan. Darin sollen alle Angaben enthalten sein, welche zur
Bemessung und Ausbildung der Rohre und Zubehörteile erforderlich sind.
Da jede Anlage einen verschiedenartigen Aufbau besitzt, so können keine
Prototypen oder genormte Elemente entwickelt werden. Ihre Ausbildung
und Formgebung hat sich vielmehr nach den Besonderheiten jeder Rohr-
leitung zu richten. Die Konstruktionsarbeiten sind daher meistens jeder

einzelnen Anlage anzupassen, wobei gewisse Richtlinien einzuhalten sind. Sie stützen sich auf folgende Planunterlagen und Konstruktionselemente:

Längenprofil,	Verteilleitungsplan,
Verankerungen,	Abzweigrohre,
Expansionen,	Wasserschlösser,
Rohrabstützungen,	Schweißverbindungen.

2.91 Längenprofil

Das Längenprofil stellt den Zusammenstellungsplan der Druckrohrleitung dar. Es stützt sich auf die Geländeaufnahmen. Darauf ist in Längs- und Höhenkoordination der Gelände- oder Achsverlauf einzuzeichnen. Es soll ferner folgende Angaben enthalten:

max. Staukote,	dynamische Drucklinie,
Verankerungsstellen,	Werkstoffe,
Rohrabstützpunkte,	zulässige Ringspannungen,
Richtungs- und Gefällsänderungen,	Rohrbezeichnung,
Längenmaße,	Ort von Expansionen und Mannlöchern,
Lichtweiten,	Geländeverhältnisse und Besonderhei-
Wandstärken,	ten,
statische Drucklinie,	Lieferungsbegrenzungen.

Das Längenprofil dient bei der Montage als Lageplan für den Einbau und die Anordnung der Rohre, ferner dem Betriebspersonal als Orientierung über die erfolgte Verlegung und soll schließlich Hinweise über die Geländebeschaffenheit, Zugänglichkeit, Kreuzungen, Gefahren und Besonderheiten enthalten. Für die Darstellung und Übersicht eines Längenprofils sei auf die schematische Skizze gemäß Abb. 51 verwiesen.

Das Längenprofil läßt sich außerdem zur graphischen Bestimmung der Wandstärken nach der Kesselformel benützen unter Beachtung der Veränderung von Betriebsdruck, Durchmesser und Werkstoff. Der besondere Vorteil dieser Methode liegt in der übersichtlichen Darstellung und in der Vermeidung von Rechenfehlern.

Die Anordnung von Expansionsrohren erfolgt zweckmäßig talwärts der Fixpunkte, damit dort bei der Montage von unten nach oben ein Längenausgleich möglich ist. Bei langen Strecken empfiehlt es sich, die Dehnmuffe in der Mitte anzuordnen, wobei allerdings der Gefahr eines Ausknickens zu begegnen ist. Die Mannlöcher werden hingegen wegen der Bequemlichkeit des Einsteigens vorteilhafter unmittelbar oberhalb der Festpunkte angebracht. Der Durchmesserwechsel soll zur direkten Überleitung der Konuskräfte tunlichst unmittelbar bergwärts oder innerhalb der Festpunkte erfolgen.

Für einbetonierte Druckschächte vereinfacht sich das Längenprofil, weil die Geländeanpassung wegfällt. Dafür sollen geologische Anmerkun-

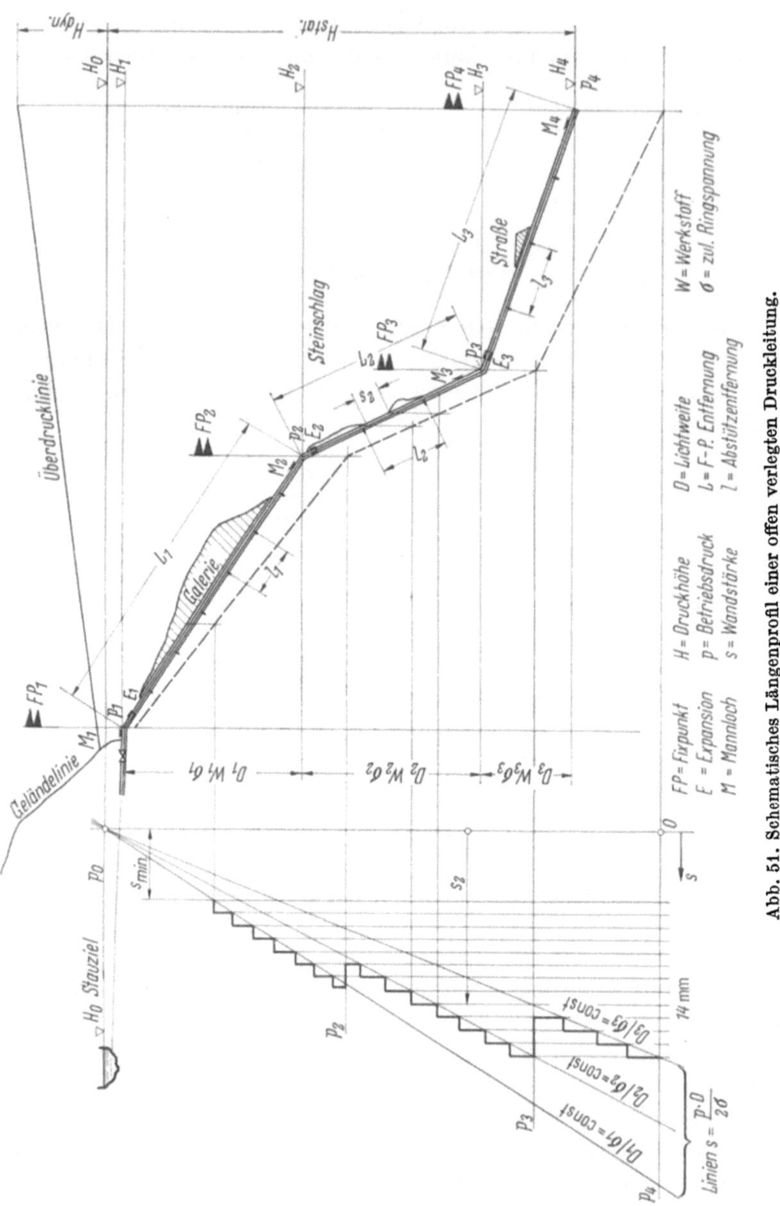

Abb. 51. Schematisches Längenprofil einer offen verlegten Druckleitung.

gen aufgenommen und die Linie der Außendruckfestigkeit eingezeichnet
werden. Bezüglich der Wandstärkenbestimmung ist das graphische Verfahren nur soweit anwendbar, als der Innendruck maßgebend ist. Für die
Außendruckfestigkeit gelten andere Berechnungsgrundlagen.

2.92 Verankerung

Die Festpunkte haben die Druckrohrleitung im Gelände zu verankern. Die einwirkenden Kräfte sind dabei auf den Untergrund zu übertragen. Die Resultierende aus Rohrkraft und Eigengewicht muß bergeinwärts gerichtet sein, damit eine Abhebung der Rohrleitung verhindert wird. Die Größe und Richtung der Resultante sowie die Beschaffenheit und Belastbarkeit des Untergrundes bestimmen die Ausmaße des Fixpunktblockes. Die Stabilität gegen Kippen und Abrutschen muß gewährleistet sein. Der Standort der Ankerblöcke ist deshalb im Zusammenhang mit der Linienführung sorgfältig zu prüfen. Im allgemeinen wirkt die Verankerung nur durch das Eigengewicht, wobei die Kraftübertragung vom Rohr zum Beton durch Schubringe und Ankerbolzen erfolgt. Die übliche Ausführungsart mit Überbetonierung der Fixpunktrohre zeigt Abb. 52.

Diese Bauart besitzt jedoch den Nachteil, daß große Betonvolumen nötig sind. Der Block wird zudem meistens bei der radialen Ausdehnung des Rohres unter dem Innendruck zerrissen, wodurch Feuchtigkeit eindringen kann. Der monolithische Zusammenhang geht dann verloren, so daß starke Armierungen notwendig werden.

Der Rißbildung im Beton kann allerdings durch Umhüllung des Rohres mit einer nachgiebigen Zwischenlage begegnet werden. Solche Behelfe sind aber sehr kostspielig.

Es haben sich deshalb in letzter Zeit andere Festpunktkonstruktionen herausgebildet, welche von einer vollen Umbetonierung des Rohres absehen. Der Ankerblock wird völlig in das Fundament verlegt. Zur Überleitung der Kräfte wird ein am Rohr angeschweißtes Kastentragwerk benützt, welches durch Vorspannanker mit dem vorbetoniertem Fundament verbunden ist. Dadurch werden sowohl für das Rohr als auch für den Festpunkt bedeutend klarere Verhältnisse geschaffen. Dieses System eignet sich besonders bei felsigem Untergrund oder dort, wo sich weniger standfester Boden durch Mörtelinjektionen verdichten läßt (vgl. Abb. 53).

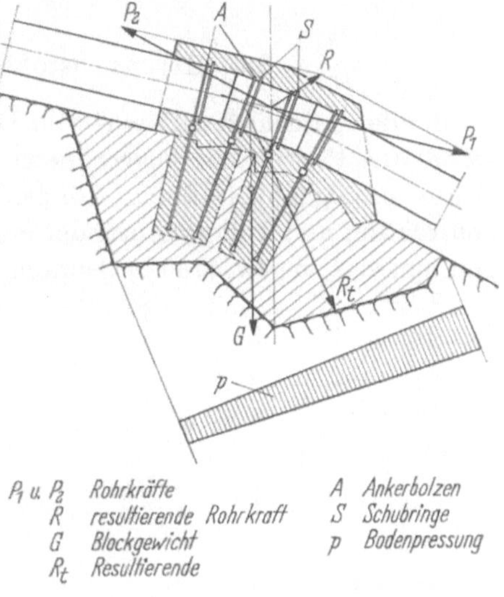

P_1 u. P_2	Rohrkräfte	A	Ankerbolzen
R	resultierende Rohrkraft	S	Schubringe
G	Blockgewicht	p	Bodenpressung
R_t	Resultierende		

Abb. 52. Ankerblock mit vollständiger Einbetonierung.

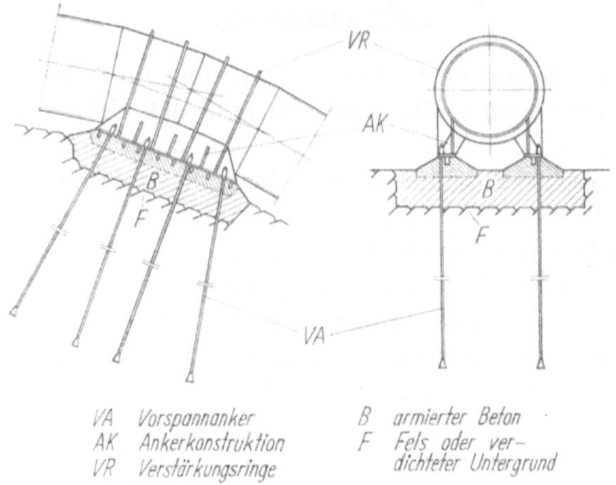

Abb. 53. Festpunkt mit Vorspannankern.

2.93 Expansionsrohre und Mannlöcher

Bei der aufgelösten Bauart von Druckrohrleitungen sorgen die zwischen die Festpunkte angeordneten Expansionsrohre für die axiale Dehnungsmöglichkeit. Damit können Zwängsspannungen infolge Querkontraktion und Temperaturänderungen vermieden werden. Die im Expansionsrohr zu gewährende Dehnungslänge hängt von den Temperatur-

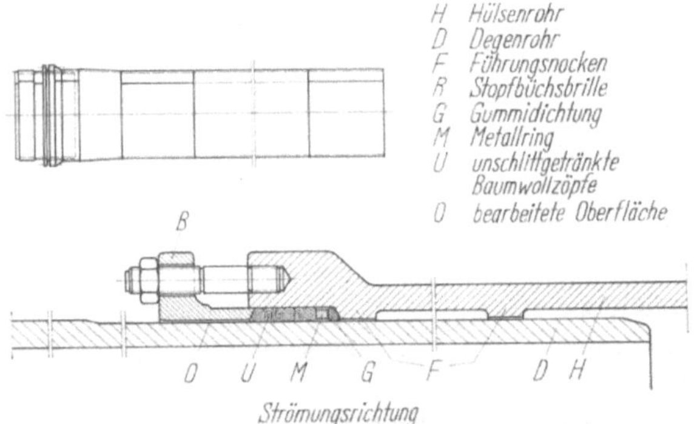

Abb. 54.
Hochdruckexpansionsrohr.

schwankungen, von der Festpunktentfernung und von der Querkontraktion bei der Druckprobe ab. Darauf ist auch bei der Montageschlußtemperatur zu achten. Die Expansionsrohre sind derart auszubilden, daß Degen- und Hülsenrohre ohne zu klemmen oder zu verkanten ineinandergleiten und gegen Verrosten geschützt sind. Für die Dichtung hat eine zweckentsprechende Stopfbüchse zu sorgen (vgl. Abb. 54).

2.92 Verankerung

Die Festpunkte haben die Druckrohrleitung im Gelände zu verankern. Die einwirkenden Kräfte sind dabei auf den Untergrund zu übertragen. Die Resultierende aus Rohrkraft und Eigengewicht muß bergeinwärts gerichtet sein, damit eine Abhebung der Rohrleitung verhindert wird. Die Größe und Richtung der Resultante sowie die Beschaffenheit und Belastbarkeit des Untergrundes bestimmen die Ausmaße des Fixpunktblockes. Die Stabilität gegen Kippen und Abrutschen muß gewährleistet sein. Der Standort der Ankerblöcke ist deshalb im Zusammenhang mit der Linienführung sorgfältig zu prüfen. Im allgemeinen wirkt die Verankerung nur durch das Eigengewicht, wobei die Kraftübertragung vom Rohr zum Beton durch Schubringe und Ankerbolzen erfolgt. Die übliche Ausführungsart mit Überbetonierung der Fixpunktrohre zeigt Abb. 52.

Diese Bauart besitzt jedoch den Nachteil, daß große Betonvolumen nötig sind. Der Block wird zudem meistens bei der radialen Ausdehnung des Rohres unter dem Innendruck zerrissen, wodurch Feuchtigkeit eindringen kann. Der monolithische Zusammenhang geht dann verloren, so daß starke Armierungen notwendig werden.

Der Rißbildung im Beton kann allerdings durch Umhüllung des Rohres mit einer nachgiebigen Zwischenlage begegnet werden. Solche Behelfe sind aber sehr kostspielig.

Es haben sich deshalb in letzter Zeit andere Festpunktkonstruktionen herausgebildet, wel-

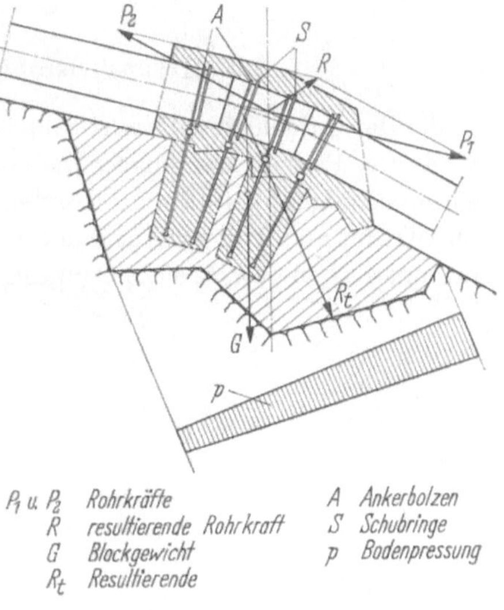

Abb. 52. Ankerblock mit vollständiger Einbetonierung.

che von einer vollen Umbetonierung des Rohres absehen. Der Ankerblock wird völlig in das Fundament verlegt. Zur Überleitung der Kräfte wird ein am Rohr angeschweißtes Kastentragwerk benützt, welches durch Vorspannanker mit dem vorbetoniertem Fundament verbunden ist. Dadurch werden sowohl für das Rohr als auch für den Festpunkt bedeutend klarere Verhältnisse geschaffen. Dieses System eignet sich besonders bei felsigem Untergrund oder dort, wo sich weniger standfester Boden durch Mörtelinjektionen verdichten läßt (vgl. Abb. 53).

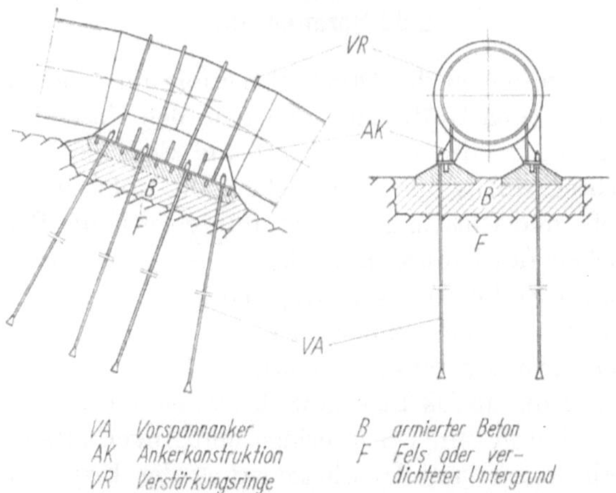

VA Vorspannanker   B armierter Beton
AK Ankerkonstruktion   F Fels oder ver-
VR Verstärkungsringe   dichteter Untergrund

Abb. 53. Festpunkt mit Vorspannankern.

2.93 Expansionsrohre und Mannlöcher

Bei der aufgelösten Bauart von Druckrohrleitungen sorgen die zwischen die Festpunkte angeordneten Expansionsrohre für die axiale Dehnungsmöglichkeit. Damit können Zwängsspannungen infolge Querkontraktion und Temperaturänderungen vermieden werden. Die im Expansionsrohr zu gewährende Dehnungslänge hängt von den Temperatur-

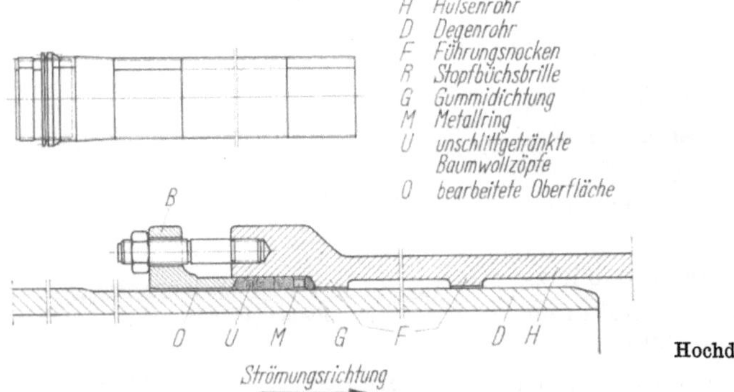

**Abb. 54.
Hochdruckexpansionsrohr.**

schwankungen, von der Festpunktentfernung und von der Querkontraktion bei der Druckprobe ab. Darauf ist auch bei der Montageschlußtemperatur zu achten. Die Expansionsrohre sind derart auszubilden, daß Degen- und Hülsenrohre ohne zu klemmen oder zu verkanten ineinandergleiten und gegen Verrosten geschützt sind. Für die Dichtung hat eine zweckentsprechende Stopfbüchse zu sorgen (vgl. Abb. 54).

Sofern die Axialkräfte begrenzt werden können, genügen bei kleinen Drücken und Lichtweiten gelegentlich auch einfache Wellrohrkompensatoren. Dieselben sind jedoch gegen seitliche Verschiebungen zu sichern.

In Verteilrohrleitungen werden talwärts der Abschlußorgane häufig Ausbaurohre mit beschränktem axialem Spiel vorgesehen, wodurch die Übertragung von Längskräften auf die Turbinen oder Abschlußorgane verringert und deren Montage erleichtert wird. Dabei ist zu beachten, daß die Reaktionskräfte durch Verankerungen aufgenommen werden können.

Zur inneren Begehung der Rohrleitung während der Montage und für spätere Besichtigungs- und Überholungszwecke sind Einstiegöffnungen notwendig. Zur Erleichterung der Begehung soll die Entfernung der Mannlöcher je nach Lichtweite und Steilheit des Geländes nicht mehr als 100 bis 300 m betragen. Die Öffnung des Einstieges sollte 500 mm ⌀ nicht unterschreiten. Um den Einstieg zu erleichtern, soll das Mannloch je nach Lichtweite der Rohrleitung am Scheitel oder schräg nach unten angeordnet werden. Bei Rohrleitungen unter 700 mm Lichtweite

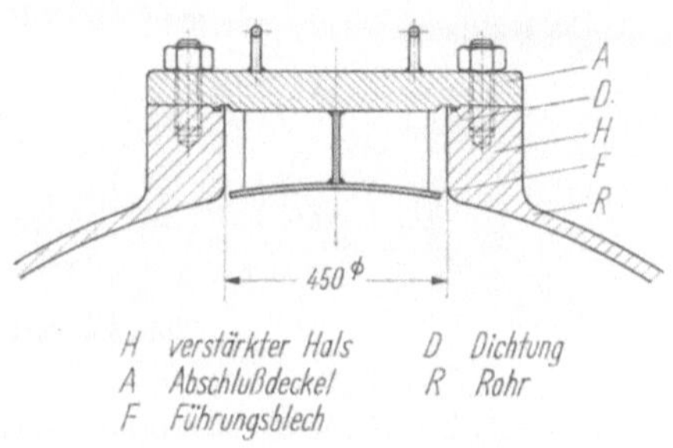

Abb. 55. Mannloch für hohe Drücke.

empfiehlt es sich, anstelle von Mannlöchern Ausbaurohre oder verflanschte Expansionsrohre zu verwenden. Die Mannlochverschlüsse sind durch Führungsbleche der Rohrinnenfläche anzupassen, um eine möglichst geringe Störung der Strömung zu erzielen (Abb. 55).

2.94 Rohrabstützungen

Die freiverlegten Rohrleitungen müssen zwischen den Festpunkten auf den Untergrund abgestützt werden. Die einfachste Abstützungsart besteht zweifellos in gemauerten oder betonierten Stützsockeln mit einem schalenförmigen, metallischen Gleitlager. Je nach dem abzustützenden Gewicht, der Lichtweite und Wandstärke beträgt der Umschließungswinkel 60 bis 180°. Die Auflagerlänge richtet sich nach der zulässigen Pressung und Biegebeanspruchung der Rohrschale (vgl. Abb. 56). Der Vorteil dieser Auflagerung liegt in der einfachen und billigen Ausführungsart. Nachteilig wirkt sich der notwendige, verhältnismäßig kleine Stützabstand, der große Auflagerreibungswiderstand und die Gefahr der Verrostung aus. Eine Schmierung erweist sich infolge der Verschmutzungen und Unterrostungen meistens als unwirksam. Zur Behinderung der

Korrosion läßt sich zwar ein besonderer Rostschutz durch Verzinken und Verbleien der Berührungsflächen anbringen. Eine solche Auflagerung verursacht ferner beträchtliche Verformungen und Spannungen im Rohr, welchen durch besondere Konstruktionsmaßnahmen zu begegnen ist, und benötigt zudem starke, eventuell armierte Stützsockel.

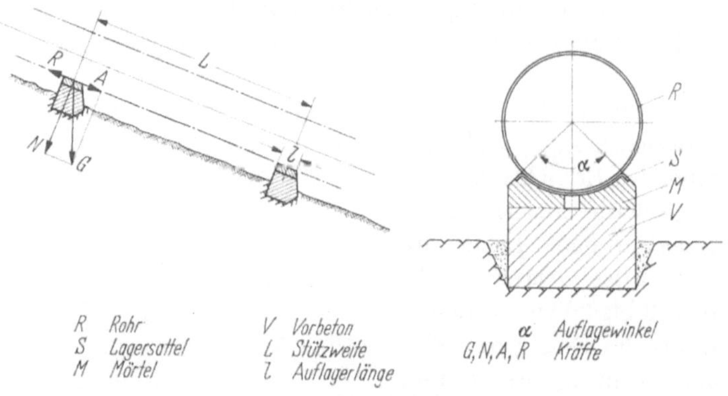

Abb. 56. Sattelgleitlager.

Für große Rohrdurchmesser sind zur Vermeidung unzulänglicher Radialverformungen Ringstützkonstruktionen unerläßlich. Damit können gleichzeitig größere Stützgewichte und Stützweiten zugelassen werden. Die Spannungen und Verformungen im Rohr und Ring sind einer Berechnung zugänglich und lassen sich begrenzen (vgl. Abschn. 2.67).

Je nach Stützgewicht und Geländeverhältnissen werden Gleitplatten-, Rollen- oder Pendellager vorgesehen. Die erstere Art erlaubt wohl

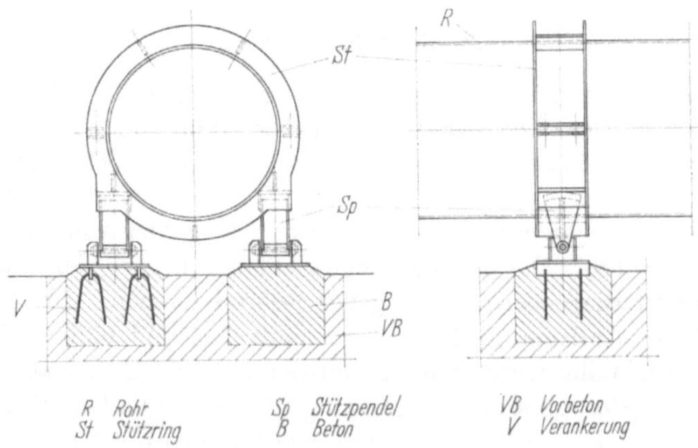

Abb. 57. Ringabstützung mit Pendellagern.

einfache Konstruktionen, verursacht aber entsprechend große Reibungskräfte, welche verkürzte Auflagerabstände bedingen. Die Rollen- oder Pendelabstützungen verursachen geringe Reibungskräfte, verlangen jedoch mehr Aufwand in der Konstruktion sowie Wartung im Betrieb. Der Stützabstand ist durch das zulässige Längsbiegemoment bestimmt. Dem Einfluß seitlich wirkender Kräfte sowie allfälligen Erschütterungen durch Stein- und Wasserschläge und durch Erdbeben ist durch Sicherungen gegen Verschieben oder Abheben zu begegnen (vgl. Abb. 57).

2.95 Verteilleitungsplan

Die Auslegung der Verteilleitung richtet sich nach Größe und Anordnung der Turbinen sowie nach dem dazugehörigen Achsplan. Die

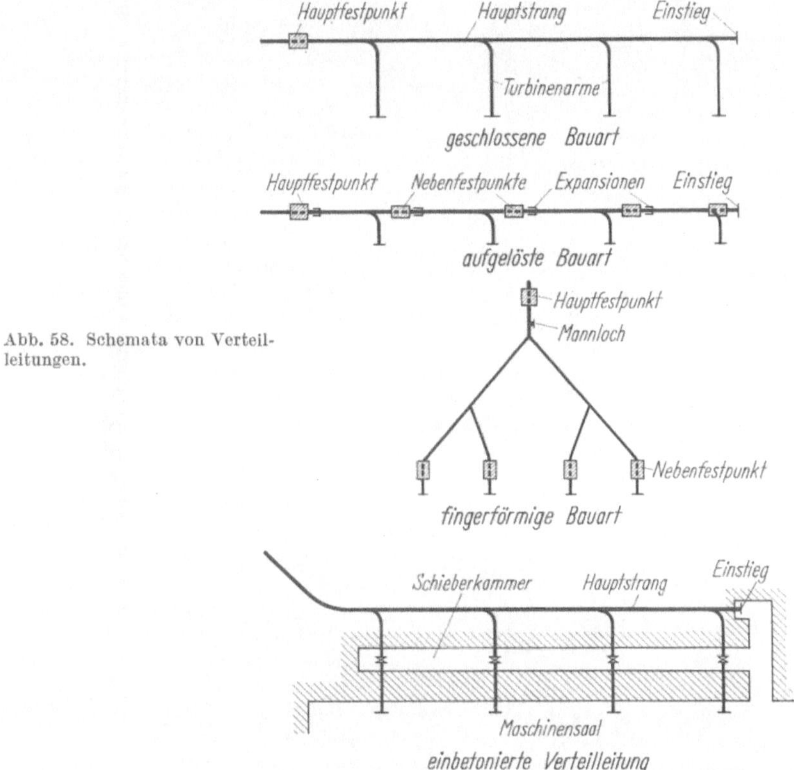

Abb. 58. Schemata von Verteilleitungen.

Lichtweiten sind durch die Wasserverteilung und die günstigsten Strömungsgeschwindigkeiten gegeben. Bei der Wandstärkenberechnung sind die zusätzlichen Kräfte infolge der Einspann- und Stützverhältnisse zu

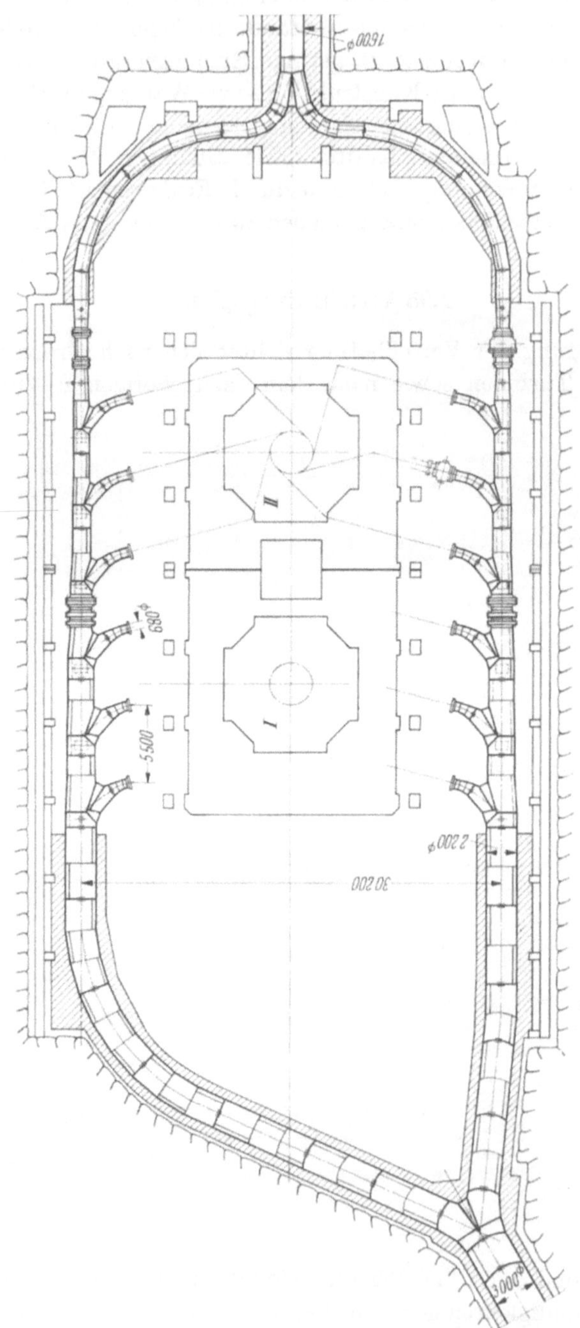

Abb. 59. Verteilleitung Mont-Cenis. Statischer Druck 882 m, Berechnungsdruck 101 at, Material: Vergütungsstahl.

berücksichtigen. Die mannigfaltigen Anordnungsmöglichkeiten verlangen in jedem einzelnen Falle gesonderte Studien über die Verankerung sowie Berechnungen der Verformungen und Spannungen. Es ist empfehlenswert, der Verteilleitung genügend Spielraum zur freien Ausdehnung zu gewähren. Die geschlossene Anordnung ist besonders in jenen Fällen

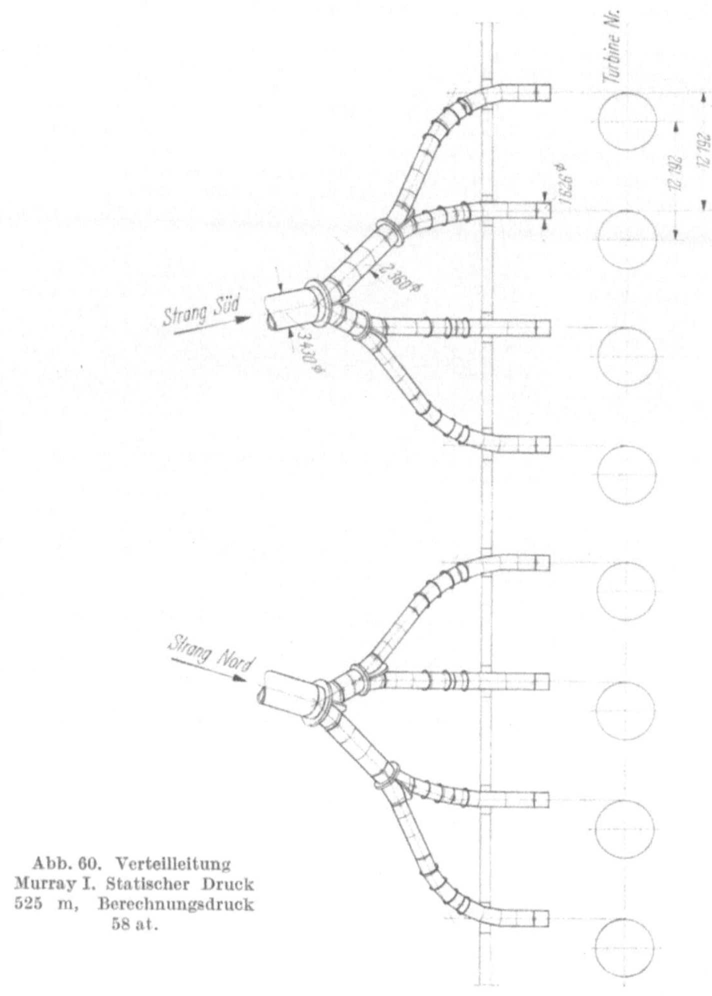

Abb. 60. Verteilleitung Murray I. Statischer Druck 525 m, Berechnungsdruck 58 at.

zweckmäßig, wo sonst umfangreiche Verankerungen nötig werden. Diese Lösung ist jedoch nur dann anwendbar, wenn die Verteilleitung in einem Hauptstützpunkt – sei es im Fels, im Maschinenfundament oder durch mächtige Sporen – unverrückbar verankert werden kann. Wo gedrängte Platzverhältnisse vorherrschen oder wo wenig tragbarer Untergrund vor-

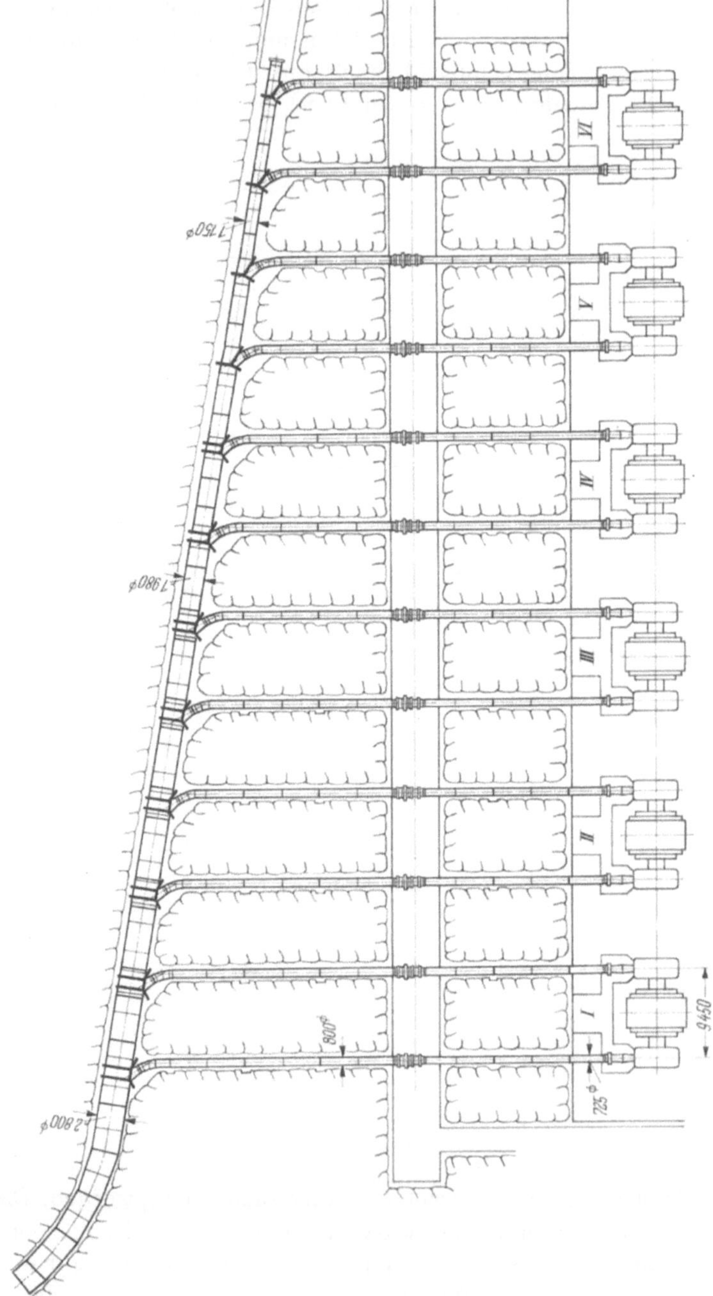

Abb. 61. Verteilleitung Nendaz der Grande Dixence S.A., Schweiz. Statischer Druck 1006 m, Berechnungsdruck 111 at, Material: Vergütungsstahl.

handen ist, wird zweckmäßig die aufgelöste Bauart gewählt. Sie gestattet
eine Verteilung der Verankerungskräfte und erlaubt gleichzeitig kleinere
Verformungen. Eine bezüglich der Kraftwirkung und Druckverluste günstige Lösung besteht in der fingerförmigen, symmetrischen Anordnung.
Sofern es der Untergrund erlaubt, ist dabei der Hauptfestpunkt bergwärts der ersten Verzweigung anzuordnen. Weitere leichtere Verankerungen können unmittelbar vor den Turbinen vorgesehen werden. Wo
dies wegen Geländeschwierigkeiten nicht zulässig ist, wird die Haupt-
verankerung in verschiedene Teilblöcke aufgelöst, wobei in zweckmäßiger
Weise die Abzweigrohre einbetoniert und als Ankerblöcke ausgebildet
werden. Bei Druckschächten für unterirdische Kavernenzentralen ergibt
sich fast zwangsläufig eine einbetonierte Verteilleitung. Oftmals wird aus
Sicherheitsgründen gegen Überflutung des Maschinensaales bei allfälligen
Rohr- oder Schieberbrüchen eine völlig abgetrennte Schieberkammer
vorgesehen.

Bei der Wandstärkenbemessung von Verteilrohrleitungen ist wegen
der zentralen Nähe die Gefahrenklasse höher zu bewerten und der Sicherheitsfaktor größer zu wählen. Wird die Verteilleitung in tragfähiges Gebirge verlegt, so darf mindestens für den Hauptstrang ein angemessener
Anteil der Belastung dem Fels übertragen werden (vgl. Schemata Abb. 58
sowie die Ausführungsformen Abb. 59, 60, 61).

<h3 style="text-align:center">2.96 Abzweigrohre</h3>

Mit der Vergrößerung der Wasserkraftwerke und der Druckrohrleitungen ergab sich die Notwendigkeit, das Wasser aus einem einzigen
Strang auf mehrere Turbinen zu verteilen. Das war schon früher, selbst
bei bescheidenen Abmessungen, kein einfaches Unterfangen, weil die

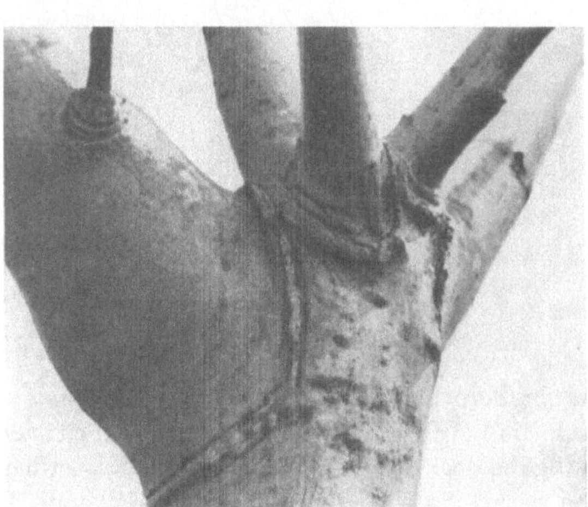

Abb. 62. Verstärkungen bei
Astgabelungen am Nußbaum.

Herstellung von Abzweigrohren große Schwierigkeiten bot. Die Lösung
führte damals zwangsläufig zu Ausführungen in Grauguß und später
in Stahlguß. Der Konstrukteur hatte das Gefühl, daß die Verzweigung,
ähnlich wie in der Natur, eine Verstärkung benötige (vgl. Abb. 62). Die

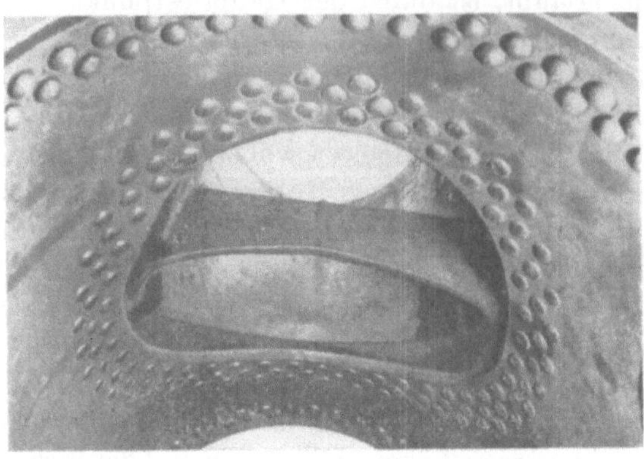

Abb. 63. Abzweigrohr aus
Stahlguß mit aufgeniete-
tem Stutzen und innerer
Rippenverstärkung.

Abzweigrohre wurden daher entweder in der Wanddicke oder aber durch
innere Rippen verstärkt (Abb. 63). Der große Materialaufwand und die
Strömungsbehinderung befriedigten jedoch den Konstrukteur nicht. So
wurde schon 1918 eine Ausführung angestrebt, welche eine vollständige
Blechkonstruktion mit außen liegender Verstärkung umfaßte. Aus Man-

Abb. 64. Abzweigrohr in Blechkonstruktion mit äußerer,
schrittweise aufgebrachter Rahmenverstärkung.

gel an Berechnungsunterlagen wurde damals die Bemessung sowie die
Lage und Anzahl der Versteifungen schrittweise durch Versuche nach
Maßgabe der Verformungen bei den Wasserdruckproben vorgenommen.
Die derart entwickelte, wenig ansprechende Rahmenverstärkung wies

ein 2faches Gewicht gegenüber dem unverstärkten Rohr auf (vgl. Abb. 64).

Im Laufe der Zeit entstanden wirtschaftlichere und gefälligere Verstärkungsformen, welche schließlich unter Benützung von Forschungsergebnissen zu der in der Durchdringungslinie liegenden, äußeren Kragenverstärkung führten (vgl. Abb. 65).

Abb. 65. Abzweigrohr in Schweißkonstruktion mit äußerer Kragenverstärkung.

Die Entwicklung der Berechnungsgrundlagen, insbesondere der Schalentheorie, sowie der verfeinerten Meßtechnik mittels „straingauges" erlaubte eine genauere Erfassung der Spannungsverhältnisse. Untersuchungen bezüglich der Strömung und Druckverluste vermittelten anderseits ebenfalls weitere Erkenntnisse. Auch die Fortschritte in der Fertigungstechnik trugen zu den heutigen Ausführungsformen bei. So entstand die Konstruktion von Abzweigrohren mit gut ausgerundeten

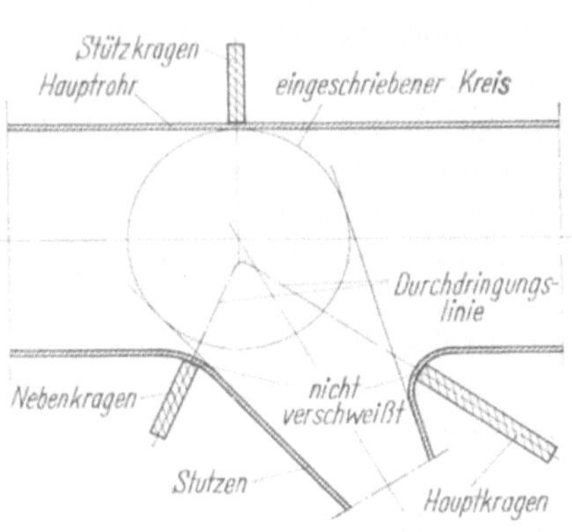

Abb. 66. Geschweißtes Abzweigrohr mit sternförmiger Kragenverstärkung. Rohr und Kragen lose verbunden.

Abb. 67. Abzweigrohr nach Abb. 66 für 110 at Betriebsdruck, ⌀ 2,6/2,2/0,8 m. Werkstoff: Feinkornstahl mit 60/40 kp/mm² Festigkeit bzw. Streckgrenze.

Innenflächen und nicht aufgeschweißten, sondern nur lose aufgepaßten, sternförmigen Verstärkungskragen. Bilden nämlich Hauptrohr und Stutzen Tangentialflächen an die eingeschriebene Kugel, so zerfällt die Durchdringungslinie in zwei Äste, welche in den Ebenen der Winkelhalbierenden liegen. Die Schnittkräfte können demnach durch dorthin versetzte ebene Kragenteile aufgenommen werden. Durch die lose Paßverbindung können sich Rohr und Kragen weitgehend unabhängig verformen, so daß Zwängsspannungen vermieden und Spannungsspitzen vermindert werden (vgl. Abb. 66 und 67).

Eine festigkeitstechnisch interessante Lösung ist in Frankreich von der Firma Bouchayer & Viallet, Grenoble, in Form von Kugelabzweigrohren entwickelt worden. Eine äußere druckfeste Kugelschale widersteht dem Innendruck, und eine innere dünnwandige Blechhaut über-

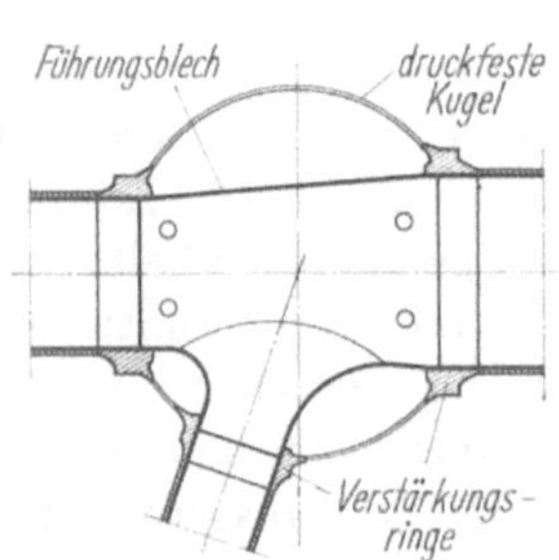

Abb. 68. Schematische Darstellung eines Kugelabzweigrohres.

Abb. 69. Kugelabzweigrohr in Schweißkonstruktion.

nimmt eine strömungsgerechte Wasserführung. Leider muß dabei die Kugelwand durch die Rohranschlüsse geschwächt werden, was zu wuchtigen und starr wirkenden Lochrandverstärkungen führt. Die dadurch entstehenden Verformungsbehinderungen und Zwängsspannungen und ferner die in der Kugel als Hauptspannungen wirkenden gleichgroßen Meridianspannungen dürfen dabei nicht übersehen werden (vgl. Abb. 68 und 69).

Der Vorteil günstiger Strömungsverhältnisse wird bei äußerer Kragenverstärkung und bei der Kugelform durch verhältnismäßig großen Materialaufwand bezahlt. Es ist deshalb verständlich, daß immer wieder wirtschaftlichere Innenversteifungen gesucht werden, welche festigkeitsmäßig wirksam sind, gleichzeitig aber annehmbare Strömungsbedingungen schaffen. Hydraulische Untersuchungen zeigen, daß dies insbesondere bei symmetrisch beaufschlagten Hosenrohren möglich ist, sofern die Verstärkungsrippe gleichzeitig als Wasserführung dienen kann.

Bei den Abzweigrohren läßt sich diese Lösung bis zu einem gewissen Grade ebenfalls verwirklichen, sofern die Rippe nicht allzu tief ins Rohrinnere hineinragt. Dabei sei darauf verwiesen, daß gemäß Versuchsergebnissen die Druckverluste im durchgehenden Rohr nicht sehr bedeutend sind (vgl. Abschn. 3.53).

Diese Erkenntnisse führten dazu, die Konstruktion von innen verstärkten Abzweigrohren aufzugreifen. Abb. 70 und 71 zeigen eine entsprechende Ausführungsform des Hosenrohres.

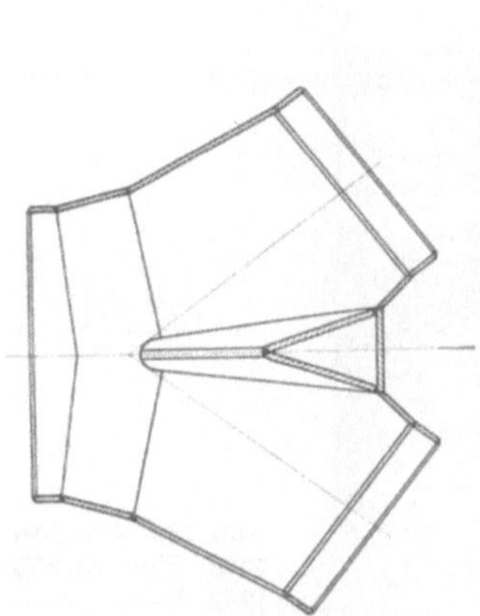

Abb. 70. Innen verstärktes Hosenrohr. Vorteile: günstige Strömungsverhältnisse, geringe Biegespannungen, bedeutende Gewichtsverminderung der Verstärkung.

Abb. 71. Innere, dreieckkastenförmige Verstärkung von Abzweig- und Hosenrohren, System Sulzer. Hosenrohr für Verteilleitung Mont-Cenis mit 3,0 m Eintrittsdurchmesser für 101,5 at Betriebsdruck, $P \times D = 30\,400$.

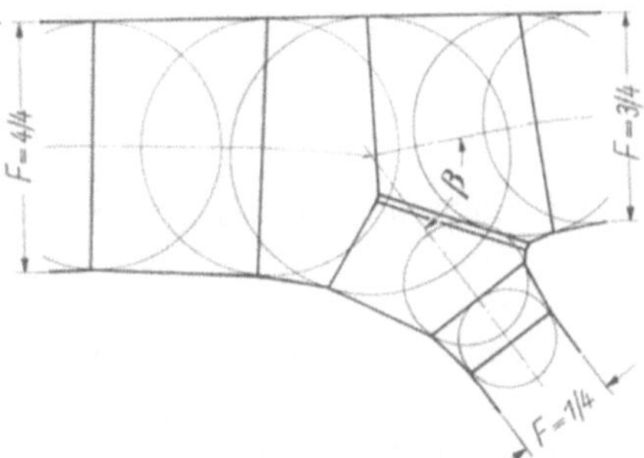

Abb. 72. Innere, sichelförmige Verstärkung von Abzweig- und Hosenrohren, System Escher Wyss.

Nach Vorschlägen von Escher Wyss AG, Zürich, wird die innere Rippenverstärkung in die Ebene der Durchdringungslinie verlegt. Sie wird so ausgebildet, daß die Schwerpunkte der Rippenquerschnitte in die Wirkungslinie der Kräfteresultierenden fallen. Die Querschnittsflächen sind an jeder Stelle der Größe der Resultierenden verhältnisgleich. Auf diese Weise entsteht eine sichelförmige Verstärkungsrippe, welche nahezu biegungsfrei bleibt. Zur Erzielung günstiger Strömungsverhältnisse wird ein Einlaufdiffusor angeordnet, welcher die Strömungsgeschwindigkeit im Bereich der Verzweigung verringert (Abb. 72 u. 73).

Die Abb. 72 zeigt die Prinzipskizze eines asymmetrischen Abzweigrohres mit $Q_A = 1/4\,Q_E$ und die Abb. 73a und b die Darstellung ganzer Verteilleitungen.

Abb. 73a. Verteilleitung Sils, Ausführung Escher Wyss.

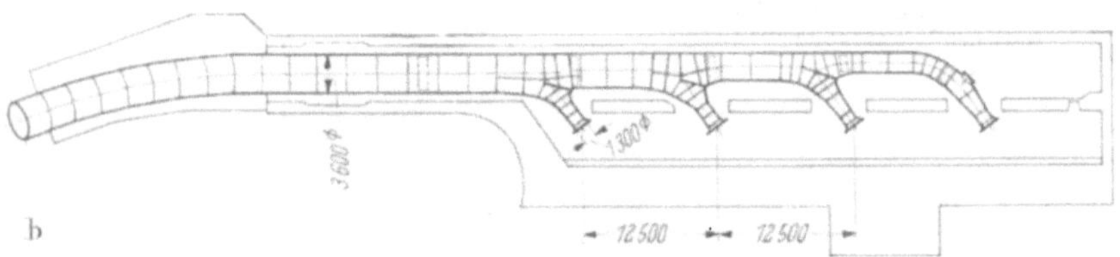

Abb. 73b. Verteilleitung zum K.W. Pradella, Schweiz. Statischer Druck 518 m, Betriebsdruck 62 at. Ausführung Escher Wyss.

Die Escher-Wyss-Konstruktion weist folgende Merkmale auf:

Einlaufdiffusor zur Verminderung der Strömungsgeschwindigkeit im eigentlichen Abzweigungsbereich,

sanfte Umlenkung des abgezweigten Wasserstromes,

großer innerer Abzweigwinkel β, wodurch die schmale Innensichel außerhalb des Bereiches der Durchtrittsströmung bleibt,

starker konischer Verlauf der an die Innensichel anschließenden Rohrpartie, wodurch auch eine Beschleunigung der Strömung im Abzweiger selbst und im Abzweigungsarm entsteht,

Fehlen von außenliegenden Verstärkungen, womit eine beachtliche Gewichtseinsparung erzielt wird,

der Gesamtdruckverlust wird durch den Diffusor namentlich bezüglich des Reibungsanteiles vermindert,

geringerer Felsausbruch bei unterirdisch verlegten Verteilleitungen.

Der Anschluß der Verteilleitung an die Abschlußorgane oder Turbinen erfolgt in der Regel durch Verflanschungen. Da diese Verbindungen kraftschlüssig sind, so ist die Bemessung der Flanschringe und Schrauben derart vorzunehmen, daß keine unzulänglichen Verformungen auftreten. Im allgemeinen werden aus einem Stück geschmiedete oder warmgewalzte Halsflansche verwendet.

Für große Abmessungen und Lichtweiten gelangen zur wirtschaftlichen Erzielung der nötigen Verformungssteifigkeit gelegentlich Rippenflansche und bei sehr hohen Drücken auch Stützflansche zur Anwendung. In Einzelfällen, wo den Turbinen keine Abschlußorgane vorgeschaltet sind oder wo für Revisionszwecke keine Trennung notwendig ist, kann die Flanschverbindung durch direkte Verschweißung mit dem Turbinengehäuse ersetzt werden. Abb. 74 zeigt eine gebräuchliche Rohrverflanschung.

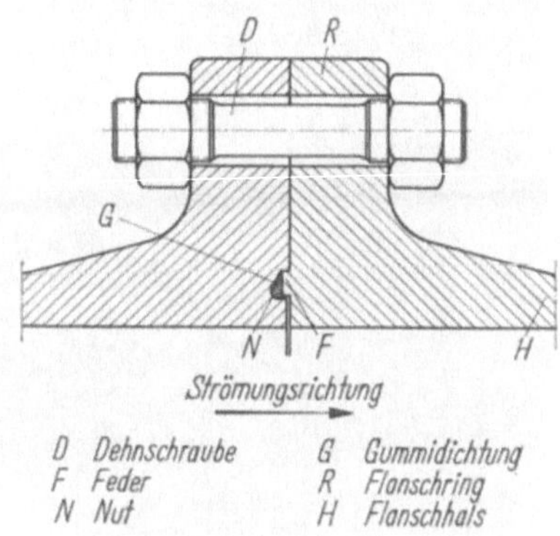

Abb. 74. Rohrverflanschung.

2.97 Wasserschlösser

Bei langen Zulaufleitungen sind zum Ausgleich von Druckschwankungen und zur Dämpfung von Druckstößen und Schwingungen Ausgleichskammern notwendig. Diese werden meistens am Ende der Zulaufstollen angeordnet und als senkrechte oder liegende Schächte bzw. Kammern im Fels ausgesprengt oder als Beton- oder Stahltürme im Freien errichtet. Je nach der Felsbeschaffenheit ist es notwendig, die Wasserschloßkammern ganz oder teilweise metallisch auszukleiden, (vgl. Abb. 9). Für die Bemessung der Wandstärken solcher Panzerungen ist in erster Linie der Außendruck maßgebend. Die Beulfestigkeit kann durch verschiedene konstruktive Maßnahmen erreicht werden, sei es durch Vergrößerung der Wandstärke, durch Anbringen von Versteifungsringen oder durch Verankerungsschlaudern. Vom statischen Standpunkt aus ist allerdings zu bemerken, daß solche Versteifungssysteme nur wirksam sind, wenn die Verstärkungen engmaschig angebracht werden. Dadurch wird anderseits die satte Hinterbetonierung beeinträchtigt, so daß ergänzende Injektionsarbeiten notwendig werden. Eine wirksame Sicherung gegen Einbeulen bietet die Doppelpanzerung. Bei einer solchen Konstruktionsart ist hinsichtlich Lastverteilung, Werkstoffauswahl, Wand- und Betonstärken ein großer Spielraum gegeben.

Zur Dämpfung der Wasserbewegungen sind Drosselstellen notwendig. DasWasserschloß erhält daher beim Übergang zum Stollen oder zur Rohr-

Abb. 75. Bodenteil einer Wasserschloßpanzerung von 11 m ⌀ mit Drosselrohr von 4,2 m ⌀.

leitung eine Querschnittsverengung. Die Drosselung erfolgt entweder durch die Ausbildung einer einzigen blendenartigen Querschnittsverjüngung oder aber durch ein mit kleineren Öffnungen versehenes, siebartiges Drosselrohr. Da durch die Drosselwirkung beträchtliche Strömungsgeschwindigkeiten und Kräfte erzeugt werden, so sind die Drosselstellen auch bezüglich auftretender Vibrationen gebührend zu verstärken (vgl. Abb. 75).

2.98 Schweißverbindungen [19]

Im Druckleitungsbau werden die Verbindungen im allgemeinen durch elektrisch geschweißte Längs- und Rundnähte hergestellt. In der Werkstatt, wo günstige Vorbereitungen getroffen werden können, erfolgt die Schweißung hauptsächlich durch Automaten. Durch besondere Einrichtungen (Positioner) werden die Rohrteile derart in Stellung gebracht, daß mehrheitlich in waagerechter Lage geschweißt werden kann. Für die Automatenschweißungen eignen sich, wegen ihrer einfachen Form, vor allem Längs- und Rundnähte. Zur Vermeidung von Wurzelfehlern und Erhöhung der Kerbzähigkeit werden dabei die Wurzellagen vorteilhaft von Hand geschweißt. Bei Formrohren, Verstärkungen und Einbauten gelangt vornehmlich die Hand- oder, soweit möglich, eine Halbautomatenschweißung zur Anwendung. Die Vorbereitung der Schweißfugen, die

Auswahl der Elektroden und das Vorgehen beim Schweißen hängt vom gewählten Verfahren ab. Die Form der bearbeiteten Schweißkanten wird durch die Wandstärke und die Stahlgüte bestimmt. Mit Rücksicht auf die Kerbzähigkeit des Schweißgutes ist nur eine Mehrlagenschweißung zulässig (vgl. Abb. 22).

Zur Abklärung der günstigsten Schweißbedingungen sind vorgängig Probeschweißungen und Fertigungsversuche empfehlenswert. Ein wurzelseitiges Auskreuzen und Nachschweißen ist zur Vermeidung von Wurzelfehlern angezeigt. Eine geeignete Wärmebehandlung kann sich je nach Wandstärke und Werkstoff als nötig erweisen. Sachgemäße Kontrollen und Überwachung durch einschlägige Prüfverfahren sind unentbehrlich.

Auf der Baustelle gelangt wegen der Zwangslage fast ausschließlich Handschweißung zur Anwendung. Namentlich bei dickwandigen Rohren und bei hochfesten Werkstoffen werden an das handwerkliche Können der Schweißer hohe Anforderungen gestellt, damit eine der Werkstattarbeit entsprechende Güte gewährleistet werden kann. Um den Wärmehaushalt beim Schweißen dickwandiger Verbindungen aufrechtzuerhalten, empfiehlt es sich, eine begonnene Naht ohne Unterbruch fertig zu schweißen oder mit Vorwärmeeinrichtungen nachzuhelfen. Dadurch wird die Empfindlichkeit zu Aufhärtungen und Rißbildungen vermindert. Dies gilt insbesondere für einseitig geschweißte Druckschachtpanzerun-

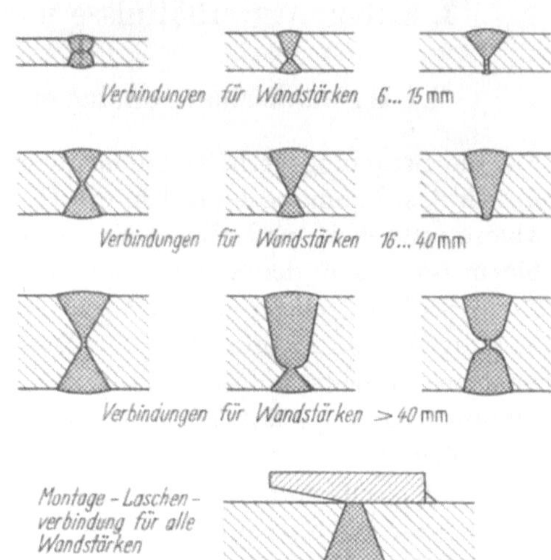

Abb. 76. Schweißnahttypen. Werkstatt-, Montage- und Stumpfstoßverbindungen für Längs- und Rundnähte bei Hand- und Automatenschweißungen, wurzelseitig ausgenutet bzw. nachgeschweißt.

gen. Bei solchen Nähten sichert die hinterlegte Lasche den sauberen Aufbau der Schweißung in der Wurzellage. Zwischen den beiden Rohrenden ist dabei genügend Spielraum zu lassen.

9*

Für die Montage sind verschiedene Schweißverbindungen entwickelt worden, die sich in der Praxis mehr oder weniger bewährt haben. Mit wachsenden Abmessungen und erhöhten Werkstoffestigkeiten ist man zur Vermeidung der Schrumpfbehinderung und der Wurzelfehler wieder zur einfachen Stumpfstoßnaht zurückgekehrt. Diese Form ist auch zur Ultraschallprüfung am besten geeignet.

Das blechebene Abarbeiten der Decklage von Schweißungen ist zur Behebung von Kerben bei hochbeanspruchten Rohren aus Spannungsgründen sinnvoll. Bei sauberen und flachverlaufend ausgeführten Automatenschweißungen ist das Bearbeiten weniger von Bedeutung, wohl aber bei handgeschweißten Nähten, vor allem auf Montage.

Abb. 76 zeigt schematisch einige typische Schweißnahtverbindungen.

Wegen Kerbwirkung sollen Kehlnähte tunlichst vermieden und durch Stoßnähte ersetzt werden.

Das wurzelseitige Bereinigen der Schweißungen geschieht heute vielfach mit dem „Arc-Air"-Verfahren. Danach wird das Schweißgut mittels Kohlenelektroden aufgeschmolzen und gleichzeitig durch Preßluft weggeblasen. Außer dem raschen, wirtschaftlichen Arbeiten besteht der Vorteil darin, daß Fehler – namentlich der Verlauf von Rissen – deutlich verfolgt werden können.

3. Strömungsverhältnisse und Druckverluste

3.1 Hydraulische Grundlagen und Beziehungen

Für die Strömungsverhältnisse ist nicht nur der Druckverlust, sondern auch das Strömungsbild, d.h. die Geschwindigkeitsverteilung und die Ablösungsfreiheit, maßgebend. Namentlich für den Zulauf bei Pelton-Turbinen ist wegen der Gefahr der Streuwirkung eine wirbel- und drallfreie Strömung erforderlich. Verzögerte Strömungen oder scharfe Umlenkungen sind in unmittelbarer Düsennähe zu vermeiden. Diese allgemeinen Gesichtspunkte verlangen eine sorgfältige Planung und Ausbildung der Verteilrohrleitungen, insbesondere der Krümmer und Abzweigrohre.

Ohne auf die Theorie der Wasserströmung in Rohren näher einzutreten – diesbezüglich sei auf das Schrifttum, besonders auf das Buch von RICHTER [57] verwiesen, – mögen im nachfolgenden einige Grundgedanken erwähnt werden.

Die Bewegung des Wassers in Rohrleitungen läßt sich durch die Bernoullische Energiegleichung und durch die Kontinuitätsgleichung ausdrücken wie folgt:

$$\frac{p}{\gamma} + \frac{v^2}{2g} + z = \text{const}, \qquad (45)$$

$$vF = \text{const}, \qquad (46)$$

worin:

p = statischer Druck [kp/cm²],
γ = spez. Gewicht [kp/m³],
v = Strömungsgeschwindigkeit [m/s],
z = Lagenhöhe [m],
F = Strömungsquerschnitt [m²].

Die allgemeine Gleichung für den Energieverlust oder Druckabfall bei der strömenden Bewegung des Wassers in rein zylindrischen Rohrleitungen von der Lichtweite D und Länge L wird durch die Formel von DARCY wiedergegeben:

$$H_v = \lambda \, \frac{v^2}{2g} \, \frac{L}{D}. \qquad (47)$$

Dieses „quadratische Widerstandsgesetz" hat bei großen Reynoldsschen Zahlen für Druckrohrleitungen Gültigkeit.

STRICKLER wählt hierfür die Form:

$$H_v = \frac{v^2}{K_s^2} \, \frac{6,35 \, L}{D^{4/3}}. \qquad (48)$$

Zwischen den Faktoren λ und K besteht die Beziehung:

$$\lambda = \frac{12,7 \, g}{K^2 \, D^{1/3}}. \qquad (49)$$

Der dimensionslose, unbekannte Beiwert λ ist kein konstanter Faktor, sondern im Bereich der turbulenten Strömung von der Reynoldsschen Zahl Re sowie von der relativen Rohrwandrauhigkeit ε abhängig:

$$\lambda = f(\text{Re}, \varepsilon). \qquad (50)$$

Bei der Strömung im Rohr unterscheidet man zwischen hydraulisch glatter und hydraulisch rauher Strömung. Die Unterscheidung erfolgt nicht nach geometrischen Begriffen, sondern auf Grund des geltenden Widerstandsgesetzes, d.h. nach dem hydraulischen Verhalten. Nach der Grenzschichttheorie von PRANDTL-KARMAN wird ein Rohr dann als hydraulisch glatt bezeichnet, wenn sämtliche Unebenheiten der Wandoberfläche innerhalb der Grenzschicht liegen.

NIKURADSE fand durch Versuche auf Grund der Theorie von PRANDTL-KARMAN folgende Gleichung für das glatte Rohr:

$$\frac{1}{\sqrt{\lambda}} = 2,0 \log \frac{\text{Re} \sqrt{\lambda}}{2,51}. \qquad (\text{I})$$

Nur bei kleinen Werten von Re ist die Dicke der Grenzschicht von Bedeutung. Ist die Rohrwand nicht übermäßig rauh (verschmutzt oder verrostet), so liegen die Unebenheiten innerhalb derselben. Es ist dann bedeutungslos, die Rohrwand noch glätter auszuführen, indem der Wert von λ nur noch von Re allein abhängig ist.

NIKURADSE gelangt auf empirischem Wege für den Bereich von $10^5 < \mathrm{Re} < 10^8$ zur folgenden vereinfachten Formel:

$$\lambda = 0,0032 + 0,221\,\mathrm{Re}^{-0,237}. \qquad \text{(I a)}$$

Die Erfassung der rauhen Rohre verursacht einige Schwierigkeiten, da es nicht einfach ist, die Rohrwandrauhigkeit zahlenmäßig zu ermitteln. Zwar zeigte STANTON anhand von Versuchen, daß die Ähnlichkeitsgesetze auch für rauhe Rohre gelten, d.h., daß ähnliche Rohrleitungen mit geometrisch ähnlichen Rauhigkeitselementen bei gleichen Re-Zahlen gleiche Widerstandsbeiwerte λ aufweisen. Für die Erfassung der Wandrauhigkeit haben die Versuche von HOPF-FROMM und NIKURADSE ergeben, daß drei Möglichkeiten von Rauhigkeitseinflüssen vorhanden sind, nämlich:

1. Wandrauhigkeit,
2. Wandwelligkeit,
3. Mischung beider.

Bei 1 ist λ unabhängig von Re und nur von der relativen Wandrauhigkeit $\varepsilon = K/D$ abhängig; $K =$ absolute Rauhigkeit. NIKURADSE fand dazu wiederum durch Versuche auf Grund der Theorie von PRANDTL-KARMAN das Gesetz:

$$\frac{1}{\sqrt{\lambda}} = 2,0 \log \frac{3,72}{\varepsilon}. \qquad \text{(II)}$$

Bei 2 nimmt λ mit wachsendem Wert von Re ab. Im logarithmischen Maßstab verlaufen die λ-Re-Kurven ungefähr parallel zur entsprechenden Kurve für das glatte Rohr, jedoch mit höheren λ-Werten. Die Wandwelligkeit ist mehr oder weniger unabhängig vom Durchmesser und kann durch das Verhältnis der mittleren Welligkeitserhebung zum mittleren Abstand der Welligkeitselemente ausgedrückt werden. Das Widerstandsgesetz bei Wandwelligkeit folgt eher dem Gesetz für glatte Rohre.

Beim gemischten Typus 3 folgt die λ-Re-Kurve bei kleinen Werten von Re derjenigen des glatten Rohres; bei großen Re-Werten dagegen geht dieselbe in die Grenzkurve des rauhen Rohres über. Es erscheint schwierig, für diesen Typus, dem praktisch alle Druckrohrleitungen angehören, eine einfache Formel zu finden. NIKURADSE ist es zwar gelungen, durch Nachbildung geometrisch ähnlicher Rauhigkeiten nachzuweisen, daß λ sowohl von Re als auch von ε abhängig ist. Bei kleinen Werten von Re hat die Rauhigkeit keinen Einfluß auf den Widerstand; das Rohr verhält sich hydraulisch glatt. Der Übergang von glattem zu rauhem Rohr erfolgt allmählich, indem die Spitzen der Unebenheiten graduell aus der Grenzschicht herausragen. Die Widerstandszahl nimmt dann mit wachsendem Wert von Re zu und strebt einem konstanten Wert entgegen, welcher um so rascher erreicht wird, je größer die relative Rauhigkeit ε ist. Für große Re-Werte ist λ nur noch von ε abhängig.

COLEBROOK und WHITE [58] tragen diesem Verhalten Rechnung, indem sie versuchen, für das Übergangsgebiet des quasirauhen Rohres, gestützt auf die Theorie von PRANDTL-KARMAN, eine Kombination der Formeln für das hydraulisch glatte und rauhe Rohr zu erzielen gemäß

$$\frac{1}{\sqrt{\lambda}} = -2{,}0 \log\left(\frac{\varepsilon}{3{,}72} + \frac{2{,}51}{\text{Re}\,\sqrt{\lambda}}\right). \qquad \text{(III)}$$

3.2 Begriff der Rauhigkeit

Die Formel (III) ist aus dimensionslosen Größen aufgebaut. Sie ist für alle Flüssigkeiten gültig und schmiegt sich asymptotisch den beiden Grenzen für glatte und rauhe Rohre an. Verglichen mit Versuchsergebnissen stellt sie eine mittlere Lösung dar, wobei folgendes zu beachten ist:

Die Formel ist nur eine gut brauchbare Näherung.

Für handelsübliche, neue Stahlrohre mit natürlicher Rauhigkeit (auch asphaltiert) besteht eine gute Übereinstimmung mit Versuchsergebnissen, insbesondere im mittleren Bereich des Übergangsgebietes.

Für die im Naturzustand grob abweichenden Rauhigkeitsformen ergeben sich entsprechende Abweichungen.

Bei der Beurteilung muß zwischen natürlicher und künstlicher Rauhigkeit unterschieden werden. Die natürliche Rauhigkeit weist je nach der Oberflächenbehandlung und Alterung eine mehr oder weniger ungleichmäßige Wandbeschaffenheit auf (Gußeisen, Stahl, Beton, mit rohen, bitumierten, metallisierten, verrosteten, verkrusteten Oberflächen usw.). Der Grad der natürlichen Rauhigkeit verändert sich innerhalb weiter Grenzen und ist durch die Größe und Verteilung der einzelnen Unebenheiten gekennzeichnet. Um ein Maß für die mittlere absolute, natürliche Wandrauhigkeit zu erhalten, hat NIKURADSE die äquivalente Sandrauhigkeit eingeführt, indem er gleichgroße Sandkörner mittels einer Lackschicht gleichmäßig auf die Rohrwand aufklebte. Nach Maßgabe der Korngröße kann damit eine reproduzierbare Rauhigkeitsskala aufgestellt werden, zu welcher sich die natürliche Rauhigkeit in ein festes Verhältnis bringen läßt. Auf diese Weise hat NIKURADSE den in den Formeln (II) und (III) angegebenen Zahlenfaktor 3,72 bestimmt. Es ist deshalb wesentlich, daß man sich für die äquivalente Sandrauhigkeit auf die von NIKURADSE gewählte Form bezieht.

Die genaue Bestimmung der natürlichen Rauhigkeit kann nur mit Hilfe der Gl. (II) erfolgen. Das bedingt jedoch Versuche im hydraulisch völlig rauhen Bereich, wo ε nur noch eine Funktion der Rohrreibungszahl λ ist. Das Ergebnis liefert die äquivalente Sandrauhigkeit, bezogen auf die Versuche von NIKURADSE. Bei den in der Technik verwendeten relativ glatten Rohren ist es jedoch schwierig, die Strömungsgeschwindigkeit für Meßzwecke so weit zu steigern, daß man sich mit Sicherheit im hydraulisch rauhen Bereich befindet. Die Rauhigkeit läßt sich deshalb an neuen Rohren praktisch nur in Anlehnung an die Colebrooksche Übergangskurve nach Gl. (III) ermitteln. Für alle übrigen Fälle muß die äquivalente Sandrauhigkeit als Rauhigkeitsmaß geschätzt werden. Eine Fehlschätzung von ε bzw. K wirkt sich jedoch nur geringfügig auf die Rohrreibungszahl λ aus, und zwar um so weniger, je kleiner die Rauhigkeit ist, weil der Logarithmus von K in die Rechnung eingeht.

Nach der Prandtlschen Theorie bleibt auch bei turbulenter Strömung in Wandnähe eine laminare Grenzschicht bestehen. Die Geschwindigkeitsverzögerung wird durch die Wandreibung hervorgerufen, die wiederum von der Wandrauhigkeit abhängt. Mit wachsender Strömungsgeschwindigkeit wird die Grenzschicht dünner, so daß nach und nach weitere Unebenheiten in unregelmäßiger Verteilung aus derselben herausragen und den Strömungsvorgang beeinflussen. Die natürliche Rauhigkeit unterscheidet sich dieserart immer deutlicher von der regelmäßigen Sandrauhigkeit. Damit sind die Abweichungen des tatsächlichen Widerstandsverlaufes im Übergangsgebiet von der theoretischen Colebrookschen Gleichung zu erklären.

In Druckleitungen entstehen nach einiger Betriebszeit Rostbildungen und Inkrustationen, welche zu verschiedenartigen Oberflächenrauhigkeiten führen. Bei der Auswertung von Druckverlustmessungen darf deshalb bei der Beurteilung der Wandrauhigkeit nicht erwartet werden, daß die Ergebnisse streng mit der Colebrookschen Übergangskurve übereinstimmen. Zunächst werden vereinzelte Warzenspitzen aus der Grenzschicht herausragen und ein Abweichen der Übergangskurve von der hydraulisch glatten Grenzkurve hervorrufen. Mit wachsender Strömungsgeschwindigkeit gewinnen auch niedrigere Rauhigkeitserhebungen an Einfluß, so daß sich die Kurve dem „rauhen" Grenzwert nähert.

Bei der Durchführung von Meßversuchen an bestehenden Leitungen ist infolge Meßungenauigkeiten mit einer natürlichen Streuung der Ergebnisse zu rechnen. Dennoch ergänzen sie in wertvoller Weise die vorhandenen Unterlagen, weil sie sich bei größeren Abmessungen im Bereich höherer Reynoldsscher Zahlen bewegen, als es bei Laboratoriumsversuchen möglich ist.

3.3 Druckverlustmessungen an Druckleitungen und Druckschächten

In letzter Zeit konnten an einigen neuerstellten Rohrleitungsanlagen Druckverlustmessungen durchgeführt werden. Es handelt sich dabei um vollständig geschweißte Rohrleitungen mit innen bearbeiteten Schweißnähten, sauber sandgestrahlten Oberflächen und Glattanstrichen aus Bitumen- oder Kunststoffarben.

Die Meßergebnisse wurden ausgemittelt und mit den Colebrookschen Kurven verglichen. Die Darstellung in einem λ-Re-Diagramm zeigt ein überraschend einheitliches Bild. Die Kurven verlaufen im Übergangsgebiet zwischen hydraulisch glatter und vollkommen rauher Strömung, jedoch mit deutlich glattem Charakter. Verwendet man als Bezugsgleichung die Formel (III) von COLEBROOK, so läßt sich gesamthaft eine recht gute Übereinstimmung mit den Versuchskurven feststellen (vgl. Abb. 77). Allerdings fällt, als systematische Abweichung, die vorhandene Neigung der Versuchskurven gegen die Colebrookschen Linien sowie der nahezu parallele Verlauf zur Kurve der hydraulisch glatten Strömung auf. Dadurch wird die Ermittlung der relativen Wandrauhigkeit ε erschwert. Eine genaue Bestimmung wäre erst bei voll ausgebildeter rauher Strömung, also bei sehr hohen Re-Werten möglich. Es bleibt somit nur eine Annäherung offen, indem die Versuchskurven im Sinne wachsender Re-Werte mit den nächstliegenden Colebrookschen Linien verglichen werden. Die auf diese Weise aus den Kurven Abb. 77 ermittelten ε-Werte sind auf Tab. 18 eingetragen. Sie stellen jedoch nur eine Näherung dar, welche aber ausreicht, da der Einfluß von ε auf die Reibungszahl λ nicht bedeutend ist.

Die relative Wandrauhigkeit ε ist bei den untersuchten Rohrleitungen von der Größenordnung 10^{-5}. Ein unterschiedliches Verhalten von Druckleitungen und Druckschächten läßt sich auf Grund der Versuche nicht eindeutig feststellen. Tatsächlich sollten sich die Druckschächte etwas günstiger verhalten, da dort Expansionen, Fixpunktkrümmer und Mannlöcher fehlen.

Die absolute Wandrauhigkeit K (äquivalente Sandrauhigkeit) ergibt sich aus der Beziehung zum Durchmesser gemäß:

$$K = \varepsilon D. \tag{51}$$

Die ermittelten Werte von $K = 0,007$ bis $0,02$ mm sind selbst für neue Leitungen als äußerst günstig zu bezeichnen und bezeugen eindrücklich die Bedeutung sorgfältiger Oberflächenbehandlung.

Wenngleich die Ergebnisse von Großversuchen wegen der unvermeidlichen Meßungenauigkeiten und Streuungen nicht als vollständig genau zu betrachten sind, so stellen sie doch eine Ergänzung der Laboratoriums-

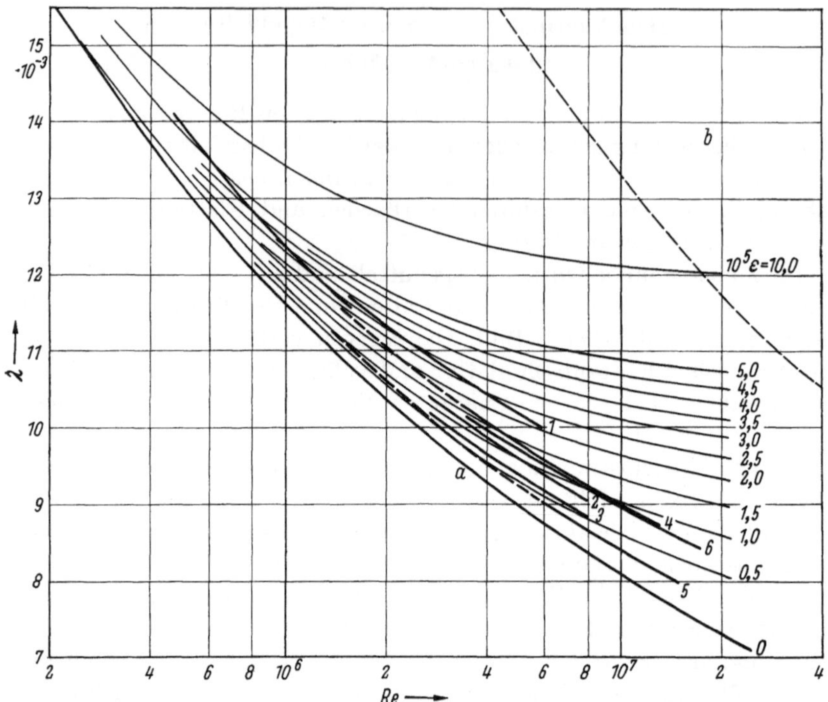

Abb. 77. Rohrreibungsverluste nach Versuchen von Sulzer. *a* hydraulisch glatt;
b hydraulisch rauh.

versuche dar, weil man wesentlich höhere Reynoldssche Zahlen erreicht.

In diesem Zusammenhang sind Versuche des „Laboratoire Dauphinois, Grenoble" [60] erwähnenswert, welche zum Vergleich beigezogen wurden und welche die an Druckleitungen gewonnenen Beobachtungen bestätigen (vgl. Abb. 77 u. Tab. 18).

Über die Ergebnisse der Druckverlustmessungen läßt sich zusammenfassend folgendes aussagen:

Die Streuungen sind im Bereich niedriger Re-Werte (kleine Wassermengen) erheblich größer, was mit der Meßgenauigkeit zusammenhängt.

Das quadratische Widerstandsgesetz ist, trotz der Abhängigkeit des λ-Wertes von der Reynoldsschen Zahl, im allgemeinen gut erfüllt.

Die Widerstandscharakteristik liegt im Bereich zwischen glatter und rauher Strömung. Es scheint jedoch eher eine Annäherung an das hydraulisch glatte Rohr vorzuliegen.

Die Colebrooksche Gleichung (III) steht in guter Übereinstimmung mit den Versuchsergebnissen. Diese Gleichung erscheint als geeignet, um die Widerstandscharakteristik wiederzugeben.

Die Ermittlung der relativen Rauhigkeit ε ist anhand der Colebrookschen Gleichung sehr heikel. Ihre rechnerische Benützung ist auf Grund des Aufbaues außerordentlich fehlerempfindlich. Außerdem besteht ein innerer Zusammenhang

Tabelle 18. *Reibungswerte λ und Wandrauhigkeiten ε und K nach Messungen an Druckrohrleitungen*

Nr.	Anlage	Inbetriebnahme	Versuchsdurchführung	Länge L m	Mittl. Durchmesser D_m mm	Wassermenge Q m³/s		Reynolds-Zahl Re $\times 10^6$		Reibungsbeiwert λ $\times 10^{-2}$		Relative Rauhigkeit ε $\times 10^{-5}$	Absolute Rauhigkeit K $\times 10^{-2}$ mm	Bemerkungen betreffend Rostschutz
						min.	max.	min.	max.	min.	max.			
						a) Versuche an neuen Leitungen (Sulzer)								
1	Lucendro	1945	1958	1509	916	1,83	5,78	1,69	5,35	0,997	1,150	2,0	1,8	Sandstrahlen + 4mal Bitumen
2	Riddes I	1956	1958	1817	1571	5,65	13,88	3,05	7,50	0,905	1,026	0,7	1,1	Sandstrahlen
3	Riddes II	1956	1958	1817	1571	5,30	13,89	2,86	7,50	0,898	1,007	0,5	0,8	+ Spritzverzinken + 3mal Bitumen
4	Lünersee D.L.	1958	1958	1026	2251	4,20	30,01	1,58	11,32	0,836	1,199	0,7	1,6	Sandstrahlen
5	Lünersee D.S.	1958	1958	1361	2110	3,54	30,01	1,42	12,04	0,811	1,119	0,3	0,7	+ Spritzverzinken + 4mal Chlorkaut.
6	Biasca D.S.	1960	1961	1050	2914	13,47	53,02	3,74	14,71	0,850	1,060	0,7	2,0	Sandstrahlen + Spritzverzinken +4mal Bitumen
7	Grenoble Lab.	–	1947	200	796	0,32	0,97	0,54	1,53	1,174	1,449	2,5	2,0	–
						b) Versuche an alten Leitungen (HOECK)								
9	Löntsch D.L.	1908	1938	179	1052	0,80	4,78	0,64	3,79	1,342	1,454	22,0	23,0	stark verkrustet
10	Löntsch D.L.	1908	1938	179	1122	0,80	4,78	0,60	3,56	1,315	1,510	27,0	30,0	stark verkrustet
11	Barberine D.L.	1923	1938	108	1100	1,53	4,14	1,13	3,07	1,185	1,363	7,0	7,7	verkrustet
12	Barberine D.L.	1923	1938	192	1050	1,53	4,14	1,19	3,21	1,368	1,440	18,0	19,0	stark verkrustet
13	Palü D.L.	1927	1937	132	1125	1,64	3,82	1,26	2,93	1,127	1,253	5,5	6,2	verkrustet
14	Palü D.L.	1927	1937	108	1075	1,64	3,82	1,32	3,07	1,091	1,289	5,8	6,2	verkrustet
15	Cavaglia D.L.	1921	1937	96	1020	1,43	4,03	1,21	3,47	1,830	2,154	117,5	120,0	vor Revision
16	Cavaglia D.L.	1921	1937	96	1020	1,43	4,31	1,14	3,43	1,026	1,196	2,5	2,5	nach Revision

Nrn. 1 bis 6 Messungen von Sulzer, Nr. 7 Messungen von BARBÉ, Nrn. 9 bis 16 Messungen von HOECK.

zwischen λ und Re und dadurch mit der Wassermenge Q. Als brauchbare Auswertung ergab sich die Darstellung der Colebrookschen Gleichung durch eine Kurvenschar im λ-Re-Diagramm mit ε als Parameter. Anhand derselben kann durch die Meßpunkte eine mittlere Colebrooksche Linie gezeichnet werden, welche einem gemittelten ε-Wert entspricht.

Es ist zu beachten, daß die auf Abb. 77 dargestellten Kurven und die auf Tab. 18 eingetragenen Werte von λ und ε jeweils für die ganze Leitung, einschließlich Krümmer, Expansionen, Verengungen, Mannlöcher usw., gültig sind. Daraus ergeben sich naturgemäß entsprechende Verschiebungen von den Colebrookschen Kurven.

Abb. 78. Druckleitung Cavaglia, Schweiz. Verkrustungen vor und nach Reinigung (nach E. HOECK)

Zum Vergleich mit den vorstehend beschriebenen Versuchen sind ferner die 1937 bis 1940 von HOECK [61] an alten Druckleitungen in der Schweiz durchgeführten Druckverlustuntersuchungen beigezogen worden. HOECK gelangt auf Grund seiner Messungen hinsichtlich des Einflusses der Wandrauhigkeit und der Gültigkeit des Widerstandsgesetzes zu ähnlichen Auffassungen und findet:

Leitungen mit glattem Charakter sind neue, vollständig elektrisch geschweißte Druckleitungen. Die absolute Rauhigkeit erreicht höchstens Werte von $K = 0{,}1$mm.

Neu revidierte und frisch gestrichene Leitungen ergeben einen Wert von $K = 0{,}15$ bis $0{,}2$ mm.

Leitungen mit rauhem Charakter sind ältere, verkrustete und verrostete Druckleitungen mit einer absoluten Rauhigkeit von $K = 1{,}2$ bis $3{,}4$ mm.

Ursprünglich glatte Rohrleitungen mit beginnender Verrostung weisen einen Wert von $K = 0{,}2$ bis $0{,}4$ mm auf.

HOECK bestätigt ferner, daß bei großer Rauhigkeit, wie sie bei den seit langer Zeit in Betrieb befindlichen Druckleitungen auftritt, die Reibungszahl λ von Re unabhängig ist. Bei geringer Rauhigkeit von revidierten Leitungen nimmt λ hingegen mit wachsender Re-Zahl ab (quasiglatte Leitungen). Er führt dazu einige Beispiele an, darunter die Druckleitung Cavaglia vor und nach der Revision (vgl. Abb. 78). Zum Vergleich sind einige Ergebnisse von HOECK im λ-Re-Diagramm dargestellt (Abb. 79).

Aus Versuchen und aus der Literatur können für den neuen Zustand von Druckrohrleitungen die in Tab. 19 angegebenen Werte der absoluten Rauhigkeit K benützt werden.

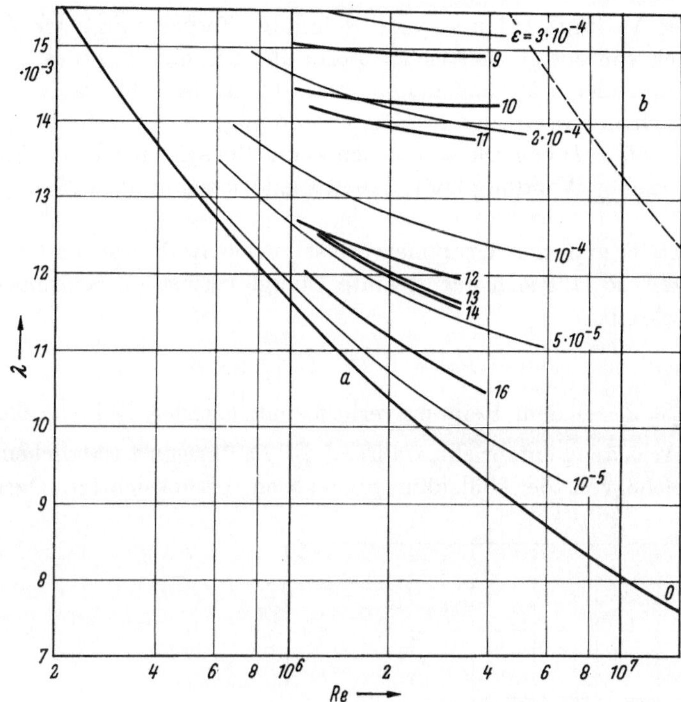

Abb. 79. Rohrreibungsverluste nach Versuchen von E. HOECK.
a hydraulisch glatt; *b* hydraulisch rauh.

Tabelle 19. *Absolute Rauhigkeit in neuen Druckrohrleitungen*

Rostschutzbehandlung	Absolute Rauhigkeit K mm
Neue Leitung ohne Anstrich	0,1–0,15
Spritzverzinken allein	0,1–0,15
Bitumenanstrich kalt aufgetragen	0,03–0,05
Bitumenanstrich heiß aufgetragen ohne Glätten	0,03–0,04
Bitumenanstrich heiß aufgetragen, Glätten mit Palette	0,025–0,04
Bitumenanstrich heiß aufgetragen mit Flämmglätten	0,015–0,03
Anstrich mit Vinyl	0,001–0,002

Bei allen Rostschutzbehandlungen ist gründliche Sandstrahlreinigung mit nicht zu grobem Quarzsand vorausgesetzt.

3.4 Druckverluste in Krümmern

Die Druckverluste in Krümmern sind selbst durch Versuche schwierig zu erfassen, indem ihre Größe durch verschiedene Parameter beeinflußt wird. Sie sind von der Reynoldsschen Zahl Re, der relativen Rauhigkeit ε, dem Krümmungsverhältnis R/D, dem Umlenkwinkel δ sowie von der

Länge der An- und Ablaufstrecke beeinflußt. Ferner hängt der Widerstand noch von der geometrischen Form ab, d.h. davon, ob es sich um einen Kreis- oder Polygonkrümmer handelt. In der Ablaufstrecke entsteht eine Nachwirkung der gestörten Strömung, welche sich bis zu einer Länge von $50 \times D$ bemerkbar machen kann. Bei scharfen Umlenkungen und sehr rauher Wandung kann dieselbe jedoch schon nach $25 \times D$ aufhören.

Unterteilt man den Krümmerverlust in den Reibungs- und Umlenkungsanteil, so läßt sich der gesamte Energieverlust im Krümmer wie folgt anschreiben:

$$H_{vK} = (\zeta_R + \zeta_U)\,\frac{v^2}{2g}\,, \tag{52}$$

worin $\zeta_R = \lambda \cdot \dfrac{L}{D}$ dem Reibungsverlust einer geraden Rohrstrecke von gleicher Achslänge entspricht, während ζ_U alle übrigen zusätzlichen Verluste, welche von der Umlenkung herrühren, berücksichtigt. Darin ist

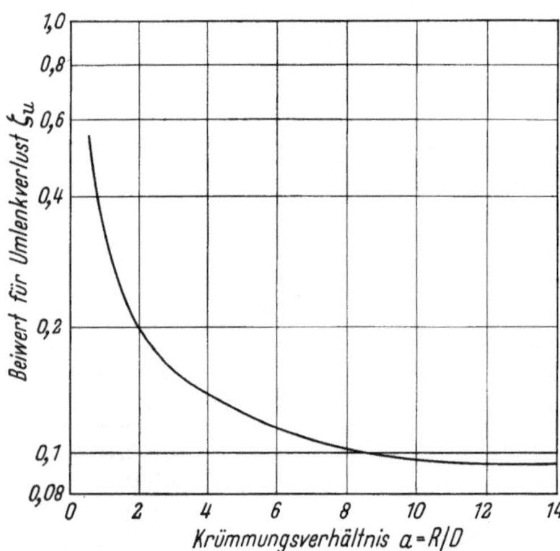

Abb. 80. Umlenkverlust ζ_U von 90°-Kreisbogen nach Versuchen von ZIMMERMANN bei $Re \geq 10^6$; $K \leq 0,03$ mm. R Krümmungsradius; D Rohrdurchmesser; Re Reynoldssche Zahl; K absolute Rauhigkeit.

auch die Ablösung, Wirbelbildung und ungleiche Verteilung der Strömung enthalten. Der entsprechende Verlust ist ein Maß für die kinetische Energie, welche zur Erzeugung der Querströmung und der Sekundärwirbel benötigt und in der Ablaufstrecke durch Reibung aufgezehrt wird. Diese Nachwirkung gibt eine Erklärung dafür, warum bei zusammengesetzten Formrohren der Gesamtverlust kleiner ausfällt als die Summe der Einzelverluste. Bei mehreren sich folgenden Krümmungen ist auf diese Verminderung zu achten.

Nach Versuchen von ZIMMERMANN [62] an Krümmern von 90°, die aus handelsüblichen, normalrauhen Stahlrohren gebogen wurden und Lichtweiten von 50 bis 250 mm aufwiesen, verändert sich ζ_U bei Reynoldsschen Zahlen oberhalb 10^6 nicht mehr wesentlich. Seine Messungen berücksichtigen genügend lange Anlauf- und Ablaufstrecken, so daß der Umlenkverlust voll erfaßt wird.

Auf Grund dieser Meßergebnisse, welche auf eine absolute Rauhigkeit von etwa $K = 0{,}03$ mm Bezug nehmen, ist in Abb. 80 der Wert von ζ_U in Abhängigkeit von R/D dargestellt. Für Druckleitungskrümmer mit großen Lichtweiten dürfte diese Kurve mit ausreichender Genauigkeit brauchbar sein.

Ergebnisse weiterer Versuche von HOFMANN und GREGORIG finden sich im Buche von RICHTER [57], S. 175ff.

Für Umlenkwinkel kleiner als 90° liegen Meßergebnisse über glatte Kreiskrümmer von WASIELEWSKI [63] vor. Die Versuche wurden bei $\mathrm{Re} = 2 \cdot 10^5$ mit Ablaufstrecken von $47\,D$ ausgeführt. Für $\mathrm{Re} \geq 10^6$ und absolute Rauhigkeiten $K = 0{,}03$ mm dürfen die ζ_U-Werte mit genügender Genauigkeit den Kurven nach Abb. 81 entnommen werden.

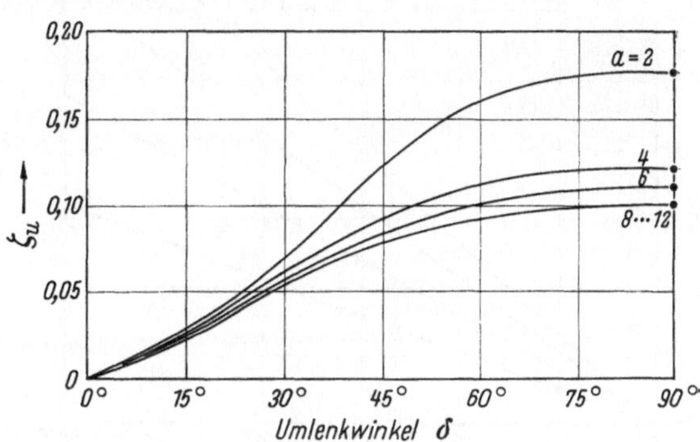

Abb. 81. Umlenkverlust ζ_U abhängig vom Umlenkwinkel δ und Krümmungsverhältnis a nach Versuchen von WASIELEWSKI, bei $\mathrm{Re} \geq 10^6$; $K \leq 0{,}03$ mm; $a = R/D$.

RICHTER [57] schlägt für die Berechnung der Druckverluste in Krümmern die Einführung der äquivalenten Länge eines gleichartigen geraden Rohrstückes vor. Auf Grund des Widerstandsgesetzes für den Krümmer:

$$H_{vK} = \left(\lambda \frac{L}{D} + \zeta_U\right) \frac{v^2}{2g}$$

erhält man durch Einsetzen von $L = \dfrac{\pi \delta}{180} R$ und von $R = aD$ die äquivalente Länge L_a zu:

$$L_a = D\left(\frac{\pi \delta a}{180} + \frac{\zeta_U}{\lambda}\right). \tag{53}$$

Darin bedeutet:

D = Lichtweite,
δ = Umlenkwinkel in Grad,
a = R/D = Krümmungsverhältnis,
ζ_U = Umlenkverlust,
λ = Reibungsverlust für gerade Rohre.

Damit läßt sich der Druckverlust im Krümmer wie folgt anschreiben:

$$H_{vK} = \left(\frac{\lambda\pi \cdot \delta a}{180} + \zeta_U\right)\frac{v^2}{2g} = F\,\frac{v^2}{2g}\,, \tag{54}$$

worin die Lichtweite D nur noch im Krümmungsverhältnis a erscheint.

Für die bei Druckleitungsanlagen am häufigsten anzutreffenden Verhältnisse mit Krümmern zwischen 45 und 90° und für $R/D = 4$ bis 10 darf zur Bestimmung des Krümmerwiderstandes für neue Leitungen oder für solche, die sich erst seit einigen Jahren im Betrieb befinden, mit genügender Genauigkeit für $\lambda = 0{,}01$ und für $\zeta_U = 0{,}1$ gesetzt werden. Auf dieser Grundlage ist die Kurvenschar in Abb. 82 berechnet worden.

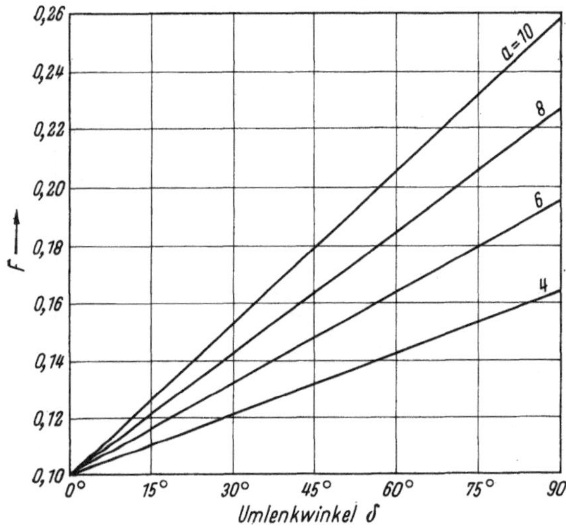

Abb. 82. Druckverlust H_{vK} in Rohrkrümmern

$$H_{vK} = \left(\frac{\lambda\pi\,\delta\,a}{180} + \zeta_U\right)\frac{v^2}{2g}$$

$$= F\,\frac{v^2}{2g}\,,\quad \text{für }\ \lambda = 0{,}01\atop \zeta_U = 0{,}1$$

R Krümmungsradius; D Rohrdurchmesser; δ Umlenkwinkel, $a = R/D$.

In Druckleitungen werden selten und dann nur für kleine Lichtweiten Kreiskrümmer verwendet. Die Bogenrohre sind mehrheitlich aus einzelnen geraden Segmenten zu Polygonkrümmern und Knierohren zusammengesetzt. In solchen Rohren ist die Turbulenz und Ablösung verstärkt, weshalb mit vergrößertem Widerstand zu rechnen ist. Versuche darüber liegen für verschiedene zusammengesetzte Formrohre aus dem Hydr. Institut T.H. München [64] vor, wo sich vor allem KIRCHBACH und SCHUBART damit beschäftigt hatten.

Die Umlenkverluste sind von der Größe der Knickwinkel abhängig. Bei Winkeln zwischen 10 und 15° und mit Krümmungsverhältnissen von $a = 4$ bis 10 ist der Einfluß der Knickung noch nicht sehr bedeutend, wächst aber, je nach der Größe der Umlenkung, bei größeren Winkeln als 15° stärker an. Die ungefähre Zunahme des ζ_U-Wertes gegenüber Kreiskrümmern kann der Tab. 20 entnommen werden.

Tabelle 20. *Zunahme des ζ_U-Wertes mit dem Knickwinkel*

		Umlenkung in Grad		
		90	60	45
Knickwinkel 10–15°				
Zunahme von ζ_U	%	8	5	2
Knickwinkel 15–22,5°				
Zunahme von ζ_U	%	20	8	3
Größere Winkel sind nicht zu empfehlen				

3.5 Druckverluste in Hosenrohren, Abzweigrohren und Verteilrohrleitungen

3.51 Übersicht

Die Druckverluste in den Verzweigungen zu den Turbinen sind von maßgeblicher Bedeutung. Sie sind rechnerisch schwierig zu erfassen und lassen sich am zweckmäßigsten durch Versuche ermitteln. Das Münchner Hydr. Institut hat sich schon früher damit befaßt und darüber in seinen Mitteilungen Heft Nr. 1 bis 4, 1926 bis 1931 berichtet. Im wesentlichen wurde festgestellt, daß der Widerstand in den Verzweigungen von folgenden Größen und Verhältnissen beeinflußt wird:

Reynoldssche Zahl Re,
Relative Wandrauhigkeit,
Verhältnis der abströmenden zur zuströmenden Wassermenge Q_A/Q_E,
Ablenkwinkel,
Verhältnis des Austritts- zum Eintrittsdurchmesser D_A/D_E,
Geometrische Form, d.h. zylindrische oder konische Rohre, spitzwinklige oder abgerundete Übergänge.

Die Hauptergebnisse der Münchner Messungen lassen sich wie folgt zusammenfassen:

Der Abzweigverlust ist nicht von der absoluten Druckhöhe abhängig, sondern bei gleicher Rohrform vom Quadrat der Geschwindigkeit.

Der Verlust an der Abzweigstelle ist im durchgehenden Strang gering und praktisch unabhängig von der Bauart.

Für den geringsten Abzweigverlust braucht die Strömungsgeschwindigkeit im Stutzen nicht notwendigerweise gleich derjenigen im Hauptrohr vor der Verzweigung zu sein; sie kann je nach Art der Abzweigung größer oder kleiner sein.

Der Abzweigverlust verkleinert sich mit abnehmendem Abzweigwinkel der Größenordnung nach ungefähr nach Tab. 21.

Das Durchmesserverhältnis D_A/D_E übt hauptsächlich bei extremen Abmessungen einen Einfluß aus, der allerdings im mittleren Bereich von $0,4 < D_A/D_E < 0,7$

Tabelle 21. *Einfluß des Abzweigwinkels*

Winkel	90°	60°	45°
Abzweigverlust	100%	60%	40%

nicht sehr bedeutend ist. Für eine gegebene Abzweigrohrform entsteht der kleinste Verlust für $D_A = D_E$.

Das Verhältnis Q_A/Q_E hat merklichen Einfluß; für eine gegebene Bauart ergibt sich für den Verlust ein ausgesprochenes Minimum.

In bezug auf die geometrische Form wirkt sich der konische Stutzen und die Abrundung des Überganges Rohr – Stutzen sehr stark aus. Bei mäßiger Verjüngung des Stutzens ist der Konus zur Verminderung des Druckverlustes wirksamer als die Abrundung. Einen Vergleich zeigt Tab. 22.

Tabelle 22. *Einfluß von Abrundung und Konus des Stutzens* (Druckverlust in %)

	Abzweigwinkel	
	45–60°	90°
Übergang scharfkantig	100%	100%
Übergang gerundet	70%	70%
Stutzen konisch, Übergang scharfkantig	40%	60%

In Verfolgung der Münchner Messungen wurden 1943/44 von Gebr. Sulzer AG, Winterthur, an feinbearbeiteten Modellabzweigrohren verschiedenster Bauformen Strömungsversuche mit Luft bei Re = 200000 durchgeführt. Oberhalb dieser Zahl war ihr Einfluß nur noch geringfügig. Die gemessenen Druckverluste lassen sich in der einfachen Form

$$H_{vA} = \zeta_A \frac{v_E^2}{2g}$$

darstellen, worin:

v_E = Strömungsgeschwindigkeit vor der Abzweigung,
ζ_A = Beiwert für den Gesamtverlust der Abzweigung

bedeutet.

In Tab. 23 sind die ermittelten ζ_A-Werte für einige Bauformen zusammengestellt. Die Ergebnisse dürfen mit einer gewissen Sicherheit auf die Großausführung übertragen werden, indem dort die Verluste etwa 10 bis 15% niedriger ausfallen.

Tabelle 23. *Übersicht der ζ_A-Werte für Q_A/Q_E = 0,33, Re = 2 · 10⁵*

Abzweig-winkel	Durch-messer-verhältnis D_A/D_E	Ausführungsform	ζ_A
90°	0,6	Stutzen zylindrisch, Übergang scharf	1,9
90°	1,0		0,85
60°	0,6		0,75
60°	1,0		0,64
60°	0,6	Stutzen konisch ($L = 2D_A$) Übergang scharf	0,44
45°	0,6	Stutzen zylindrisch, Übergang scharf	0,46
45°	0,6	Stutzen zylindrisch ($L = 2D_A$), Übergang scharf	0,34
45°	0,6	Stutzen zylindrisch, Übergang scharf	0,26
45°	0,6	Stutzen konisch ($L = 2D_A$), Übergang gerundet	0,22

3.52 Druckverluste im Hosenrohr

Bei symmetrischer Wasserverteilung und sorgfältiger Ausrundung der Schrittpartie kann der Mindestwert von ζ_H kleiner ausfallen als bei asymmetrischen Abzweigrohren. Er verschlechtert sich aber rasch bei ungleichmäßiger Beaufschlagung. 1962/63 durchgeführte Versuche von Gebr. Sulzer AG, Winterthur, lassen folgendes erkennen:

Die Versuche wurden an Holzmodellen, inwendig geschmirgelt und lackiert, nahezu hydraulisch glatt, mit Durchmessern von 115/82 mm, Querschnittsverhältnis 2 : 1, mittels Luft bei Re = 1,4 bis 2,3 · 10⁵ durchgeführt. Der Halbwinkel wurde zwischen 15 und 40° und das Mengen verhältnis Q_A/Q_E zwischen 0 und 1 verändert. Die Versuchsergebnisse zeigen folgendes:

Die Reynoldssche Zahl hat oberhalb eines Wertes von Re = 200000 keinen großen Einfluß mehr.

Mit geringer Wandrauhigkeit für lackierte Innenflächen ergab sich bei Re = 2,3 · 10⁵ ein Reibungsbeiwert von $\lambda = 15,5 \cdot 10^{-3}$, welcher sehr nahe beim Wert des hydraulisch glatten Rohres liegt.

Der Einfluß des Mengenverhältnisses Q_A/Q_E ist aus Abb. 83 ersichtlich. Die Minimalwerte von ζ_H treten nicht, wie zu erwarten wäre, bei $Q_A/Q_E = 0,5$ auf, sondern sind etwas nach rechts verschoben, und zwar ausgeprägter bei kleinen Halbwinkeln. Dies bedeutet, daß geringere Verluste bei leicht beschleunigter Strömung auftreten.

Der Abzweigwinkel hat bedeutenden Einfluß auf den Druckverlust. Zwischen 15 und 40° steigt er auf den doppelten Wert an.

Bei Hosenrohren mit innerer Verstärkung tritt das Minimum des ζ_H-Wertes dort auf, wo der Anströmwinkel gerade richtig gewählt wird. Dadurch ist es möglich, die Lage des Minimums

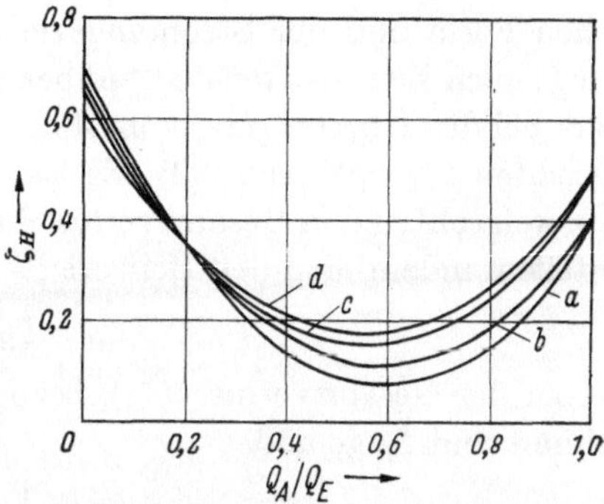

Abb. 83. Widerstandbeiwert ζ_H für Hosenrohre in Abhängigkeit des Abzweigwinkels α und des Mengenverhältnisses Q_A/Q_E bei Re = 2,3 · 10⁶. Halbwinkel δ für a 15°; b 22,5°; c 30°; d 40°.

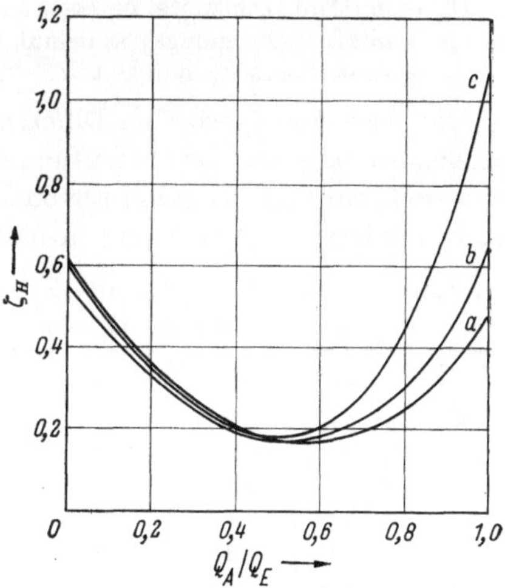

Abb. 84. Ablenkungsbeiwert ζ_H für Hosenrohre mit inneren Verstärkungen in Abhängigkeit des Mengenverhältnisses Q_A/Q_E beim halben Abzweigwinkel $\delta = 40°$.

a ohne innere Verstärkung; b mit innerer Dreieckkastenverstärkung; c mit innerer sichelförmiger Verstärkung.

in ziemlich weiten Grenzen zu verschieben. Sonst erzeugen solche Rippen oder Einbauten eine Vergrößerung des Widerstandes, namentlich bei stark beschleunigter Strömung (Abb. 84).

3.53 Druckverluste in Abzweigrohren

Grundsätzlich gilt für Abzweigrohre, d.h. für unsymmetrische und nicht querschnittsgleiche Verzweigungen dasselbe wie für Hosenrohre. Die Abzweigrohre sind jedoch empfindlicher auf Einflüsse der geometrischen Form und der Strömungsverhältnisse. Der Reibungsanteil überwiegt auch hier meistens gegenüber dem Ablenkungsverlust, was besonders bei der Übertragung von Modellergebnissen auf die Ausführung zu beachten ist (vgl. Abb. 93). Es ist daher zweckmäßig, bei Hosen- und Abzweigrohren den Gesamtverlust in Reibungs- und Umlenkverlust aufzuteilen, indem man den Beiwert ζ_G wie folgt anschreibt:

$$\zeta_G = \zeta_R + \zeta_A , \tag{56}$$

wobei der Gesamtverlust (ζ_G), bezogen auf v_E, aus den Messungen bestimmt und ζ_R gemäß

$$\zeta_R = \lambda \, \frac{L}{D_m} \, \frac{v_m^2}{v_E^2} \tag{57}$$

berechnet wird. Darin bedeuten:

λ　　= Reibungsbeiwert,
L　　= Reibungslänge [m],
D_m　= mittlere Lichtweite, bezogen auf die Reibungslänge [m],
v_m　= mittlere Strömungsgeschwindigkeit [m/s],
v_E　= Eintrittsgeschwindigkeit vor der Verzweigung [m/s].

Der Wert von ζ_A wird als Differenz berechnet. Als Überblick über die Größenordnung und die Bedeutung des Reibungsanteiles sei auf Tab. 24 verwiesen, worin die Ergebnisse von Modellversuchen an einer vollständig nachgebildeten Verteilleitung enthalten sind.

Tabelle 24. *Von Gebr. Sulzer AG an Modellrohren gemessene und umgerechnete Druckverluste an Abzweigrohren, Abzweigwinkel $\alpha = 45°$*

Abzweig-rohr Nr.	$\dfrac{F_E}{F_A}$	$\dfrac{Q_A}{Q_E}$	$\zeta_{G\,\text{Mod}}$ gemessen	λ	$\zeta_{R\,\text{Mod}}$	$\zeta_{A\,\text{Mod}}$	$\zeta_{G\,\text{Ausf.}}$ um-gerechnet
1	6,0	0,415	0,608	0,014	0,386	0,222	0,490
2	5,0	0,445	0,570	0,014	0,436	0,134	0,432
3	4,0	0,49	0,582	0,014	0,502	0,080	0,425
4	3,0	0,56	0,630	0,014	0,586	0,044	0,435

F = Querschnittsflächen, Q = Wassermengen, ζ = Verlustbeiwerte.

Aus weiteren 1966/67 abgeschlossenen Versuchen von Gebr. Sulzer AG [68] wird zunächst der Einfluß des Mengenverhältnisses, des Querschnittsverhältnisses und des Abzweigwinkels auf die Druckverluste bestätigt. Ferner geht daraus hervor, daß sich das Minimum des ζ_A-Wertes mit dem Querschnittsverhältnis und dem Abzweigwinkel verschiebt.

Die Messungen wurden mit Luft bei einer Reynoldsschen Zahl am Eintritt des Abzweigers von Re = 3,4 bis 3,6 · 10^5 durchgeführt. Der Einfluß der Kompressibilität war vernachlässigbar, indem die Dichteänderung nur etwa 1 % betrug. Außerdem wurde bei der Ermittlung des Staudruckes die örtliche Dichte berücksichtigt.

Die Auslaufstrecke nach dem Abzweigrohr wurde durch gerade Rohre gebildet.

Der Gesamtdruckverlust ζ_G setzt sich aus Reibungs- und Sekundärverlusten zusammen, wobei die ersteren ihren Ursprung in der Zähigkeit und Wandrauhigkeit besitzen und die letzteren die kinetische Energie sämtlicher Ausgleichsströmungen quer zur Hauptstromrichtung umfassen, welche durch Verlagerung der umgelenkten Strömung nach den Abzweigstellen, Krümmern, Einbauten usw. oder bei Vermischung von Trennschichten induziert werden. Die Wirbelbewegung der Sekundärströmung wird durch turbulente Mischreibung nach genügend langer Auslaufstrecke zerstreut.

Eine quantitative Trennung der Reibungs- und Sekundärverluste ist wegen ihrer gegenseitigen Beeinflussung nicht exakt durchführbar, weshalb man die reinen Abzweig- oder Durchtrittsverluste

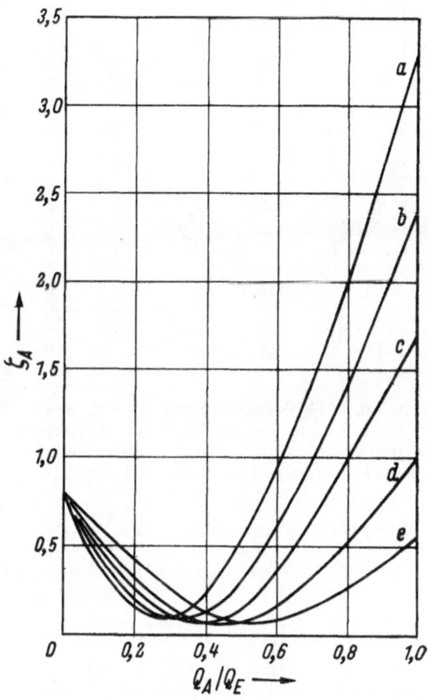

Abb. 85. Ablenkungsbeiwert ζ_A für Abzweigrohre ohne Innenverstärkung System Sulzer in Abhängigkeit vom Mengenverhältnis Q_A/Q_E und vom Flächenverhältnis F_E/F_A beim Abzweigwinkel α = 45°.

Q_A Abgezweigte Wassermenge; Q_E Eintrittswassermenge; F_A Abzweigquerschnitt; F_E Eintrittsquerschnitt; $f_1 = \dfrac{F_E}{F_A}$ f_1 bei a 6 : 1; b 5 : 1; c 4:1; d 3:1; e 2:1.

gemäß den Gln. (52) und (53) zu erfassen versucht. Darin können die Reibungsverluste etwa nach der Colebrookschen Formel (III) gemäß den Unterlagen für die voll ausgebildete Rohrströmung ermittelt werden.

Die mit einem Lackanstrich versehenen Modelle konnten als hydraulisch glatt bezeichnet werden, was Druckverlustmessungen an geraden Rohrstücken durch Übereinstimmung mit dem λ-Verlauf nach PRANDTL bestätigten.

Bei der Erfassung der Reibungsanteile wurden neben den geraden Strecken und Krümmern auch die Oberflächen der Abzweiger bzw. der Durchtrittspartien mit einbezogen, indem die zylindrischen und konischen Übergänge bis zum Achsenschnittpunkt berücksichtigt werden.

Bei der Übertragung der in Modellversuchen ermittelten ζ-Werte darf angenommen werden, daß die Sekundärverluste unverändert bleiben. Die Superposition der Sekundärverluste mit den wiederum rechnerisch zu bestimmenden Reibungsverlusten – unter Beachtung der Re-Zahlen und Wandrauhigkeit der Ausführung – liefert den Gesamtverlust der Großausführung.

Die im Hauptstrom durchflossene gerade Fortsetzung der Abzweigrohre erzeugt wesentlich geringere Druckverluste, indem ein Großteil der Grenzschicht und der Sekundärströmung mit dem Abzweigstrom verschwindet. Der Verlust rührt mehrheitlich von der Reibung her und kann durch Rückgewinn auch negativ ausfallen. Der Abzweigwinkel hat gemäß den Versuchsergebnissen praktisch keinen Einfluß auf den Durchtrittsverlust.

Anläßlich der Versuche wurde schließlich auch der Einfluß einer innen liegenden Verstärkung der Abzweigrohre untersucht. Die gewichtsparende Verstärkung hatte die Form eines Dreieckkastenträgers, System Sulzer (vgl. Abb. 70 und 71). Die günstige Innenform, welche der Strömung im Totraum eine Führung zu geben vermag, äußert sich in geringfügiger Zunahme des Druckverlustes gegenüber dem ungestörten Innenquerschnitt. Vergleichshalber sind auf Abb. 89 für die Flächenverhält-

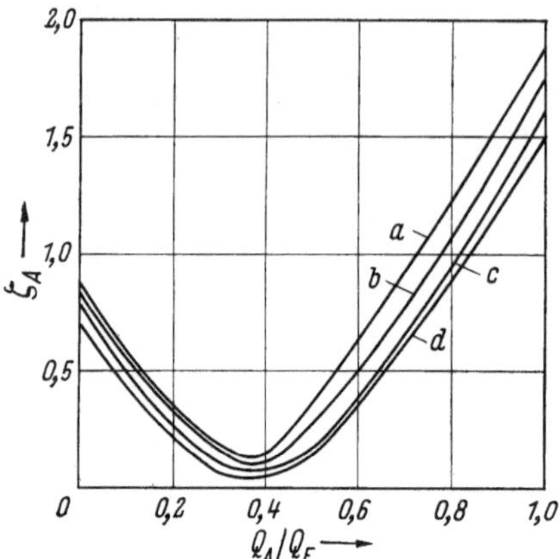

Abb. 86. Ablenkungsbeiwerte ζ_A für Abzweigrohre ohne Innenverstärkung System Sulzer in Abhängigkeit vom Mengenverhältnis und Abzweigwinkel α mit Flächenverhältnis $f_1 = 4 : 1$.

Abzweigwinkel α für a 65°; b 55°; c 45°; d 34°.

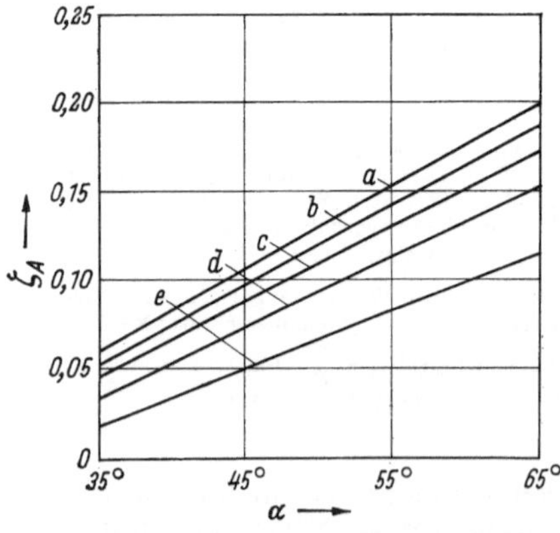

Abb. 87. Minimale Ablenkungsbeiwerte ζ_A für Abzweigrohre ohne Innenverstärkung System Sulzer in Abhängigkeit des Abzweigwinkels α und des Flächenverhältnisses $F_E/F_A = f_1$.

Für $F_E/F_A = f_1$ bei a 6:1; b 5:1; c 4:1; d 3:1; e 2:1.

nisse $f_1 = 6:1$ und $4:1$ die Verlustbeiwerte aufgetragen. Der Unterschied ist beinahe bedeutungslos. Hingegen zeigt sich bei den Durchtrittsverlusten gemäß Abb. 90 ein größerer Unterschied, der vom gestörten Durchfluß herrührt.

Die Versuchsergebnisse können wie folgt zusammengefaßt werden:

Die Reynoldssche Zahl hat oberhalb von Re $= 3,0 \cdot 10^5$ keinen wesentlichen Einfluß mehr auf den Abzweigverlust (Sekundärverlust).

Das Mengenverhältnis Q_A/Q_E übt einen wesentlichen Einfluß aus. Die parabelähnliche Kurve weist ein ausgesprochenes Minimum auf, welches dem günstigsten Betriebspunkt zukommen sollte (Abb. 85).

Betriebspunkte auf dem rechten Ast sind ungünstig, sie sind jedoch nicht zu vermeiden. Der ungünstige Einfluß kann durch Vergrößerung der Lichtweite korrigiert werden, allerdings mit entsprechendem Mehrgewicht der Leitung.

Auch der Einfluß der Flächenverhältnisse F_E/F_A ist bedeutend. Mit zunehmendem Verhältnis f_1 wachsen die Verluste an. Das Verlustminimum verschiebt sich mit abnehmendem Verhältnis f_1 nach rechts in Richtung der beschleunigten Strömung.

Da der Abzweigverlust an sich viel kleiner ist als der Reibungsverlust (vgl. Tab. 24), so lohnt es sich, das Verhältnis f_1 unter Umständen zu verkleinern.

Die Abzweigverluste nehmen mit wachsendem Abzweigwinkel zu (Abb. 86 und 87).

Der Durchtrittsverlust ist wenig von der Anordnung der Abzweiger abhängig.

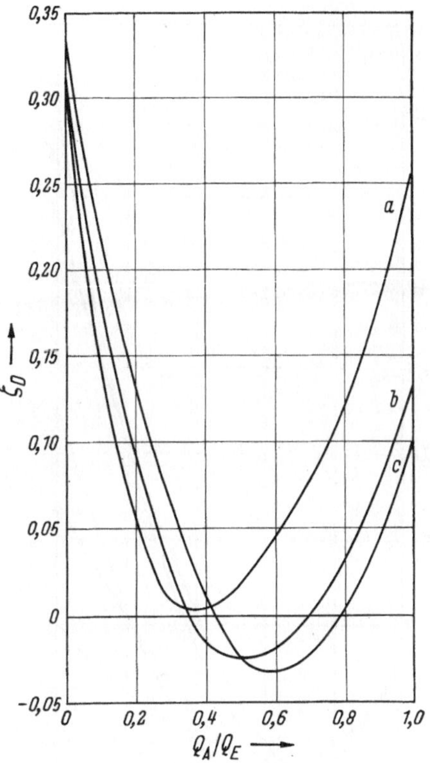

Abb. 88. Durchtrittsbeiwert ζ_D für Abzweigrohre System Sulzer mit äußerer Verstärkung in Abhängigkeit des Mengen- und Flächenverhältnisses. Abzweigwinkel ohne Bedeutung.

$F_E/F_A = f_1$ für a $2:1$; b $4:1$; c $6:1$.

Der Durchtrittsverlust ist stark vom Mengen- und Flächenverhältnis abhängig (vgl. Abb. 88).

Der Durchtrittsverlust ist praktisch vom Abzweigwinkel unbeeinflußt.

Der Durchtrittsverlust ist bedeutend kleiner als der Abzweigverlust.

Der Durchtrittsverlust kann auch negativ sein, wenn die Grenzschicht und Sekundäreinflüsse abgezweigt werden, so daß die Durchtrittsströmung völliger wird.

Der Vergleich der Abzweigverluste von außen und innen verstärkten Abzweigrohren nach System Sulzer zeigt bei größeren Flächenverhältnissen nur unbedeutende Unterschiede. Mit abnehmendem f_1 wird derselbe jedoch größer (Abb. 89).

Beim innen verstärkten Abzweiger verschiebt sich das Minimum nach rechts in beschleunigter Strömung. Erst bei $Q_A/Q_E = 0,8$ bis $1,0$ wirkt sich die vorstehende innere Verstärkung ungünstiger aus.

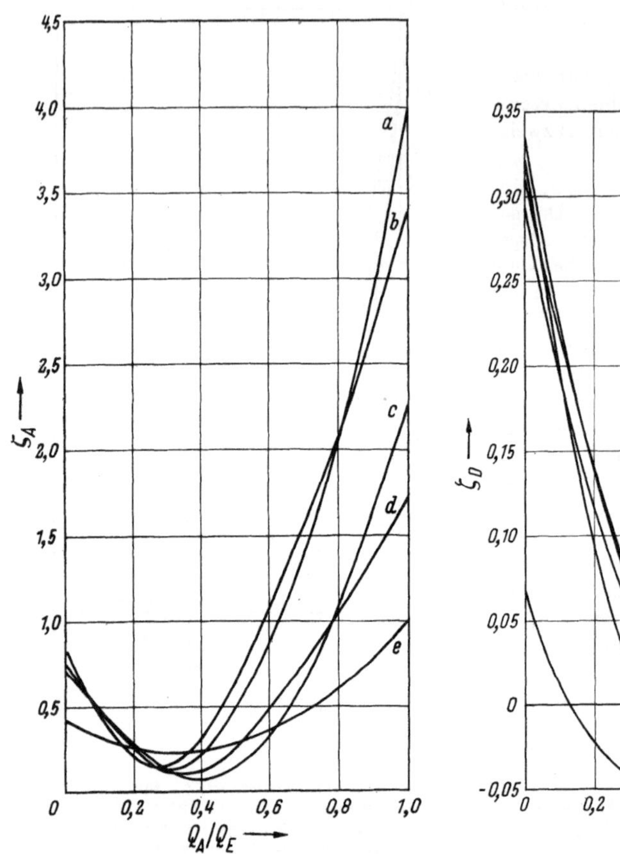

Abb. 89. Ablenkungsbeiwert ζ_A für Abzweigrohre mit äußerer und innerer Verstärkung in Abhängigkeit vom Mengen- und Flächenverhältnis. Abzweigwinkel $\alpha = 55°$.

a Sulzer-Abzweigrohr mit Innenverstärkung $f_l = 6:1$; b Sulzer-Abzweigrohr mi Außenverstärkung $f_l = 6:1$; c Sulzer-Abzweigrohr mit Innenverstärkung $f_l = 4:1$; d Sulzer-Abzweigrohr mit Außenverstärkung $f_l = 4:1$; e Innere Sichelverstärkung System Escher Wyss $f_l = 3;1$, $\alpha = 55°$.

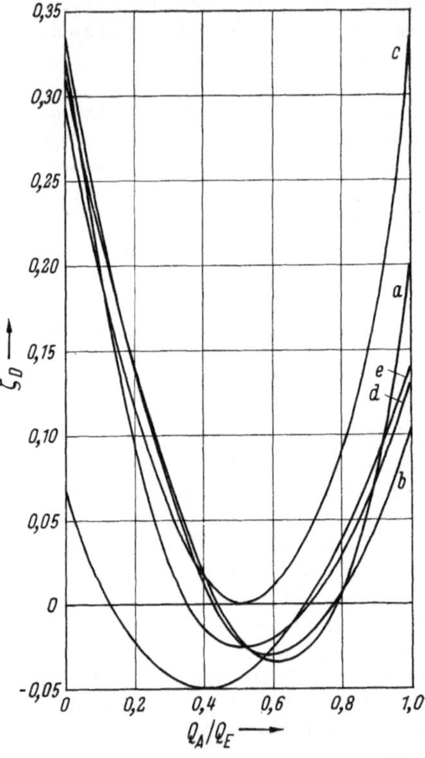

Abb. 90. Durchtrittswert bei ζ_D für Abzweigrohre mit äußerer und innerer Verstärkung in Abhängigkeit des Mengen- und Flächenverhältnisses.
Abzweigwinkel ohne Bedeutung.

a Sulzer-Abzweigrohr mit Innenverstärkung $f_l = 6:1$; b Sulzer-Abzweigrohr mit Außenverstärkung $f_l = 6:1$; c Sulzer-Abzweigrohr mit Innenverstärker $f_l = 4:1$; d Sulzer-Abzweigrohr mit Außenverstärkung $f_l = 4:1$; e Innere Sichelverstärkung System Escher Wyss $f_l = 3:1$, $\alpha = 55°$.

Die Durchtrittsverluste sind empfindlicher auf Innenverstärkung, vor allem bei kleinerem Flächenverhältnis (Abb. 90).

3.54 Druckverluste in ganzen Verteilrohrleitungen [68]

In bezug auf vollständige Verteilrohrleitungen, welche sich aus Abzweigrohren, Krümmern und geraden Strecken zusammensetzen, ist auf die Anordnung zu achten, indem der Einfluß vorangehender Störungen nicht vernachlässigt werden darf.

Der Gesamtverlust ist nicht einfach durch Superposition der Einzelverluste zu bilden. Je nach der Störung durch das vorangesetzte Abzweigrohr kann der Gesamtverlust größer oder kleiner sein als die Summe der Einzelverluste. Wie Versuche von Gebr. Sulzer AG gezeigt haben, hängt der Einfluß der Störung vom Verhältnis der Geschwindigkeiten vor und nach der Störung v_2/v_1, vom Verhältnis der abgezweigten zur zuströmenden Wassermenge Q_a/Q_1 oder dem Verhältnis der zugehörigen Querschnitte F_a/F_1 sowie von der Entfernung der Störung l_2/d_2 ab (vgl. Abb. 91).

Die Vergleichszahl z zwischen dem gemessenen und superponierten Verlustfaktor, bezeichnet durch

$$z = \frac{\zeta_{\text{tot gemessen}}}{\zeta_{\text{tot superponiert}}}, \qquad (58)$$

kann nach dem Charakter der Störung größer oder kleiner als eins sein, d. h., der Druckverlust des nachgeschalteten Abzweigers wird größer oder kleiner, als wenn er für sich allein betrachtet würde. Wird nämlich durch das vorangehende Abzweigrohr energiearmes Grenzschichtwasser abgezweigt, so entsteht für das nachfolgende Rohr ein Gewinn ($z < 1$). Wird hingegen die Strömung

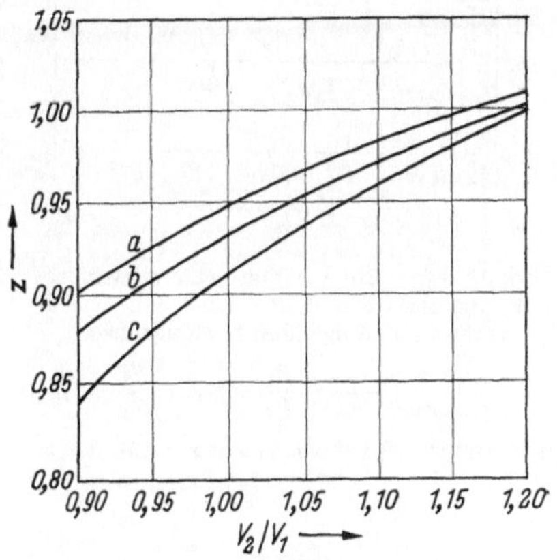

Abb. 91. Einfluß des Abzweigerabstandes auf den Druckverlust nachfolgender Abzweigrohre.

$$z = \frac{\zeta \text{ tot gemessen}}{\zeta \text{ tot superponiert}} \qquad l_2/d_2 = x$$

für: $\dfrac{F_1}{F_a} : \dfrac{F_2}{F_3} = \dfrac{f_1}{f_2} = 4 : 3$ (s. Abb. 92)

Kurven für $x = l_2/d_2$ bei a 16; b 10; c 5.

verzögert und/oder energiearmes Grenzschichtwasser im Durchfluß mitgeführt, so entsteht beim nachfolgenden Rohr ein zusätzlicher Verlust ($z > 1$). Die Abhängigkeit der Vergleichszahl z von den Strömungsbedingungen ist durch die Kurven Abb. 92 dargestellt. Danach üben alle vorgenannten Verhältnisse betreffend Geschwindigkeit, Querschnitt und Abstand beträchtlichen Einfluß aus. Vergleiche zeigen, daß 10 bis 20 % Unterschied zwischen Messung und Superponierung vorhanden sein kann. Der Haupteinfluß rührt vom unmittelbar vorgeschalteten Abzweiger her. Weiter voranliegende Störquellen haben nurmehr geringfügige Wirkung.

Aus den Versuchen läßt sich folgendes schließen:

Der abgezweigte Wasserstrom soll leicht beschleunigt, der durchgehende dagegen eher verzögert werden.

Der Gesamtverlust setzt sich aus Reibungs- und Ablenkungsverlusten zusammen.

Der Druckverlust variiert innerhalb einer Verteilleitung von Abzweigrohr zu Abzweigrohr infolge der Abhängigkeit vom Mengen- und Querschnittsverhältnis.

Der Gesamtverlust ist kleiner als die Summe der Einzelverluste.

Der Reibungsanteil ist überwiegend. Er läßt sich nach dem quadratischen Widerstandsgesetz beurteilen und nimmt wegen der Abhängigkeit des λ-Wertes von Re mit wachsender Reynoldsscher Zahl ab.

Der Ablenkverlust ist oberhalb Re $>$ $2 \cdot 10^5$ nicht mehr wesentlich von der Reynoldsschen Zahl abhängig und stellt zum Teil einen Krümmerverlust dar.

Vergleichende Messungen von Gebr. Sulzer AG an Modellen und Ausführungen bestätigen, daß letztere — hauptsächlich wegen der größeren Re-Zahl — in der Regel etwas kleinere Druckverluste aufweisen als die geometrisch ähnlichen Modelle.

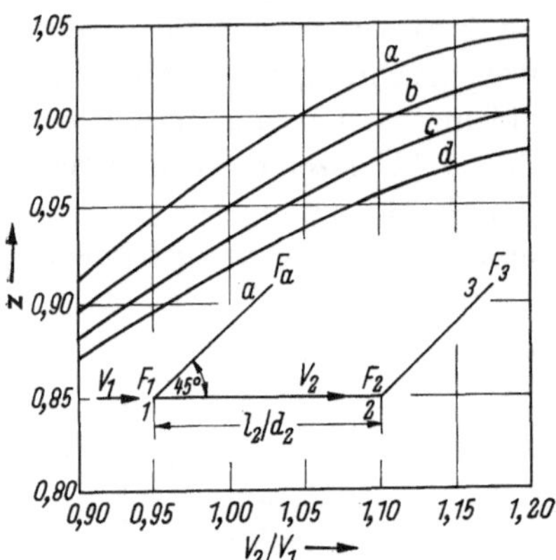

Abb. 92. Einfluß der Strömungsgeschwindigkeit und des Querschnittes auf den Druckverlust nachfolgender Abzweigrohre.

$$z = \frac{\zeta \text{ tot gemessen}}{\zeta \text{ tot superponiert}} \qquad \frac{F_1}{F_a} = f_1, \qquad \frac{F_2}{F_3} = f_2$$

Kurven für f_1/f_2 bei a 6:5; b 5:4; c 4:3; d 3:2.

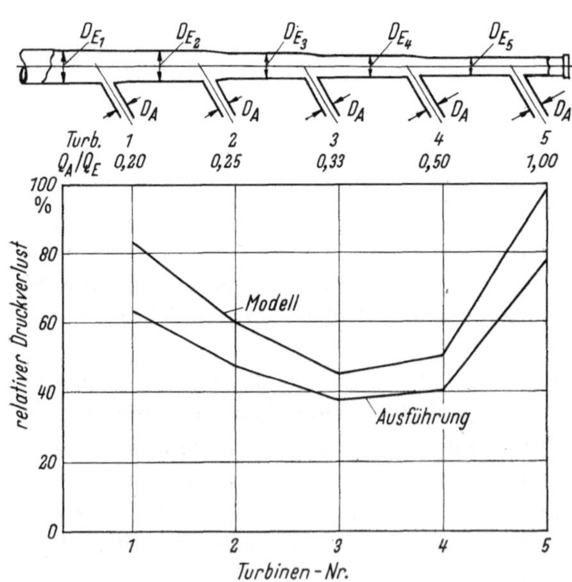

Abb. 93. Druckverluste in Abzweigrohren gemessen an Modellen und im Betrieb.

Abb. 93 zeigt einen entsprechenden Vergleich für den Hauptstrang der Verteilrohrleitung zum Kraftwerk Latschau (Lünersee) der Vorarlberger Illwerke.

Bei der Auslegung von Verteilrohrleitungen sollten die erwähnten Versuchsergebnisse Beachtung finden.

4. Montage von Druckrohrleitungen

Die Montage befaßt sich mit der Fertigstellung der Druckrohrleitung. Sie umschließt alle Arbeiten, die zum Transport und Zusammenbau der vorgefertigten Rohre auf der Baustelle erforderlich sind. Der Transport der Rohre nach dem häufig schwer zugänglichen und abgelegenen Gelände muß bereits in die Planung einbezogen werden, da die baulichen Aufwendungen für Zufahrtswege, Seilbahnen, Lagerplätze und Einrichtungen bedeutende Ausmaße annehmen können. Die Transportmöglichkeiten beschränken vielfach die Rohrabmessungen und Stückgewichte.

An die Montagearbeiten sind bezüglich Sorgfalt und Güte gleiche Anforderungen zu stellen wie für die Werkstattausführung. Die Bauplatzverhältnisse erschweren jedoch die Tätigkeit und verlangen deshalb besonderen Einsatz an Personal und Werkzeug. Die wichtigsten Voraussetzungen für eine erfolgreiche Montage bestehen in einer straffen Organisation und zweckmäßigen Ausrüstung.

Abb. 94. Rohrmontage in der Sierra Nevada, Spanien.

Namentlich bei weit abgelegenen und langandauernden Montagen ist die Schaffung eines günstigen Arbeitsklimas sowie eine sorgfältige Betreuung der Belegschaft unerläßlich.

Die Güte und der Fortschritt der Arbeiten sind weitgehend von den sozialen Verhältnissen sowie von den Sicherheitsmaßnahmen zur Beseitigung von Unfallgefahren abhängig. Den erschwerten Umständen im Gelände, der Unbill der Witterung und den Entbehrungen durch die

Abgeschiedenheit ist durch aufgeschlossene Führung größte Aufmerksamkeit zu schenken. Das Aufsichtspersonal übernimmt dabei eine große Verantwortung für Lebens- und Sachwerte und hat deshalb für die Überwachung und Kontrolle einen strengen Maßstab anzulegen (Abb. 94).

Für großkalibrige Druckrohrleitungen sind für Fertigung, Transport und Montage der Rohre besondere Vorkehrungen notwendig. Auf der Baustelle muß unter Umständen zur Herstellung von Rohren eine Feldwerkstätte errichtet werden, welche allen Anforderungen gerecht wird. Ferner sind schwere Transportmittel und Geräte für die Montage erforderlich (vgl. Abschn. 6.3).

Abb. 95. Rohrlager mit Geleisanschlüssen und fahrbarem Portalkran.

4.1 Transporte

Der Rohrtransport beginnt im Lieferwerk mit dem Verladen und Versand nach der dem Bauplatz nächstgelegenen Bahnstation. Bei Rohrabmessungen, welche das Bahnprofil überschreiten, gelangen nur Schalenteile zum Versand. Beim Ankunftsbahnhof, meistens kleineren Bahnstationen, sind als erste Installationen Abstellgeleise und leistungsfähige Abladekrane zu errichten. Von dort weg geschieht die Beförderung der Rohre mit schweren Lastwagen oft auf engen, kurvenreichen Berg- und Nebenstraßen auf große Entfernungen zum Lagerplatz in der Nähe des Krafthauses oder am Kopfende der Rohrleitung. Derselbe ist für die Stapelung einer ausreichenden Anzahl von Rohren mit Lagergerüsten, Verbindungsgeleisen und Umladekranen zweckmäßig auszurüsten (Abb. 95). Sofern bis dorthin nur Rohrteile befördert werden können, ist überdies auf dem Lagerplatz eine Feldwerkstätte zum Fertigstellen der Rohre einzurichten.

Vom Stapelplatz weg sind die Rohre zur Einbaustelle auf der Rohrstraße zu bringen. Dazu sind Transportbahnen notwendig, welche entweder als ständige Seilbahnen längs der Rohrleitung oder aber nur als behelfsmäßige Einrichtung für die Montagezwecke erstellt werden. Diese Bahnen dienen gleichzeitig zur Vorbereitung der Rohrstraße und für die

Bauarbeiten während der Montage. Es gelangen vornehmlich zwei Arten
von Seilbahnen zur Anwendung. Die neben der Rohrstraße verlegte
Standseilbahn wird hauptsächlich dort bevorzugt, wo schwere Trans-
porte von Rohren und Baumaterial vorkommen und wo eine ständige
Bahn zur Kontrolle der Rohrleitung erwünscht ist (Abb. 96). Die Luftseilbahn eignet sich für leichte und mittlere Lasten besonders dort, wo

Abb. 96. Permanente
Standseilbahn für 25 t
Last.

die Rohrstraße keine Horizontalabweichungen aufweist, welche Winkel-
stationen erfordern (Abb. 97). Ihr Vorteil besteht darin, daß die Rohre
direkt auf den vorbereiteten Unterbau abgesetzt werden können, ohne
daß dazu umfängliche Gerüstungen (Abb. 98) notwendig sind.

Bei Druckschachtpanzerungen sind auch im Felsinneren Transportbahnen einzurichten. Um doppelte Installationen zu vermeiden, kann
unter Umständen eine einzige in der Tunnelmitte verlegte Geleisanlage
genügen. Sämtliche Rohre werden in solchen Fällen vorgängig der Montage auf dem Geleise abgesetzt und behelfsmäßig verankert. Für den Einbau werden sie alsdann nach und nach mit dem Windwerk versetzt. Dieses
Vorgehen ist nur möglich, wenn die Zufuhr des Baumaterials für die
Hinterbetonierung mit geeigneten Mitteln besorgt werden kann. Beson-

ders niedrige Transportschemel gestatten, den Felsausbruch auf ein Mindestmaß zu beschränken (Abb. 99).

Abb. 97. Permanente Luftseilbahn für 12 t Last.

Abb. 98. Behelfsmäßige Gerüste für Rohrmontage.

Abb. 99. Rohrtransport im Schrägschacht von 70% Steigung mit Transportschemel.

4.2 Montagearbeiten

Die Montagearbeiten beginnen mit dem Anstellen, Ausrichten und Festhalten der Rohre in der verlangten Lage. Alsdann erfolgt die Rohrverbindung, meistens durch Handschweißung in Zwangslage nach dem vorgesehenen Verfahren. Bei offen verlegten Rohrleitungen wird gleichzeitig oder nacheinander von innen und außen geschweißt. Dickwandige Rohre und solche aus hochfestem Werkstoff erfordern ein Vorwärmen und Halten der Zwischenlagentemperatur. Dazu haben sich Infrarotstrahler mit Flüssiggasheizung wegen der sauberen und einfachen Handhabung besonders gut bewährt (Abb. 100). Die Wurzellagen sind auf der Gegenseite mit dem Arc-Air-Verfahren auszunuten und nachzuschweißen. Die überhöhten, rauhen Decklagen werden, wo nötig, in- und auswendig blecheben abgearbeitet, was zweckmäßig mittels Hochfrequenz-Handschmirgelapparaturen geschieht, wodurch die Installation von Preßluftanlagen wegfällt.

Abb. 100. Vorwärm- und Glühvorrichtung von Montageschweißnähten mit Infrarotstrahler und Butangasheizung.

In manchen Fällen empfiehlt es sich, die Montagenähte spannungsfrei zu glühen, wobei eine genügend breite Erwärmungszone zu beachten ist. Sollen nach dem Abkühlen nicht wieder größere Restspannungen zurückbleiben, so ist für Schrumpfungsmöglichkeiten zu sorgen. Wo diese Voraussetzungen nicht gegeben sind, erscheint es zweckmäßiger, auf die Wärmebehandlung völlig zu verzichten und eventuell eine mechanische Entspannung anzustreben, indem durch Steigerung des Probedruckes die Streckgrenze an den Schweißnahtstellen wissentlich erreicht wird. Ein solches Vorgehen ist bei gesunden Schweißverbindungen und zähem Werkstoff jedoch nur dann zulässig, wenn der Spannungs- und Verformungszustand durch Dehnungsmessungen genau verfolgt werden kann und die Schweißungen mittels Ultraschall auf Rißfreiheit nachgeprüft werden.

Bei der Montage von Druckschachtpanzerungen soll wegen der einseitigen Schweißung auf besondere Genauigkeit und Sorgfalt beim Zusammenpassen und Schweißen der Rohre geachtet werden. Der Arbeitsvorgang beim Montieren und Hinterbetonieren ist derart abzustimmen, daß sich der Ablauf ohne Wartezeiten vollziehen kann. Zur Hinterfüllung mit Beton haben sich je nach der Steilheit und Länge des Druckschachtes verschiedene Verfahren bewährt. Im allgemeinen wird der Beton durch eine Rinne oder mittels Wagen herangebracht, eingefüllt und durch Tauchvibratoren verdichtet. Um eine satte Hinterbetonierung zu erhalten, dürfen die Rohrlängen nicht zu groß und die Zwischenräume nicht zu eng gewählt werden. In neuerer Zeit ist man dazu übergegangen, anstelle grobkörnigen Betons ein etwas feineres Gemisch von grobem Sand mit Zement zu verwenden und mittels Betonpumpe einzufüllen (Abb. 101) oder aber nach dem „Prepact"-Verfahren ein grobes Kiesskelett mit feinem Mörtel zu durchsetzen. Das letztere Verfahren hat den Vorteil, daß die Montage ohne Unterbruch weiterschreiten kann, indem die Füll- und Injektionsarbeiten unabhängig davon nachfolgen können. Ein Nachteil liegt jedoch in der vermehrten Durchlöcherung der Blechpanzerung. Vom Gesichtspunkt der Spannungsspitzen und Sicherheit der Panzerung aus gesehen, kann man sich grundsätzlich fragen, ob gewisse Hohlstellen im Beton schädlicher sind als eine mit Löchern geschwächte Blechhaut.

Abb. 101. Hinterbetonierung eines Druckschachtrohres mittels Betonpumpe.

4.3 Prüfung und Überwachung

Da die Güte der Montageschweißungen derjenigen der Werkstattarbeit ebenbürtig sein soll, so sind die Schweißnähte in gleicher Weise zu bewerten und zu prüfen. Zur mechanischen Prüfung ist es weniger zweckmäßig, Proben aus den fertigen Schweißungen herauszutrennen. Es ist viel eher angezeigt, besondere Schweißproben in Zwangslage durchzuführen und auf diese Weise Schweißverfahren und Güte zu prüfen.

Im allgemeinen werden die Montageschweißungen durch zerstörungsfreie Prüfungen kontrolliert. Dazu stehen handliche Röntgen- oder Iso-

topenapparaturen zur Verfügung. Mehrheitlich gelangt heute jedoch die
wirkungsvollere Ultraschallprüfung zur Anwendung.

Vor der Inbetriebsetzung der Druckrohrleitungen ist eine Gesamtwasserdruckprobe unerläßlich, und zwar nicht in erster Linie zur Prüfung
der Rohre oder Montageverbindungen – dies hat vorgängig auf geeignetere
Weise zu geschehen – sondern vielmehr um die Tüchtigkeit des fertiggestellten Bauwerkes in allen Teilen unter Probe zu stellen. Dazu genügt
unter Umständen selbst eine einfache Füllprobe, sofern die Erzeugung
eines Überdruckes ungerechtfertigte Umtriebe und Kosten verlangen
sollte. Die früher häufig angewendete prüfbare Schweißmuffenverbin-
dung muß als überholt gelten, sie wird zweckmäßig durch die Ultraschallprüfung ersetzt. Während der Druckproben lassen sich Spannungs- und
Verformungsmessungen durchführen, welche jeweils eine Möglichkeit
bieten, die Kenntnisse über Berechnungsgrundlagen, insbesondere bei
Druckschachtpanzerungen und Verteilleitungen, zu erweitern.

5. Rostschutz

Die Druckrohrleitungen sind gegen vorzeitige Zerstörungen infolge
Korrosion zu schützen. Mit einem dauerhaften Anstrich verfolgt man
weiter den Zweck, längere Betriebsunterbrechungen zu vermeiden und
die Druckverluste zu vermindern. Für die Rostschutzbehandlung gibt es
keine allgemein gültigen Regeln. Die Wahl der Verfahren und der Aufbau
des Anstriches hängen von vielen Umständen ab, die durch die Umgebung, die Eigenschaften des Wassers, die Strömungsverhältnisse, die
Betriebsbedingungen usw. bestimmt werden. Zur Beratung ist der Fachmann beizuziehen.

5.1 Allgemeines

Eisen wird aus Oxyden gewonnen und zerfällt wieder in solche. Die
aus Stahl hergestellten Rohrleitungen unterliegen den Einflüssen chemi-
scher, mechanischer und biologischer Korrosionsvorgänge. Die Oxydation
geht von der Oberfläche aus. Sie hängt weniger von der Stellung des
Metalles in der Spannungsreihe, als von der Art und Dichte der Oxyd-
schicht ab. Im Gegensatz zu Aluminium und Chrom ist dieselbe bei Eisen
chemisch wenig widerstandsfähig, grobporig und schlecht haftend. Daher
ist Eisen besonders rostanfällig. Sein Widerstand kann nur durch Bei-
legierungen oder kathodischen Schutz erhöht werden. Alle anderen Verfahren zur Korrosionsverhütung beruhen auf dem Prinzip des Ober-
flächenschutzes durch Überzüge. Die Metalloberfläche soll dabei derart
verändert oder überdeckt werden, daß die Entstehung der Oxydation
verhindert wird.

Die Druckrohrleitungen sind inwendig dauernd mit Wasser in Berührung und außen wechselweise den atmosphärischen Einwirkungen ausgesetzt. Die Agressivität des Wassers ist von den Härtebildnern, dem pH-Wert und von den besonderen Verunreinigungen abhängig. Weiche Gebirgswasser wirken auf Eisen stark korrosiv, während hartes Wasser vielfach einen natürlichen Schutzfilm durch Kalkablagerungen zu bilden vermag. Bei Zink ist es eher umgekehrt. Die Dichte und Haftung von Kalkbelägen hängt von der Strömungs- und Absetzgeschwindigkeit ab.

Die mechanische Abrasion wird durch das vom Wasser mitgeführte Geschiebe (Sand oder Kies) verursacht. Seine Angriffigkeit hängt von der Körnung ab. Es beansprucht die Haftfestigkeit und Elastizität des Anstriches.

Unkontrollierbar sind biologische Einflüsse. Eine Reihe von Organismen wirken unter Bildung von Rost auf das Eisen ein. Solche Agressionen können namentlich bei tropischen Gewässern auch den Schutzanstrich zerstören und die Korrosion beschleunigen. Solchen Einwirkungen ist schwer zu begegnen, doch lassen sich dagegen besondere Schutzmittel finden.

Die Werkstoffauswahl hat auf die Korrosion einen gewissen Einfluß. Es ist bekannt, daß leicht legierte Stähle größeren Korrosionswiderstand besitzen. Sie lassen aber den Schutzanstrich nicht entbehren, sondern verlangsamen höchstens den Rostfortschritt.

Auch konstruktive Maßnahmen können mithelfen, das Rosten einzudämmen, indem verhindert wird, daß sich stehendes Wasser bilden kann. Toträume, Winkel und Ecken sind deshalb tunlichst zu vermeiden. Ebenso sind scharfe Kanten unvorteilhaft, weil sie den Farbfilm verdünnen oder abreißen.

5.2 Rostschutzmaßnahmen

Die zu treffenden Rostschutzmaßnahmen richten sich nach den Eigenschaften des Wassers einerseits und nach den Umwelteinflüssen anderseits. Für die Haltbarkeit des Schutzes sind sowohl die äußeren Einwirkungen als auch die Güte der Rostschutzarbeiten maßgebend. Beide Einflüsse unterliegen den Witterungsverhältnissen, der Temperatur und Feuchtigkeit, der Aggressivität von Luft und Wasser sowie deren Verunreinigungen. Sie bestimmen Verfahren und Aufbau der Arbeiten und Anstriche.

Die Rostschutzbehandlung läßt sich in folgende Arbeiten unterteilen:

Reinigen und Entrosten,
Grundieren,
Auftragen des Deckanstriches.

Das Reinigen und Entrosten geschieht durch:

Bürsten, von Hand oder mechanisch,
chemisch durch Säuren,
Flämmen,
Sandstrahlen.

Das Grundieren erfolgt durch geeignete passivierende Grundanstriche.

Der Deckanstrich sorgt schließlich für den Schutz des Grundanstriches durch völlig porendichten Abschluß. Die Ausführung eines neuzeitlichen Rostschutzes umfaßt wahlweise etwa folgendes Vorgehen:

a) Metallisch blanke Sandstrahlung, Grundierung mit 2 bis 3 geeigneten Zinkstaubanstrichen etwa 0,2 mm Schichtstärke, 3 bis 4 Deckanstriche mit Spezialbitumen, Chlorkautschuk- oder Kunststoffarben; Gesamtschichtdicke etwa 0,3 bis 0,4 mm.

b) Metallisch blanke Sandstrahlung, 4 bis 5 Anstriche aus Spezialbitumen, Chlorkautschuk- oder Kunststoffarben; Gesamtschichtdicke etwa 0,3 mm.

c) Metallisch blanke Sandstrahlung, Spritzverzinkung mit etwa 0,2 mm Schichtdicke, 3 bis 4 Anstriche aus Spezialbitumen, Chlorkautschuk- oder Kunststoffarben; Gesamtschichtdicke etwa 0,3 bis 0,4 mm.

Bezüglich des metallischen Grundanstriches kann auch eine Kombination von a) und c) günstige Schutzwirkung erzielen.

Die Auswahl der geeigneten Schutzsysteme sollte nicht in erster Linie aus preislichen Erwägungen heraus erfolgen, sondern vielmehr durch die Güte und Dauerhaftigkeit bestimmt werden und sich auf jeden Fall nach den gegebenen Verhältnissen richten.

5.3 Reinigung und Entrostung

Die Untergrundbehandlung durch Reinigen der Oberfläche von Schmutz, Fett, Rost, Zunder, Schlacken, Walzhaut ist zur Vermeidung von Unterrostungen sowie für genügende Benetzung und Haftung des Anstriches unerläßlich. Besonders wichtig ist dabei, daß auch die noch festhaftende Walzhaut entfernt wird, da sie bei Ausdehnung der Rohre abblättert oder durch die Unterrostung abgelöst wird. Außer dem Entrosten ist die Reinigung für die Aufrauhung der Oberfläche als Vorbereitung für die Haftung des Anstriches wichtig. Das Reinigen und Bürsten von Hand oder mechanisch ist völlig unzulänglich. Das chemische Reinigen durch Säuren ist nur bei vollständiger Entfernung aller oberflächlich haftenden Teile wirksam. Das Verfahren beschränkt sich auf Werkstattarbeiten und ist auf Baustellen nicht mit genügender Sorgfalt anwendbar.

Das Flammentrosten ist besser als Bürsten, aber weniger wirksam als Sandstrahlen. Die geflämmten Flächen sind für die Haftung des Anstriches sauber zu reinigen, was besonders bei rußiger Flamme notwendig ist. Auch das Flämmen ist auf Baustellen schwierig durchführbar.

Das Sandstrahlen stellt das wirksamste Reinigungsverfahren dar und entfernt allen Zunder und Rost bis auf die metallisch blanke Oberfläche. Grober Sand ist dabei jedoch zu vermeiden, weil die Oberfläche zu stark aufgerauht wird, was wegen der Porenbildung und der hervortretenden Metallspitzen schädlich wirkt. Die Profiltiefe der Aufrauhung sollte deshalb nicht mehr als 1/3 der Filmdicke des Anstriches betragen. Feiner Stahlsand ist wegen der Staubfreiheit grundsätzlich geeigneter als Quarzsand oder Korundsand. Bewährt hat sich ebenfalls eine Mischung beider Sandarten. Grober Stahlsand erzeugt hingegen zu große Rauhigkeit und Spitzen.

Die metallisch blanke, völlig trockene und staubfreie Oberfläche gilt als beste Vorbereitung für gut haftende und schützende Anstriche. Ferner müssen auch die Umweltverhältnisse gebührend beachtet werden. Der erste Grundanstrich ist unmittelbar auf die Sandstrahlreinigung aufzubringen, um ein Befeuchten oder Flugrostbildung zu vermeiden.

Die Lebensdauer des Rostschutzes ist maßgeblich von der Güte der Reinigung und Entrostung abhängig. Für die Wirksamkeit gilt etwa folgende Reihenfolge:

Handreinigung,	Flämmen,
mechanische Reinigung,	wolkig Sandstrahlen,
chemische Entrostung,	blankes Sandstrahlen.

5.4 Grundanstrich

Der eigentliche Schutz gegen Korrosion entsteht durch den Grundanstrich infolge seiner chemischen Einwirkung auf die Oberfläche, während der Deckanstrich in physikalischer Weise eher zum Schutz der Grundierung dient und einen möglichst undurchlässigen Überzug bilden soll. Der Grundanstrich ist als halbdurchlässiger Film zu betrachten, welcher für die Feuchtigkeit in geringem Umfang durchlässig ist. Damit trotzdem keine Rostbildung entsteht, ist der Film mit Pigmenten zu durchsetzen, welche die Feuchtigkeit aufnehmen und passivierend wirken. Als besonders geeignet dazu erscheinen die Bleipigmente, die sich in früher allgemein verwendeten Leinölbleimennigen vorfinden. Ihre Wirksamkeit beweist die Tatsache, daß Bleimenniggrundierung bei Druckleitungen nach jahrzehntelanger Betriebszeit noch unversehrt und frei von Rostbildung angetroffen wurden. Dabei mögen auch besondere örtliche Verhältnisse günstig mitgewirkt haben. Das Leinöl als Bindemittel erweist sich als besonders günstig für die Benetzung, indem es leicht in

Poren und Kapillaren eindringt. Als Nachteil wirkt sich die lange Trocknungs- und Härtungszeit aus. In neuerer Zeit besitzt man aber Spezialmennige, welche rasch trocknen und wasserfest sind. Sie beruhen auf der Basis von trocknenden Ölen, verbunden mit Chlorkautschuk, Kunstharzen und Asphalt.

Auf einer völlig anderen Basis der Grundierung hat sich in den letzten Jahren die Metallisierung eingeführt. Dazu wird die Stahloberfläche entweder mit Zinkstaubfarben gestrichen oder mit flüssigem Zink überspritzt. Der Anstrich mit Zinkstaubfarben hat sich gut bewährt. Der Ansicht hingegen, daß der Anstrich auch auf feuchte, nasse oder rostige Oberflächen mit ausreichender und dauerhafter Wirkung aufgetragen werden dürfe, ist wegen der Porenbildung und dem Weiterschreiten der Unterrostung mit Vorsicht zu begegnen. Überzüge durch Schutzmetallisierung sind nicht porendicht und unterliegen selbst – je nach der Aggressivität der Umgebung – einer, allerdings langsameren, Korrosion. Sie sind deshalb durch Deckanstrich porendicht zu verschließen. Die Spritzverzinkung hat passivierende Wirkung und besitzt den Vorteil erhöhter Widerstandsfähigkeit gegen mechanische Verletzungen. Ein Nachteil besteht jedoch darin, daß die Spritzverzinkung bei unsachgemäßer Behandlung und unter hohem Innendruck zu Blasenbildung und Ablösung neigt, indem durch Poren und schlechte Haftung Feuchtigkeit eindringt und zu

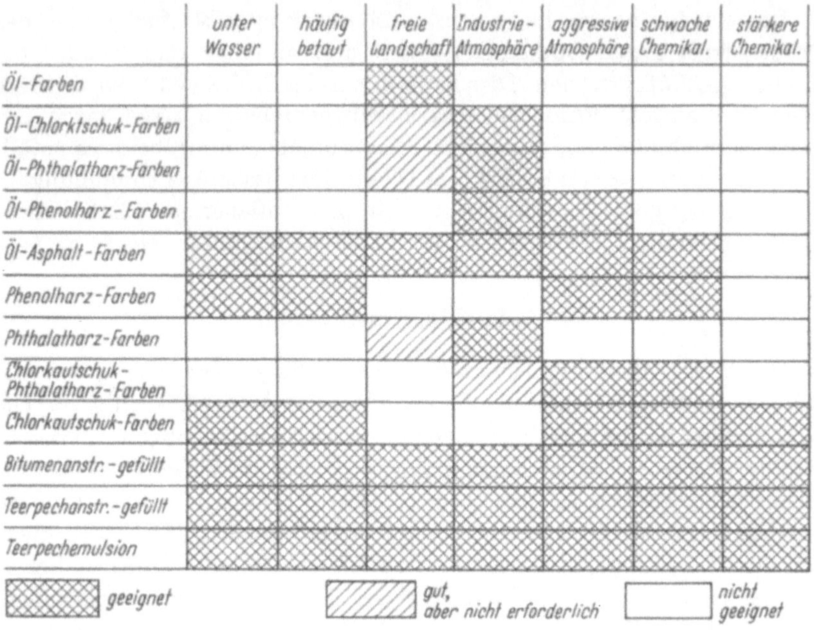

	unter Wasser	häufig betaut	freie Landschaft	Industrie-Atmosphäre	aggressive Atmosphäre	schwache Chemikal.	stärkere Chemikal.
Öl-Farben			▨				
Öl-Chlorkautschuk-Farben			▧	▨			
Öl-Phthalatharz-Farben			▧	▨			
Öl-Phenolharz-Farben				▨	▨		
Öl-Asphalt-Farben	▨	▨	▨	▨	▨	▨	
Phenolharz-Farben	▨	▨			▨	▨	
Phthalatharz-Farben			▧	▨			
Chlorkautschuk-Phthalatharz-Farben				▧	▨		
Chlorkautschuk-Farben	▨	▨			▨	▨	▨
Bitumenanstr.-gefüllt	▨	▨	▨	▨	▨	▨	▨
Teerpechanstr.-gefüllt	▨	▨	▨	▨	▨	▨	▨
Teerpechemulsion	▨	▨	▨	▨	▨	▨	▨

▨ geeignet ▧ gut, aber nicht erforderlich ☐ nicht geeignet

Abb. 102. (nach KRENKLER).

Wasserstoffbildung führt. Zur Verminderung der Blasenwirkung kann ein gut verschließender Deckanstrich behilflich sein. Außer der einwandfreien Haftung ist eine ausreichende Schichtdicke von mindestens 0,2 mm sowie eine gleichmäßige Zinkverteilung erforderlich. FRIEDLI [69] und HOCHWEBER [70] berichten über Erfahrungen mit Spritzverzinkung.

5.5 Deckanstrich

Der Deckanstrich hat einerseits für die Porendichtheit zu sorgen und anderseits die Passivierung zu unterstützen. Dazu sind Binde- und Lösungsmittel notwendig. Diese beruhen auf der Basis von Öl, Bitumen, Teerpech oder Kunststoffen. Die Ölfarben scheinen insbesondere in Kombination mit Kunststoffen eine gute Witterungsbeständigkeit aufzuweisen. Sie eignen sich deshalb vor allem für Außenanstriche. Für aggressive Atmosphären oder Flüssigkeiten sind hingegen vorzugsweise Anstrichfarben auf der Basis von Bitumen, Teerpech, Chlorkautschuk und Kunststoff anzuwenden. Für Innenanstriche von Druckleitungen sind Ölfarben nicht geeignet. Gut bewähren sich jedoch ölarme Bitumen-, Teerpech-, Chlorkautschuk- oder Kunststoffarben. Die Deckschichten sollen insgesamt mindestens 0,15 bis 0,20 mm aufweisen. Über die Entwicklung der Anstrichtechnik und die Bewährung von Deckanstrichen berichtet KRENKLER [71], woraus Abb. 102 entnommen ist.

Bei eingegrabenen Leitungen muß die Rohraußenfläche und der Deckanstrich gegen Bodenfeuchtigkeit und allfällige Humussäure besonders geschützt werden. Dies kann durch das Auftragen einer mehrere Millimeter dicken Bitumenschicht, gegebenenfalls verstärkt durch Gewebefaserumhüllungen, geschehen. In Betracht kommt ebenfalls gefülltes Spezialbitumen von 3 bis 4 mm Dicke ohne besondere Umhüllung.

Für gleitende Teile, wie Expansionsrohre, Auflager usw., hat sich die Spritzverbleiung auf vorverzinkter Oberfläche bewährt.

5.6 Ausführungsarbeiten

Die Wirksamkeit und Dauerhaftigkeit des Rostschutzes hängt wesentlich von der Sorgfältigkeit der Reinigungs- und Anstricharbeiten ab. Die Grundierung hat unmittelbar nach der Sandstrahlreinigung auf die vollständig trockene Oberfläche zu erfolgen, wobei die Umgebungsverhältnisse beachtet werden sollen (Regen, Staub, Rauch usw.). Die relative Luftfeuchtigkeit soll während der Arbeiten tunlichst 75% nicht überschreiten. Notwendigenfalls sind Lufttrocknungsanlagen einzurichten.

Die Erfahrungen bei Rostschutzarbeiten an Druckrohrleitungen zeigen, daß es für die Haltbarkeit des Schutzes zweckmäßig ist, die entsprechenden Arbeiten soweit als möglich vor der Montage durchzuführen.

Dazu sollen geschlossene Räume – sei es in der Werkstatt oder in Barakken auf der Baustelle – benützt werden. Unter solchen Umständen können günstige Arbeitsbedingungen geschaffen und die Arbeit an der verlegten Leitung auf die unvermeidbaren Ausbesserungen beschränkt werden.

Für Druckschächte hat sich demgegenüber, wegen der vermehrten Anstrichbeschädigungen durch die ins Innere verlegten Transport-, Montage- und Bauarbeiten, das Verfahren eingeführt, die Rostschutzarbeiten erst nach fertiger Montage und Druckprobe vorzunehmen. In solchen Fällen stehen den schlechteren Arbeitsbedingungen geringere Beschädigungen gegenüber. Bei diesem Vorgehen muß jedoch eine günstige Jahreszeit abgewartet oder eine Lufttrocknung vorgesehen werden.

Der Kontrolle der Rostschutzarbeiten sollte von Anfang an gebührende Aufmerksamkeit geschenkt werden.

6. Beschreibung bedeutender Anlagen

Zur Veranschaulichung des in den vorangehenden Abschnitten behandelten Stoffes werden im nachfolgenden einige bemerkenswerte Anlagen beschrieben. Aus der Fülle der vorhandenen Projekte wurden vier größere Anlagen als Vertreter ihrer Ausführungsart herausgegriffen. Die Darstellung beschränkt sich jedoch auf das Wesentliche der technischen Ausführung und umfaßt folgende Arten von Rohrleitungen:

offen verlegte Druckleitung,
einbetonierte Druckschachtpanzerung,
großkalibrige Druckleitung,
Verteilleitung.

6.1 Offen verlegte Druckleitung
zum Kraftwerk Hospitalet (Pyrenäen) der Electricité des France, R.E.H. Garonne, Toulouse

Das Pumpspeicherwerk Hospitalet liegt im Quellgebiet der Ariège in den östlichen Pyrenäen, nahe der französisch-spanischen Grenze. Im Staubecken Lanoux werden 70 Mio m³ Wasser, teils aus dem natürlichen Einzugsgebiet, teils durch Hinzuförderung aus weiteren Abflußzonen aufgespeichert und unter einem Gefälle von 782 m ausgenützt. Die installierte Turbinenleistung beträgt 100 000 kVA und die Jahresproduktion 110 Mio kWh reine Winterenergie (vgl. Abb. 103). Die Planung und Auslegung der Druckleitung Lanoux erfolgte durch die E.D.F. selbst. Die 1959/60 erstellte Leitung besitzt eine Länge von 1480 m, weist eine Lichtweite von 2,1, 2,0 und 1,9 m sowie Wandstärken von 10 bis 39 mm auf

Abb. 103. Druckleitung Hospitalet (Pyrenäen).

und ist für eine Nennwassermenge von 15 m³/s ausgelegt. Die Rohrleitungsachse verläuft in der Fallinie und biegt in der Talsohle kurz vor dem Krafthaus rechtwinklig ab (vgl. Abb. 104).

Die Verteilleitung verjüngt sich von 1,9 auf 1,0 m l.W. und speist 3 Zwillings-Pelton-Turbinen und dient gleichzeitig als Sammelleitung beim Betrieb der 2 Speicherpumpen (vgl. Abb. 105).

Die Druckleitung ist in 12 Festpunkten verankert und zwischen denselben in Abständen von 17 bis 21 m auf ringverstärkten Pendellagern

Abb. 104. Längenprofil der Druckleitung Hospitalet–Lanoux.

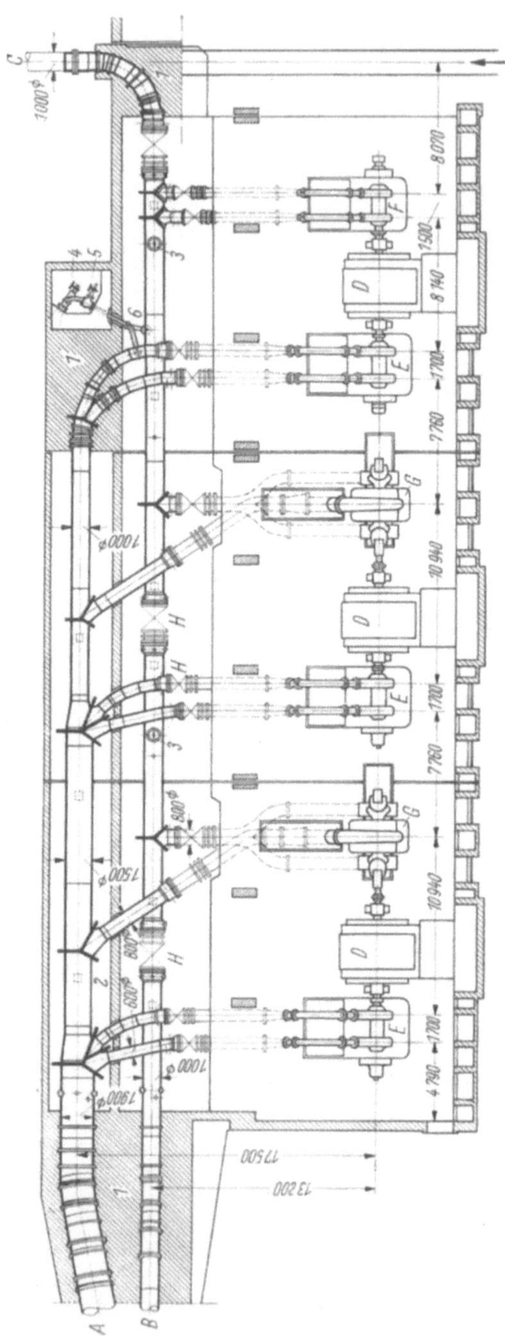

Abb. 105. Anordnung der Verteilleitung zum Kraftwerk Hospitalet.
Statisches Gefälle 781 m; Betriebsdruck 88 at; Feinkornstahl 60 kp/mm² Festigkeit.

abgestützt (Abb. 106). Talseitig aller Festpunkte sind Expansionsrohre und bergseitig davon Einstiegöffnungen eingebaut.

Der von der E.D.F. genehmigte Ausführungsvorschlag weist folgende Merkmale auf:

glattwandige Rohre ohne Bandagen und ohne künstliche Werkstoffüberreckung,
Verwendung von feinkörnigem, trennbruchsicherem Werkstoff,
vollumfängliche Abnahmeprüfung jeder Blechtafel,
blechebenes Abarbeiten der Schweißnähte,
Spannungsfreiglühen der dickwandigen Rohre aus hochfestem Stahl im Werk und auf Montage,
100% Ultraschallprüfung sämtlicher Werks- und Montagenähte; zusätzlich 5% gezielte Röntgenaufnahmen,
Auswahl entsprechender Zuschlagstoffe,
Nahtbewertungsziffer $V = 1{,}0$,
Festlegung gerader, in Knickpunkten verankerter Rohrleitungsstrecken,
Anordnung von Expansionsrohren,
Abstützung auf reibungsarmen Pendellagern.

Die zur Verwendung ausgewählten Stahlbleche besitzen die in Tab. 25 aufgeführten Eigenschaften.

Nach Eingang der Stahlbleche in der Werkstatt zur Verarbeitung wurden zusätzlich noch Aufschweißbiegeproben, Steilabfallprüfungen und Schweißversuche durchgeführt, welche durchwegs befriedigende Resultate ergaben.

Die Herstellung der Rohre erfolgte auf die übliche Weise unter Einsatz von Schweißautomaten für Längs- und Rundnähte. Die Rohre aus St 60 wurden im Flammofen bei 620 °C spannungsfrei geglüht. Die Bearbeitung der Schweißraupen erfolgte innen und außen. Die Wasserdruckprobe der geraden Druckleitungsrohre im Werk wurde weggelassen und durch die vollumfängliche, zerstörungsfreie Prüfung sämtlicher Schweißnähte ersetzt. Die Abzweigrohre der Verteilleitung erhielten durch die gedrängte Bauart

Abb. 106. Pendelstützlager.

eine Sonderausbildung, indem aus dem gleichen Verzweigungspunkt zwei Turbinenzuläufe abzweigten (vgl. Abb. 105 u.107). Alle Rohre der Verteilleitung von max. 50 mm Wandstärke wurden spannungsfrei geglüht und einer Wasserdruckprobe unter dem 1,5fachen Betriebsdruck (132 at) unterworfen.

Tabelle 25. *Werkstoffeigenschaften der Druckleitung Hospitalet*

		Stahlsorte		
		St 44	St 50	St 60
Zugfestigkeit	kp/mm²	44–53	50–60	58–68
min. Streckgrenze	kp/mm²	28	34	40
min. Bruchdehnung $L = 5d$	%	24	24	22
min. Kerbzähigkeit Charpy-V-Notch bei − 10 °C	mkp/cm²	6	6	6

Abb. 107. Werkdruckprobe der Verteilleitung Hospitalet. Prüfdruck 132 at.

Die Berechnung der Wandstärken stützte sich auf Sicherheitsfaktoren – als Verhältnis der minimalen Streckgrenze zur Ringspannung – von $f_S = 1{,}8$ für die Druckleitung und $f_S = 2{,}3$ für die Verteilleitung. Darin wurde die Verlegungsart mit Festpunkten und Expansionen, die Werkstoffgüte, die sorgfältige Fertigung und Prüfung, die Erfassung der Nebenspannungen sowie bezüglich Gefahrenklasse die Siedlungs- und Krafthausnähe wie folgt berücksichtigt:

Tabelle 26. *Sicherheitsfaktoren der Druckleitung Hospitalet*

Sicherheitsfaktor		Druckleitung	Verteilleitung
Grundfaktor	f_0	1,3	1,3
Werkstoff	f_W	1,0	1,0
Herstellung	f_H	1,05	1,08
Berechnung	f_B	1,05	1,10
Gefahrenklasse	f_G	1,25	1,50
Gesamtfaktor	f_S	1,80	2,30

Zu den auf dieser Grundlage berechneten Wandstärken wurde 1 mm als Abrostungszuschlag hinzugefügt.

Bezüglich der Druckverluste der ganzen Anlage einschließlich Verteilleitung wurde ein Strickler-Faktor von $K_s = 90$ gewährleistet und bei den Abnahmeversuchen leicht überschritten. Die Verteilleitung wurde strömungstechnisch vorgängig durch Modellversuche untersucht, wobei bestätigt wurde, daß sich das Doppelabzweigrohr strömungstechnisch und druckverlustmäßig günstiger verhält als zwei aufeinanderfolgende getrennte Abzweiger.

Die Montage der etwa 200 Rohre im Umfang von rund 2200 Tonnen gestaltete sich in steilem, unwirtlichem Gelände unter stark wechselnden Wetterverhältnissen äußerst schwierig. Sie konnte in zwei Sommerperioden bewältigt werden. Umfangreiche Einrichtungen für Lagerung, Umladung und Transport der Rohre waren notwendig. Die behelfsmäßig erstellte

Abb. 108. Rohrtransport auf behelfsmäßiger Standseilbahn, Gewicht 25 t.

Standseilbahn beförderte Rohre bis zu 25 Tonnen (Abb. 108). Der Montageaufwand verlangte den gleichzeitigen Einsatz von etwa 40 Fach- und Hilfsarbeitern.

Nach Fertigmontage wurde die Druckleitung zur Prüfung ihres ganzen Verhaltens einer Gesamtwasserdruckprobe bei 97 at unterworfen.

Die Rostschutzarbeiten bestanden in Sandstrahlen, Bitumengrundierung und Heißbitumendeckanstrich von 2 bis 3 mm Dicke.

Die Anlage steht seit 1961 in Betrieb.

6.2 Druckschachtpanzerung
zum Kraftwerk Tavanasa der Kraftwerke Vorderrhein AG, Graubünden (Schweiz)

Das Kraftwerk Tavanasa bildet die zweite Stufe der Wasserkraftnutzung am Vorderrhein. Dem Ausbausystem sind die 3 Staubecken Sta. Maria, Nalps und Curnera mit insgesamt 165 Mio m³ Speicherinhalt zugeordnet. Von der obersten Ausbaustufe Sedrun weg fließt die Nutzwassermenge von max. 46 m³/s unter einem statischen Gefälle von 480 m dem Krafthaus Tavanasa zu. Dasselbe besitzt eine installierte Leistung von 180 000 MW und erzeugt eine jährliche Energie von etwa 600 Mio kWh. Die Planung und Auslegung der Druckleitung erfolgte durch die Bau-

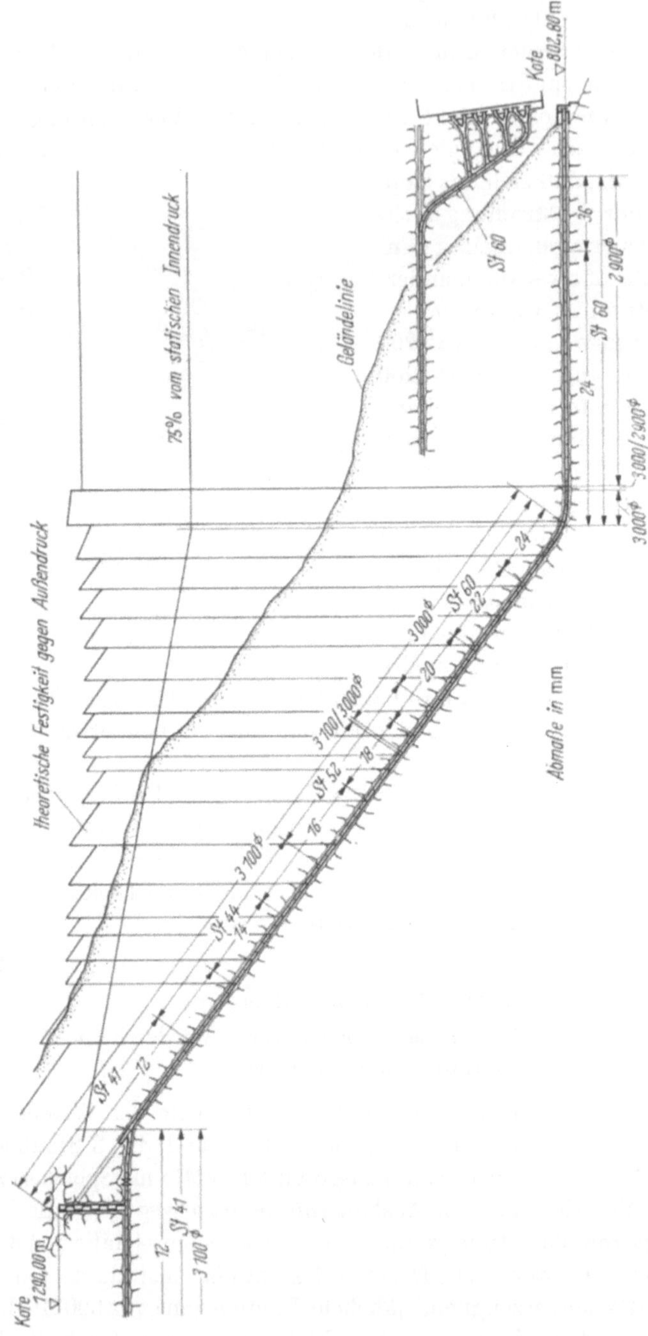

Abb. 109. Längenprofil des Druckschachtes Tavanasa.

herrschaft, die Nordostschweizerische Kraftwerke AG, Baden. Der 1960/61 erstellte Druckschacht besitzt eine schräge Länge von 860 m bei 70% Neigung und eine Horizontalstrecke von 370 m. Die Lichtweite verjüngt sich von 3,1 auf 2,9 m, die Wandstärken betragen 11 bis 36 mm (vgl. Längenprofil Abb. 109).

Die Verteilleitung speist 4 Doppelturbinen und weist 7 Abzweigrohre auf. Sie besitzt eine Lichtweite von 2,9 bis 1,1 m. Da die Zentrale außer-

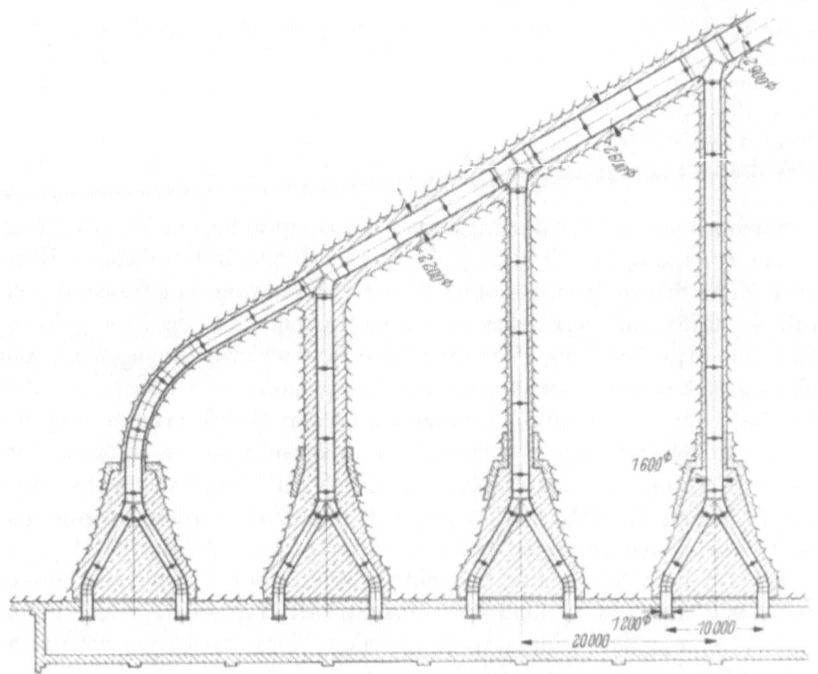

Abb. 110. Verteilleitung Tavanasa, Graubünden (Schweiz).
Statisches Gefälle 480 m, Berechnungsdruck 53 at, Material St 60.

halb des Gebirges, frei stehend angeordnet ist, wurde die Verteilleitung auf den vollen Innendruck bemessen. Ihre Wandstärken betragen 40 bis 21 mm (Abb. 110).

Die Anlage wurde wie folgt ausgelegt:

glattwandige Rohre ohne Verstärkung,
Abnahme der Stahlbleche je Walztafel durch unabhängige Experten,
teilweise Bearbeitung der Schweißnähte,
Spannungsfreiglühen der Verteilleitungsrohre,
teilweise Ultraschall- und Röntgenkontrolle der Druckschachtrohre; 100%ige
Prüfung der Verteilleitungsrohre,
angepaßte Auswahl der Elektroden,

Nahtbewertungsziffer $V = 0,9$ bis $1,0$,
anteilmäßige Felsbelastung 1/3 des Berechnungsdruckes,
Berechnung und Kontrolle auf Außendruck.

Die verwendeten Stahlbleche besitzen folgende Eigenschaften:

Tabelle 27. *Werkstoffeigenschaften des Druckschachtes Tavanasa*

		Stahlsorte			
		St 41	St 44	St 52	St 60
Zugfestigkeit	kp/mm²	41–50	44–53	52–62	58–68
min. Streckgrenze	kp/mm²	26	30	35	40
min. Dehnung $L = 5d$	%	25	24	22	22
min. Kerbzähigkeit Charpy-V-Notch bei $-10\,°C$	mkp/cm²	6	6	6	6

Stichproben und Ergänzungsversuche erfolgten bei der Verarbeitung.

Die Fertigung der Druckschachtrohre erfolgte mit teilweiser Bearbeitung der Schweißraupen, ohne Wärmebehandlung und Wasserdruckproben, dafür mit vermehrten mechanischen und zerstörungsfreien Schweißnahtproben. Die Verteilleitungsrohre wurden hingegen an den Schweißnähten bearbeitet, spannungsfrei geglüht und abgepreßt. Zur Verminderung der Spannungsspitzen und der Druckverluste sind die Abzweigstellen gut ausgerundet und mit äußeren, lose aufgesetzten Verstärkungskragen versehen worden. Anläßlich der Werkdruckprobe unter dem 1,5fachen Betriebsdruck entsprechend 80 at wurden Spannungs- und Verformungsmessungen mittels „strain-gauges" durchgeführt.

Bei der Berechnung der Schachtpanzerung auf Innendruck mußte bezüglich Felsbelastung dem zerklüfteten, mit Mylonitschichten durchsetzten Gebirge Rechnung getragen werden. Eine vorsichtige Schätzung begrenzte die Belastung auf 1/3 des an jeder Stelle wirkenden Berechnungsdruckes (statischer Druck $+10\%$ Stoßzuschlag). Der Lastfaktor der Panzerung erhält damit den Wert von $\alpha = 0,66$ [vgl. Formel (33)].

In Anbetracht der Felsverhältnisse wurde der Sicherheitsfaktor bezüglich Innendruckbelastung auf $f_S = 1,7$ angesetzt; mit Rücksicht auf den Außendruck jedoch auf 1,8 erhöht, was für Druckschächte eher reichlich erscheint. Der Sicherheitsfaktor, bezogen auf die Stahlblechpanzerung allein, beträgt damit $0,66 \cdot f_S = 1,2$, d.h., die Beanspruchung im Blech ohne Mitwirkung der Felsentlastung beträgt 83% der Streckgrenze. Die nach Formel (36) berechnete theoretische Außendrucklinie ist im Längenprofil Abb. 109 eingezeichnet.

Die Bemessung der Verteilleitung, welche dem vollen Innendruck ohne Entlastung durch den Fels zu widerstehen hat, stützt sich auf die gleichen Grundlagen, wie sie für Hospitalet verwendet wurden, wobei das

Einbetonieren durch den etwas geringeren Sicherheitsfaktor von $f_S = 2{,}2$ berücksichtigt ist.

Die Montage der etwa 160 Rohre (Abb. 111) von 8 bis 10 m Länge im Umfang von rund 2000 Tonnen erfolgte mit der im Schacht verlegten Standseilbahn, indem vorgängig sämtliche Rohre in der richtigen Reihenfolge auf dem Geleise abgestellt und gesichert wurden. Dieses Vorgehen ersparte eine außerhalb des Gebirges liegende Transportbahn, verlangte aber anderseits eine entsprechende Arbeitseinteilung sowie zusätzlichen Zeit- und Kostenaufwand. Jedes Rohr gelangte anschließend einzeln der

Abb. 111. Druckleitung Tavanasa, Graubünden (Schweiz).
Lager für Druckschachtrohre auf der Baustelle.
Rohrdurchmesser 3100 bis 2900 mm; Wandstärken 11 bis 36 mm; Längen 8 bis 10 m.

Reihe nach von unten nach oben zur Montage und Hinterbetonierung. Nach Abschluß der Einbauarbeiten erfolgten die Mörtelinjektionen zur Verdichtung der Hinterlage.

Der Zusammenbau der Verteilleitung mußte auf möglichst geringen Felsausbruch Rücksicht nehmen. Die großen Abzweigrohre wurden deshalb ohne Verstärkungskragen transportiert und erst an der Einbaustelle zusammengesetzt (Abb. 112). Nach Fertigmontage und Kontrolle (Abb. 113), jedoch vor der Einbetonierung, erfolgte die Wasserdruckprobe unter dem 1,5fachen Betriebsdruck ($p_{\text{stat}} + 10\%$), wobei gleichzeitig Spannungs- und Verformungsmessungen durchgeführt wurden, welche befriedigende Ergebnisse zeigten.

Die Montagenähte wurden nicht wärmebehandelt, dafür aber durch die Druckprobe auf mechanische Weise entspannt, was durch Dehnungsmessungen verfolgt werden konnte.

Nach Beendigung der Druckschachtmontage, jedoch vor der Rostschutzbehandlung, wurde die Panzerung einer Gesamtwasserdruckprobe bei 10 at Überdruck unterworfen. Aus den mehrere Tage dauernden Versuchen ließ sich in bezug auf Temperatur, Wasserverluste und Verformung ein stationärer Zustand erreichen, woraus im Mittel eine bleibende Klaffung zwischen Panzerung und Beton von 0,04 mm sowie ein Lastanteil von Beton und Fels von 45 % errechnet werden konnte.

Der nach der Druckprobe vorgenommene Rostschutz besteht im Sandstrahlen, in der Spritzplus Kaltverzinkung von je 0,1 mm und schließlich in einem 4fachen Bitumendeckanstrich.

Die Anlage steht seit 1962 in Betrieb.

Abb. 112. Transport eines Abzweigrohres der Verteilleitung Tavanasa zur Einbaustelle. Ø 2,8 m, Gewicht 28 t. Aufsetzen des Verstärkungskragens ohne Verschweißen mit Rohr auf der Einbaustelle.

Abb. 113. Montage der Verteilleitung Tavanasa. Kontrolle der Schweißnähte mittels Ultraschallprüfung.

6.3 Großkalibrige, offen verlegte Druckrohrleitung
zum Kraftwerk Murray I der Snowy Mountains Hydro-Electric Authority (S.M.A.), Australien

Die Druckrohrleitungen zum Kraftwerk Murray I können als Beispiel großkalibriger Rohrleitungen mit hohem Gefälle und großer Wassermenge betrachtet werden. Wegen der großen Abmessungen konnten die einzelnen Rohre weder per Bahn noch auf der Straße transportiert werden. Sie konnten nur an Ort und Stelle gefertigt und durch besonders kräftige Transportmittel und -einrichtungen zur Baustelle gebracht werden. Die

Abb. 114. Druckleitung Murray I, Australien. Transport eines Ankerrohres von 56 t Gewicht von der Feldwerkstatt zur Einbaustelle.

geräumige Feldwerkstatt enthielt eine vollständige Fabrikationseinrichtung zur neuzeitlichen Fertigung von Rohren. Dazu gehörten u. a. auch eine eigene Kraftzentrale mit Dieselmotoren für etwa 3000 PS, Prüflaboratorium, elektrischer Glühofen und Rostschutzinstallationen. Besonders schwere Lastwagen und Standseilbahnen besorgten den Transport der 15 m langen und bis zu 56 Tonnen schweren Rohre von 4,5 bis 3,7 m Lichtweite zur Einbaustelle (Abb. 114).

Die Baustelle beschäftigte etwa 350 Berufsleute, die teilweise mit Familien in Bungalows untergebracht werden mußten. Die Belegschaft erzeugte und verlegte etwa 350 Rohre im Gewicht von rund 10 000 Tonnen.

Das Kraftwerk Murray I liegt am westlichen Fuß des „Great Dividing Range", welches die Wasserscheide zwischen dem Pazifischen Ozean und dem westlichen Binnenland von Australien bildet. In diesem südöstlich gelegenen Gebirge, den „Snowy Mountains", ist das weitausgedehnte Snowy-Murray Abflußsystem geschaffen worden. Auf der regenreichen Ostseite werden die Niederschläge auf einer Höhe von 1300 m aufgespeichert, nach Westen übergeleitet und zur Energieerzeugung und zur Bewässerung großer Gebiete ausgenützt.

Das Kraftwerk Murray I besitzt 10 vertikalachsige Francis-Turbinen von je 95 000 kVA. Dieselben werden von drei durch Humes-Sulzer erstellte, offen verlegte Druckleitungen gespiesen (Abb. 115), welche folgende Daten aufweisen:

Tabelle 28. *Daten für die Druckleitung Murray I*

		2 Stränge	1 Strang
Anzahl Turbinen		je 4	2
Wassermenge	m³/s	je 74	37
Statisches Gefäll	m	570	570
Berechnungsdruck	at	62	66
Lichtweite	m	4,5/3.7	3,45/2,55
Länge etwa	m	je 1600	1600
Gewicht total	t	je 4200	2300
Verteilleitung		3 Abzweigrohre	1 Abzweigrohr

Abb. 115. Druckleitungen Murray I, Australien. Ansicht der 3 verlegten Leitungen mit dem Krafthaus.

Abb. 116. Verteilleitung
Murray I, Australien.
Verlegung der Rohre im
Schräghang.

Die in der Spezifikation zum Liefervertrag niedergelegten technischen Bestimmungen enthielten u. a. folgende Einzelheiten für die Rohrleitungen:

glattwandige Rohre ohne irgendwelche Verstärkungen,
Verwendung von hochfestem Feinkornstahl australischer Herstellung (Ausnahme Verteilleitung),
offen verlegt, in 12 Fixpunkten verankert und mit Expansionen ausgerüstet, alle etwa 22 m mit Ringverstärkungen auf Rollenlagern abgestützt,
alle verwendeten, zur Feldwerkstatt gelieferten Stahlbleche wurden einzeln im Walzwerk mechanisch und durch Ultraschall geprüft,
alle Schweißungen in der Feldwerkstatt durch Automaten ausgeführt; alle Montagenähte von Hand,
die Decklagen aller Schweißungen blecheben abgearbeitet,
100% Röntgen- und 100% Ultraschallkontrollen aller Schweißungen, auch Montagenähte,
die fertig geprüften Rohre in Feldwerkstatt spannungsfrei geglüht; Montagenähte jedoch nicht geglüht,
Nahtbewertungsziffern $V = 1,0$.

Die Berechnung der Wandstärken stützte sich auf die Vorschrift, daß die höchste Ringspannung für die Druckleitungen 67% und für die Verteilleitungen 50% der Streckgrenze erreichen dürfe.

12* E

Zur Verwendung gelangten folgende Stahlblechqualitäten:

Tabelle 29. *Werkstoffeigenschaften der Druckleitung Murray I*

		Stahlsorte / Verwendung	
		Australische / Druckleitungen	Europäische / Verteilleitungen
Zerreißfestigkeit	kp/mm²	55–66	58–68
min. Streckgrenze	kp/mm²	40	42
min. Dehnung $L = 5d$	%	18	22
min. Kerbzähigkeit Charpy-V bei 0 °C	mkp/cm²	6	6

Abb. 117. Verteilleitung Murray I, Australien. Montage der Abzweigrohre im Schräghang.

Für die Montage mußten die Rohre auf Baustraßen und mittels Seilwinden zur Einbaustelle gebracht werden. Mit Tag- und Nachtschichten wurden an jeder Leitung je Woche durchschnittlich 3 Rohre montiert, geschweißt und geprüft.

Als Rostschutzbehandlung wurde Sandstrahlreinigung bis zur blanken Oberfläche, gefolgt von Zinkstaubanstrich außen und von Teerpechemail innen, vorgesehen.

Die fächerförmig angeordnete Verteilleitung (Abb. 60), wurde zur Platzgewinnung im schrägen Hang vor dem Maschinenhaus verlegt (Abb. 116). Die Rohre wurden von Sulzer hergestellt und von Humes montiert (Abb. 117). Im Anschluß an die Montage wurden die Verteilleitungen einzeln einer Wasserdruckprobe mit Dehnungsmessungen unterworfen. Die Ergebnisse bestätigten die Vorausberechnungen.

Die zwei ungefähr gleichbedeutenden Druckrohrleitungen für die unterhalb anschließende Anlage Murray II wurden in gleicher Weise erstellt.

Abb. 118. Verteilleitung zum Kraftwerk Latschau/Lünersee nach betriebsfertiger Montage.

6.4 Verteilleitung
zum Kraftwerk Lünersee-Latschau der Vorarlberger Illwerke AG, Bregenz/Vorarlberg (Österreich)

Das Pumpspeicherwerk Latschau nützt einerseits das im Staubecken Lünersee mit einem Inhalt von 80 Mio m³ gespeicherte Wasser zur Erzeugung von Spitzenenergie aus und ergänzt anderseits den mangelnden natürlichen Zufluß durch Fördern von Wasser aus dem Illfluß mittels Abfallenergie. Das Kraftwerk besitzt folgende technische Daten:

Tabelle 30. *Daten des Kraftwerkes Latschau*

Daten		Turbinenbetrieb	Pumpenbetrieb
Bruttogefälle	m	992	992
Betriebsdruck	at	111	126
Ausbauwassermenge	m³/s	31	22
Installierte Leistung	MW	217	253
Energieerzeugung bzw. Verbrauch	Mio kWh	410	536
Anzahl Maschinengruppen			
Vollausbau		6	6
vorläufig		5	5

Die Verteilleitung (Abb. 118 u. 119) von 2,05/0,8 m l.W. und 66 bis 21 mm Wandstärke stellt eine der bedeutendsten Anlagen dieser Art dar und besitzt eine Kennzahl $P \times D$ von 23 000. Sie speist mit 12 Abzweigrohren einerseits sechs 4düsige, vertikalachsige Pelton-Turbinen und sammelt anderseits das Förderwasser von sechs 5stufigen, vertikalachsigen Speicherpumpen.

Der von den Illwerken und der Technischen Versuchs- und Forschungsanstallt der T.H. Wien (T.V.F.A.) genehmigte Vorschlag enthielt folgende technische Merkmale:

Verwendung von trennbruchsicherem Feinkornstahl,
Herstellung und Abnahme des Werkstoffes nach besonderem Pflichtenheft durch die T.V.F.A. und zusätzliche Stich- und Ergänzungsproben während der Verarbeitung,
Schweißungen nach besonderen Verfahrensprüfungen und Kontrollen,
blechebenes Abarbeiten der Schweißraupen innen und außen,
100%ige Ultraschallprüfung sämtlicher Werk- und Montagenähte, zusätzlich etwa 10% gezielte Röntgenaufnahmen,
Spannungsfreiglühen sämtlicher Rohre im Werk sowie Montagenähte auf der Baustelle,
Nahtbewertungsziffer $V = 1{,}0$.
äußere, lose aufgesetzte Verstärkungskragen an den Abzweigrohren,
Wasserdruckproben aller Abzweigrohre unter dem 1,3fachen Betriebsdruck mit Spannungsmessungen,
Verankerung des Hauptstranges im Fels und fliegende Anordnung der Verteilleitung,
Festlegung der Einspann- und Verformungsverhältnisse,
günstige Formgebung bezüglich Strömungsverhältnisse und Garantie der Druckverluste,
Sicherheitsfaktor $f_s = 2{,}1$ für Formrohre und $f_s = 2{,}0$ für gerade Rohre.

Die verwendeten Werkstoffe besitzen folgende Eigenschaften:

Tabelle 31. *Werkstoffeigenschaften der Verteilleitung Lünersee*

		Stahlsorte	
		St 50	St 60
Zugfestigkeit	kp/mm²	50–60	56–68
min. Streckgrenze	kp/mm²		
bis 49 mm		34	38
ab 50 mm		32	36
min. Bruchdehnung $L = 5d$	%	25	22
min. Kerbzähigkeit Charpy-V bei			
$-10\,^\circ\mathrm{C}$	mkp/cm²	6	6

Als zusätzliche Proben wurden stichprobenweise Schweißversuche, Steilabfallprüfungen, Aufschweißbiegeproben und Warmverformungsversuche durchgeführt.

Die Herstellung der Rohre erfolgte unter voller Gewährleistung der verlangten Gütewerte bezüglich der Hand- und Automatenschweißungen (Abb. 120). Bei der Fertigung der Abzweigrohre wurde hinsichtlich Warmborden der Zweigstellen und Aufpassen der Verstärkungskragen besondere Sorgfalt beachtet. Die Abzweigrohre wurden einer Wasserdruckprobe mit Spannungsmessungen unterworfen (vgl. Abb. 121).

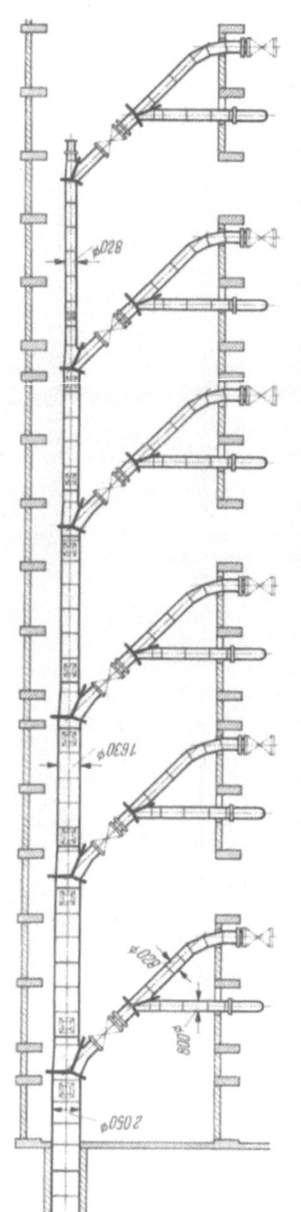

Abb. 119. Verteilleitung Lünersee. Statischer Druck 992 m, Berechnungsdruck 111 at, Feinkornstahl $\sigma_B = 60$ kp/cm².

Abb. 121. Wasserdruckprobe von Abzweigrohren der Verteilleitung zum Kraftwerk Latschau. Probedruck 145 at.

Abb. 120. Automatenschweißung der Längsnaht eines Verteilleitungsrohres zum Kraftwerk Latschau von 60 mm Wandstärke.

Der Sicherheitsfaktor $f_S = 2{,}1$ trägt der sorgfältigen Werkstoffauswahl und Fertigung, den Spannungs- und Verformungsmessungen sowie der Verlegung in einer gesonderten Schieberkammer, getrennt vom Maschinensaal, Rechnung.

Die Gewährleistung der Druckverluste stützte sich auf Modellversuche mit Luft. Die wirklichen Strömungswiderstände wurden bei der Inbetriebsetzung des Werkes mit 5 Gruppen gemessen. Sie betrugen bei der Vollastwassermenge aller Turbinen im Mittel 3,1 m und unterschritten den garantierten Wert um 20%.

Die Montage bot keine besonderen Schwierigkeiten. Die Schweißungen an den dickwandigen Rohren erfolgten unter Beachtung aller fachmännischen Regeln. Vorwärmen, Ausnuten, Spannungsfreiglühen, Ultraschall- und Röntgenprüfungen sorgten für einwandfreie Schweißverbindungen.

Anläßlich der Gesamtdruckprobe ergab sich Gelegenheit, Verformungsmessungen vorzunehmen. Aus den Ergebnissen ließen sich die Einspannkräfte und Momente errechnen, welche im wesentlichen mit der statischen Vorausberechnung übereinstimmten. Die größte Längsdehnung betrug etwa 40 mm. Damit war die Zweckmäßigkeit der fliegenden Anordnung unter Beweis gestellt.

Als innerer Rostschutz gelangte Sandstrahlung, Spritzverzinkung und 4maliger Chlorkautschukanstrich zur Anwendung.

Die Anlage wurde 1958 in Betrieb gesetzt.

Eine ähnliche Verteilleitung, jedoch für 10 Turbinen mit einer Kennzahl $P \times D = 28\,000$, für das Kraftwerk Kaunertal der Tiroler Wasserkraftwerke AG, Innsbruck, wurde im Anschluß daran ausgeführt (vgl. Abb. 122).

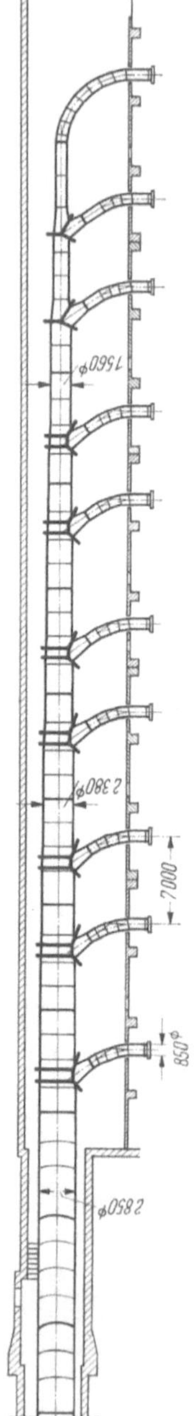

Abb. 122. Verteilleitung Kaunertal. Statischer Druck 897 m, Berechnungsdruck 99 at, Vergütungsstahl.

Literaturverzeichnis

[1] La situation de l'énergie électrique en Europe en 1958/59 et ses perspectives d'avenir. Nations Unies Genève, 1960.

[2] RÜHL, K.: Die Sprödbruchsicherheit von Stahlkonstruktionen, Düsseldorf: Werner 1958.

[3] FELIX, W.: Die praktische Prüfung der Trennbruchsicherheit und Schweißbarkeit von Stahl, T. R. Sulzer 1 (1954).

[4] CLASS, P.: Die Berücksichtigung der Zähigkeit bei der Festigkeitsbewertung und der Werkstoffauswahl vor allem bei Druckgefäßen. Chemie-Ingenieur-Technik 2 (1963).

[5] PARKER, E. R.: Brittle behaviour of engineering structures, New York: J. Wiley 1957.

[6] FELIX, W., u. TH. GEIGER: Zur Frage des Sprödbruches von Stahl, T. R. Sulzer 1 (1956).

[7] COTTRELL, A. H.: Dislocations and plastic flow in cristals, Oxford: Clarendon Press 1956.

[8] IRWIN, G. R.: Delations of crack toughness measurement to practical applications, Welding J. Res. Suppl., Nov. 1962.

[9] DAHL, W., u. H. HONGSTENBERG: Auswertung von Kerbschlag-Biegeversuchen mit Hilfe der Theorie von Cottrell, Bericht Nr. 1349 des Werkstoffausschusses des VdEH.

[10] FELIX, W.: Über das Bruchverhalten von Stahl bei schlagartiger und zügiger Beanspruchung. Schweizer Arch. angew. Wiss. Techn. (1962).

[11] FELIX, W.: Untersuchung der natürlichen und künstlichen Alterung von allgemeinen Baustählen, Bericht Nr. 1441 des Werkstoffausschusses des VdEH.

[12] PELLINI, W. S., et al.: Initiation and propagation of brittle fracture in structural steels, Welding J. Res. Suppl. 12 (1952).

[13] PELLINI, W. S., et al.: Fracture analysis diagram procedures for the fracture safe engineering design of steel structures, Bull 88, Welding Res. Council, May 1963.

[14] FELIX, W.: Bruchverhalten hochfester, schweißbarer Stähle für den Druckleitungsbau. Schweizer Arch. angew. Wiss. Techn. 3 (1967).

[15] ROBERTSON, T. S.: Propagation of brittle fracture in steel. J. Iron Steel Inst. 1953.

[16] SCHNADT, H. M., et al.: Untersuchung des Scharfkerbverhaltens von 60 Baustählen bei verschiedenen Temperaturen und verschiedenen Verformungsgeschwindigkeiten, Oerlikon Schweiß-Mitt. Nr. 55 (1965).

[17] MÜLLER, W.: Die Verwendung hochfester Stahlbleche im Druckleitungsbau, T. R. Sulzer 3 (1966).

[18] MÜLLER, W.: Werkstoffe und Schweißungen älterer Druckleitungen für Wasserkraftwerke, T. R. Sulzer 3 (1967).

[19] STRAUB, H.: Geschweißte Konstruktionen im Druckleitungsbau, T. R. Sulzer 3 (1965).

[20] BASLER, E.: Über den Sicherheitsbegriff. Schweizer Arch. angew. Wiss. Techn. 4 (1961).

[21] SIEBEL, E., u. S. SCHWAIGERER: Das Rechnen mit Formdehngrenzen. VDI-Z. 11 (1948).

[22] BUNDSCHU, F.: Druckrohrleitungen, Berlin: Springer 1926.

[23] HRUSCHKA, A.: Druckrohrleitungen der Wasserkraftwerke, Berlin: Springer 1929.

[24] MATTIOLI, G.: L'Energia Elettrica 3 (1955) u. 7 (1960).

[25] SIEBEL, E.: Untersuchung über die Anstregung von bandagierten Rohren, Mitt. K.-Wilh.-Inst. Eisenforschg. 9 (1927).

[26] La Houille Blanche, Grenoble 1 (1962).

[27] FLÜGGE, W.: Statik und Dynamik der Schalen, Berlin: Springer 1934, S. 198.

[28] V. MISES, R.: Der kritische Außendruck zylindrischer Rohre. VDI-Z. 1934, S. 750.

[29] SCHMID, K.: VDI-Z. 4 (1956) u. 24 (1959).

[30] WAGNER, H.: VDI-Z. 20 (1956).

[31] MARTINAGLIA, M.: Schraubenverbindungen. Schweiz. Bauztg. 10 u. 11 (1942).

[32] BLASER, H.: Kennziffern zur Berechnung fester Flansche, Von Roll-Mitt. 3 (1945).

[33] SCHWAIGERER, S.: Berechnung von Flanschverbindungen. VDI-Z. 1 (1954).

[34] VOELLMY, E.: Bericht Nr. 33 der Eidg. Material-Prüfungsanstalt, Zürich.

[35] GIRKMANN, K.: Berechnung eines Rohrstranges mit Gleitblechlagerung. Öst. Ing. Arch. 1950, S. 115.

[36] BIER, J. P.: Water Power, July 1958.

[37] Penstock Analysis and Stiffener Design, Bureau of Reclamation, Denver USA, Bulletin 5 (1940).

[38] SCHORER, H.: Design of large Pipelines, Trans. ACSI, Paper No. 1829, Vol. 98 (1933).

[39] MANG, F.: Berechnung und Konstruktion ringversteifter Druckrohrleitungen, Berlin/Heidelberg/New York: Springer 1966.

[40] SCHWAIGERER, S.: Festigkeitsberechnung von Bauelementen im Dampfkessel-, Behälter- und Rohrleitungsbau, Berlin/Göttingen/Heidelberg: Springer 1961.

[41] KASTNER, H.: Statik des Tunnel- und Stollenbaues, Berlin/Göttingen/Heidelberg: Springer 1962.

[42] HUTTER u. SULSER: Schweiz. Z. Wasser- u. Energiewirtschaft 11/12 (1947).

[43] SEEBER, G.: Auswertung von statischen Felsdehnungsmessungen. Z. Geologie u. Bauwesen 3 (1961).

[44] LAUFFER, H., u. G. SEEBER: Bemessung von Druckstollen- und Druckschachtauskleidungen für Innendruck auf Grund von Felsdehnungsmessungen. Öst. Ing.-Z. 2 (1962).

[45] LAUFFER, H.: Die Druckschacht-Stollenpanzerungen des Kaunertal Kraftwerkes. Bauing. 2 (1966).

[46] JAEGER, CH.: Rock mechanics and hydro-power-engineering. Water Power 9/10 (1961).

[47] TALOBRE, J.: La mécanique des roches, Paris: Dunod 1957.

[48] AMSTUTZ, E.: Das Einbeulen von Schacht- und Stollenpanzerungen. Schweiz. Bauztg. 3 (1950) u. 26 (1953).

[49] JUILLARD, H.: Knickprobleme an Stäben, Kreisbogensegmenten und Zylindern. Schweiz. Bauztg. 32, 33, 34, 51 (1952).

[50] BOROT, H.: Flambage d'un cylindre à paroi mince. La Houille Blanche 6 (1957).

[51] VAUGHAN, E. W.: Steel linings for pressure shafts in solid rock, ASCE-Proc., Paper No. 949 (April 1956).

[52] DE WULF, N.: Déformation d'une conduite forcée souterraine. La Houille Blanche 5 (1949).

[53] MONTEL, R.: Formule semi-empirique pour la détermination de la pression extérieure limite d'instabilité des conduites métalliques lisses noyées au béton. La Houille Blanche 5 (1960).

[54] KOLLBRUNNER, C. F., et al.: Neuer Beitrag zur Berechnung von auf Außendruck beanspruchten kreiszylindrischen Rohren, Mitt. Forschung u. Konstruktion im Stahlbau, H. 31, Zürich: Leemann 1965.

[55] CHWALLA, E.: Über das Einbeulen von Druckschachtpanzerungen. Öst. Bauzeitschrift 3 (1957).

[56] METTLER, E.: Eine Bemerkung zur Frage des Beulens ummantelter Schalen. Bauing. 8 (1963).

[57] RICHTER, H.: Rohrhydraulik, 4. Aufl., Berlin/Göttingen/Heidelberg: Springer 1962.

[58] COLEBROOK, C. F.: Turbulent flow in pipes with particular reference to the transition region between the smooth and rough laws, Inst. Civ. Engineer, London, Vol. 11 (1938) 133–156.

[59] KIRSCHMER, O.: Kritische Betrachtung zur Frage der Rohrreibung. VDI-Z. (1952) 785–791.

[60] BARBÉ, R.: La mesure dans un laboratoire des pertes de charge de conduites industrielles. La Houille Blanche, Mai/Juni 1947.

[61] HOECK, E.: Druckverluste in Druckleitungen großer Kraftwerke, Mitt. Versuchsanstalt f. Wasserbau E.T.H. Zürich 1943.

[62] ZIMMERMANN, E.: Druckabfall in 90°-Stahlrohrbogen. Arch. Wasserwirtschaft 1938.

[63] WASIELEWSKI, R.: Verluste in glatten Rohrkrümmern bei weniger als 90° Ablenkung, Mitt. Hydr. Inst. T.H. München (1932), H. 5.

[64] KIRCHBACH, H., u. W. SCHUBART: Mitt. Hydr. Inst. T.H. München 1929, H. 3.

[65] PRANDTL, L.: Neuere Ergebnisse der Turbulenzforschung, VDI-Z. (1933) 105 bis 114.

[66] V. KARMAN, TH.: Mechanische Ähnlichkeit und Turbulenz. Nachr. Ges. Wiss. Göttingen 5 (1930).

[67] MÜLLER, W., u. H. STRATMANN: Rohrreibungsverluste in Druckleitungen von Wasserkraftwerken, T. R. Sulzer 3 (1964).

[68] MÜLLER, W., u. H. STRATMANN: Druckverluste in Abzweigrohren und Verteilleitungen, T. R. Sulzer 3 (1968).

[69] FRIEDLI, J.: Erfahrungen mit Spritzverzinken als Korrosionsschutz von Kraftwerksbauten. Z. Schweißtechn. 5/6 (1960).

[70] HOCHWEBER, M.: Probleme beim Anstrich von Spritzverzinkungen im Unterwasserbau. Z. Elektrotechn. Verein Zürich 14 (1960).

[71] KRENKLER, K.: Die neuere Entwicklung auf dem Gebiet der Rostschutzanstriche. Z. Werkstoff u. Korrosion 1 (1959).

Sachverzeichnis

Die Ziffern hinter den Stichwörtern beziehen sich auf
die Abschnitte des Buches.